U0380500

本书由国家社科基金项目资助

公共安全管理系统脆弱性与重大事故源头治理

GONGGONG ANQUAN GUANLI XITONG CUIRUOXING YU
ZHONGDA SHIGU YUANTOU ZHILI

董幼鸿　著

人民出版社

责任编辑:王艾鑫

封面设计:周方亚

图书在版编目(CIP)数据

公共安全管理系统脆弱性与重大事故源头治理/董幼鸿 著．
　—北京:人民出版社.2019.11

ISBN 978-7-01-021161-9

Ⅰ.①公…　Ⅱ.①董…　Ⅲ.①严重事故－事故预防　Ⅳ.①X928

中国版本图书馆 CIP 数据核字(2019)第 184227 号

公共安全管理系统脆弱性与重大事故源头治理

GONGGONG ANQUAN GUANLI XITONG CUIRUOXING YU ZHONGDA SHIGU YUANTOU ZHILI

董幼鸿　著

人 民 出 版 社 出版发行

(100706　北京市东城区隆福寺街 99 号)

北京中科印刷有限公司印刷　新华书店经销

2019 年 11 月第 1 版　2019 年 11 月北京第 1 次印刷
开本:710 毫米×1000 毫米 1/16　印张:17.25
字数:257 千字

ISBN 978-7-01-021161-9　定价:54.00 元

邮购地址:100706　北京市东城区隆福寺街 99 号

人民东方图书销售中心　电话:(010)65250042　65289539

前　　言

　　近年来，随着经济社会的快速发展，科学技术的突飞猛进，人民生活水平、生产能力大大提升。伴随着经济社会发展的同时，人们生产、生活过程中也出现了不同程度的风险和危机，尤其是一些重大突发事件层出不穷，不断影响经济社会发展的进程，给人们的生命带来威胁，给财产带来巨大损失，成为政府管理和社会治理中不得不重视的社会问题。如何从源头上防控突发事件风险、保一方平安，为社会发展创造和谐环境成为国家治理体系和治理能力现代化的重要内容。

　　综观近年来发生的各类突发事件，有些是自然的，如汶川地震、沿海地区的台风、洪涝灾害等；有些是人为的，如大面积的矿难事故、频发的交通事故、大大小小的火灾事故及人员密集场所的事故等。本书重点研究人为因素引起的事故或事件，以事故或事件为例探讨当前公共安全管理系统的脆弱性，从脆弱性控制视角探讨重大事故风险治理的思路与对策，期待为公共安全管理提供理论指导。

　　本书撷取近年来发生的重大事故为研究对象，试图引入风险治理研究范畴中的重要理论之一——系统脆弱性理论，力争找到系统脆弱性理论与重大事故之间的内在逻辑，运用系统脆弱性理论工具分析重大事故的生成机理，从源头上剖析公共安全管理系统存在的脆弱性，探寻系统脆弱性与事故生成机理之间的关联度。同时，从防控系统脆弱性视角比较分析发达国家在重大事故风险治理中的经验和做法，借鉴其对公共安全系统脆弱性控制的经验。结合国内大型活动中公共安全风险管理实践，运用系统脆弱性理论工具分析其运行中成功的经验和失败的教训，以系统脆弱性理论为指导，探讨公共安全管理系统脆弱性控制的基本路径，探索从源头上治理重大事故风险的思路和对策。

最后，基于系统脆弱性理论和重大事故风险治理原理，结合上海特大城市公共安全管理实践，探讨城市安全风险治理，生产安全领域风险管理，电梯安全、居民楼安全、住宅小区火灾、跨区域联动等领域安全管理实践问题，提出了一系列对策性思路和建议，试图为特大城市公共安全管理提供一些借鉴和启示。

目　　录

第一章 公共安全面临的挑战
与公共安全管理系统脆弱性

21世纪以来，随着世界多极化、经济全球化、社会信息化和生态环境的极速变化，各领域突发事件层出不穷，逐步呈高发态势，人类社会进入了高风险社会，给政府社会管理带来了前所未有的挑战，给人民生命与财产安全带来了巨大的威胁。2003年严重急性呼吸综合征（简称非典，SARS）事件大面积爆发，灾情迅速蔓延到全国，甚至影响其他国家和地区，给中国政府管理带来严峻考验。该事件发生以后，中国掀开了公共危机管理的新篇章，各级政府和管理者越来越重视公共危机管理。十多年来，全国各类突发事件时有发生，如重庆开县井喷事件、山西系列矿难事故、汶川大地震、南方雨雪冰冻、7·23动车事故、甲型流感、三鹿奶粉事件、瓮安事件、陇南事件、上海11·15火灾事故、天津8·12爆炸事故、深圳光明新区渣土堆场滑坡事故、江西丰城电厂冷却塔坍塌事故、秦岭隧道交通事故等，这些事件或事故的频繁发生说明我国公共安全管理系统存在内在脆弱性，政府公共危机管理工作面临许多新情况、新问题、新挑战，相应地，对公共安全管理工作提出了更高、更新的要求，这也是公共安全管理工作者必须面对的现实课题。

第一节 公共安全面临的复杂态势

伴随着经济社会快速发展不断出现的各类突发事件，给人民生命与财产安全带来巨大威胁，也大大影响了经济社会的正常运行和秩序，从侧面反映了当前公共安全面临的态势异常复杂，对政府公共安全管理提出巨大挑战，这就需要对突发事件产生的深层原理进行深入分析，探索突发事件发生的内在机理，为提升公共安全管理能力提供理论支撑。

一、突发事件的概念及其类型

1. 突发事件的概念

突发事件指突然发生的、造成或者可能造成严重社会危害，需要采取应急处置措施予以应对的自然灾害、事故灾难、公共卫生事件和社会安全事件。[①] 根据事件的发生过程、性质和机理，《中华人民共和国突发事件应对法》（以下简称《突发事件应对法》）明确规定，突发事件应该分为自然灾害、事故灾难、公共卫生事件和社会公共安全事件四大类。这些突发事件对人民的生命安全、财产安全，甚至是整个国家、社会、民族等的生存、发展和命运都会产生重大威胁，所以需要政府和社会在短时间内迅速做出回应，积极采取有效措施，将突发事件造成的负面影响降到最低，保障公共服务的顺利推行。

2. 突发事件的类型

根据《突发事件应对法》《国家突发公共事件总体应急预案》以及应急管理相关规范性文件的规定，将我国各类突发事件划分为自然灾害、事故灾难、公共卫生事件和社会安全事件等四大类。突发事件的主要类型如表 1－1 所示。

---

① 《中华人民共和国突发事件应对法》，法律出版社 2007 年版，第 5 页。

表 1—1　突发事件的主要类型

类型	示　例
自然灾害	旱涝灾害。如 1998 年长江流域洪水灾害、2013 年东北水灾 气象灾害。如近年来多次袭击东南沿海地区的台风及暴雨、2013 年中国部分地区的高温天气、2008 年雨雪冰冻灾害 地质灾害。如 2010 年舟曲泥石流、2014 年四川特大泥石流 地震灾害。如 2008 年汶川地震、2013 年雅安地震 海洋灾害。如海洋大面积赤潮
事故灾难	工矿商贸企业的安全事故。如 2015 年天津 8·12 爆炸事故、2013 年东北的三场大火、青岛黄岛输油管道爆炸事故、2010 年上海 11·15 特大火灾事故、2001 年沪东造船厂塔吊下坠事故及前几年的一系列煤矿事故 交通运输事故。如 2011 年 7·23 涌温线动车事故、2012 年陕西包茂高速公路特大交通事故 公共设施和设备事故。如 2013 年、2014 年北京、上海发生的地铁站电梯倒转等安全事故，2009 年上海地铁相撞事故 环境污染事故。2005 年松花江支流水体污染事故
公共卫生事件	传染病疫情。如 2003 年非典事件、甲型流感事件 群体性食物中毒事件。近年来学校、企业发生的食物中毒事件 动物疫情。禽流感事件、动物口蹄疫疫情 食品药品安全事件。2018 年长春长生疫苗事件、2011 年毒胶囊事件、2008 年三鹿奶粉事件 其他影响民众生命和健康安全的事件
社会安全事件	群体性事件。如 2008 年瓮安事件、陇南事件、石首事件 恐怖袭击事件。如美国 9·11 事件、印度孟买事件、新疆地区发生的一系列恐怖活动 极端恶性刑事案件。如成都、厦门公交车纵火案；校园伤害儿童案件 网络舆情危机事件。如与红十字会相关的郭美美事件、杨达才事件、躲猫猫事件 经济安全事件。如美国金融危机、东南亚金融危机 涉外的危机事件。如海外侨民撤离、驻外机构人员安全事件

二、当前突发事件的基本特点

突发事件具有突发性、紧急性、易变性等特点。就大城市而言①，突发事件具有不同的特征和特色。大城市在全国经济、社会发展中处于重要的战略地位，其人口、设施、企业、交通、商业信息、资本等要素高度集中，一旦发生突发事件，其产生的负面影响远远超过其他中小城市或农村地区，这就决定了城市突发事件有以下特殊性。

（1）突发事件发生的高频率性。中国面临从传统农村经济社会向现代城市社会转变，同时向知识社会转变的趋势，随之出现了大规模的人口流动和迁移，他们主要流动的方向就是大城市，尤其是像北京、上海、广州这样的大城市。大规模的人群流动必然会使社会上出现社会意识与社会文化多元化，新社会组织层出不穷，信息不对称情况加剧、传统的濡化机制削弱、外部异己意识形态竞争增强等现象，这些因素的存在势必会导致城市区域政府的管理难度加大，管理成本上升。在此背景下，任何一件小事处理不好都有可能演变成大规模的突发事件。从社会公共安全事件来看，城市是各类涉稳类事件和重大刑事案件的重灾区和敏感区，犯罪形式呈日益多元化、规模化、专业化和国际化趋势，尤其是社会治安案件呈高发事态，影响了城市的社会稳定与公共安全。从近几年的数据来看，城市中的群体性事件、大规模上访事件等社会安全事件呈上升态势；从自然灾害的层面来看，城市的自然灾害出现高频率、大规模发生状态。新发或极端的自然灾害种类不断增多。例如，地面下沉、地质灾害、水资源紧缺、极端天气、高温热浪等。据统计，我国80％以上的城市受灾次数增多，时间延长，暴雨、高温、干旱缺水、台风、沙尘、雷电等灾害加剧。②无论从政治、社会还是自然层面进行分析，城市城区面临的突发事件大都体现出高频率、多发性的显著特点。

（2）突发事件影响的深远性。城市由于其特有的地理位置和经济社会影

①　本处主要结合大城市公共安全管理性质阐述突发事件的特点和类型。
②　沈荣华：《城市应急管理模式创新：中国面临的挑战、现状和选择》，《学习论坛》2006 年第 1 期。

响，其突发事件的负面影响比其他地区的影响更加深远。如果处理不当，产生的负面效应会更大。发生在城市的公共安全事件一般呈放大效应，本来是一件小事，但可能迅速蔓延到整个面上，有时甚至会蔓延到整个地区、整个国家乃至整个世界。全国各大城市发生的公共卫生事件、极端恶性类案件、相关的涉外案件、新型金融危险、社会矛盾和冲突等社会安全事件常常会产生更广泛、更深远的经济影响、社会影响及政治影响。

（3）突发事件根源的复杂性。当前城市面临着气候环境变化、人口快速增加、过度城市化、经济全球化的多重影响，因而突发事件产生的根源是复杂的、多样性的。有受城市地理环境影响产生的自然灾害类的突发事件，如洪水、地震、干旱、气象等；有由于城市人口密集、生活环境参差不齐，市民的生活卫生习惯不同而引起的突发公共卫生事件，如传染病、疫情等。城市是人口流动和聚集的中心，社会矛盾容易激化，大规模的社会冲突、群体性突发事件容易产生。目前各类城市处于经济社会发展的前沿，社会结构变动剧烈，内在形成特定张力，贫富差距不断拉大，各类社会利益矛盾突出，引发的种种社会冲突比较明显，这些都是社会不稳定的因素。从以上分析可见，当前城市突发事件产生的根源非常复杂，对城市政府应急管理提出了更高的要求。因此在风险管理与应急管理中，应首先明确突发事件产生的根源，采取有效的防范措施。

（4）突发事件处置的艰巨性。由于城市自身的特点，很多突发事件的发生不是孤立的，而是背后系统运行出现了问题。很多突发事件耦合在一起，往往形成事件的灾害链，对政府处置事件能力提出很高的要求，稍不注意，就会引起连锁反应。如2013年上海黄浦江上游的死猪漂浮事件，背后涉及江苏、浙江的地区应急管理，跨农业、卫生、城市供水等行业，进而扩展到网络空间，引起公众广泛关注，使得该事件变得异常复杂，处置起来难度加大，也对政府的应急管理能力提出了更高的要求。

第二节　公共安全管理系统的脆弱性

德国社会学家乌尔里希·贝克认为在后工业化时代，人类正在步入一个"风险社会"。这样的风险更多地来自人类自身，是所谓"人造风险"或"文明的风险"，它是人类发展，特别是科技进步造成的。安东尼·吉登斯在《现代性的后果》一书中，描述了核风险、生态灾难、不可遏制的人口爆炸、经济全球化的崩溃和其他潜在的全球性灾难，为人们勾勒出了一幅令人不安的危险前景①。进入21世纪，很多事件频繁发生验证了当前进入风险社会的理论，公共安全管理面临着前所未有的挑战。

一、公共安全面临的挑战

一是自然灾害多发。进入21世纪，由于我国特有的地质条件和地理环境，各类自然灾害频繁发生。自然灾害呈现种类多、频率高、危害严重的状况。我国的自然灾害有地震、水灾、旱灾、台风、沙尘暴、地质灾害等。这些自然灾害事件的频繁发生给经济社会发展带来了巨大的损失。1990—2008年，中国平均每年因各类自然灾害造成约3亿人（次）受灾，倒塌房屋300多万间，紧急转移安置人口900多万人次，直接经济损失高达2000多亿元。②其中2008年汶川地震、2010年舟曲泥石流、2012年雅安地震及其他各种气象灾害给城市和农村带来了巨大灾难。

二是事故灾难频发。由于安全基础薄弱、安全文化和制度欠缺、安全生产责任落实不到位等多种原因，我国安全生产领域存在事故总量大、重特大事故多、潜在的危害严重等突出问题，使得生产安全运行方面的事故易发多发，整个国家的安全生产形势较为严峻。近年来，我国各类事故、事件呈高

---

① 张乐：《风险、危机与公共政策：从话语到实践》，《兰州学刊》2008年第12期。
② 李宁、陈国芳：《我国公民防灾意识现状及对策》，《沿海企业与科技》2010年第11期。

发态势，尽管矿难事故频率有所降低，但其他事故发生频率仍然较高。特大交通事故、特大火灾事故、特别重大的企业安全生产事故等层出不穷。如2015年天津8·12爆炸事故、深圳12·20渣土堆场滑坡事故、2013年吉林德惠屠宰厂火灾事故、青岛黄岛输油管道爆炸事故、2012年陕西境内包茂高速交通事故、2010年上海11·15特大火灾事故等。我国安全生产的指标，与世界先进国家相比，仍然有很大的差距。我国生产亿元GDP死亡率大概是先进国家的10倍；工矿商贸10万人事故死亡率是先进国家的2倍多[1]。以煤矿、道路交通为例，2005年煤矿百万吨死亡率为2.81，约是世界先进采煤国家美国的70倍、波兰的10倍、南非的17倍、俄罗斯和印度的7倍；道路交通万车死亡率7.60，约是发达国家的5倍。[2]

三是公共卫生事件高发。2003年非典事件以后，我国各类影响生命健康和社会安全的公共卫生事件呈高发态势。主要表现在重大传染病疫情时有发生，尤其是大面积流感多次暴发，如甲型流感病毒H1N1、甲型流感病毒H7N9及禽流感。2009年率先在墨西哥、美国等地暴发的甲型流感病毒疫情，迅速蔓延到中国，给我国公共卫生安全带来巨大挑战。2013年甲型流感病毒H7N9在华东地区暴发，给公众和社会安全带来巨大考验和挑战。与此同时，食品药品的危机事件影响公众生命健康。如2008年三鹿奶粉事件，造成了全国大量婴幼儿身体出现不同程度的伤害，最后影响了整个国家的奶制品行业，成了食品行业的灾难，造成了无法挽回的损失；还有假冒伪劣的药品给公众带来的巨大伤害。

四是社会安全事件易发。改革开放以来，我国经过了四十多年的快速发展，经济社会的各方面取得了显著成绩，但同时也积累了不少矛盾。征地矛盾、拆迁纠纷、企业改制、医患纠纷、劳资纠纷、污染纠纷、执法纠纷、历史遗留问题等成为当前大多数社会安全事件的导火索，极易转化成社会群体性冲突和事件，成为各级政府难以回避的现实。

近年来，每年因各种矛盾而发生的群体性事件多达数万起。同时，国内

---

[1]　张增志、王博涛：《安全工程材料在重大灾害事故防治中的开发与应用》，《新材料产业》2011年第1期。

[2]　国家安全监管总局：《"十一五"安全生产科技发展规划》，2006年。

外极端势力制造的各种恐怖事件危及国家的安全、社会的稳定，成为新时期社会安全面临的现实挑战。如西藏、新疆等地发生的打砸抢烧等暴力犯罪事件及暴力恐怖活动，严重影响社会的安定，给部分地区的经济社会发展带来巨大威胁。此外，国际经济和金融领域的安全事件也给我国的经济社会发展带来了显而易见的负面影响。

二、突发事件发展的趋势

1. 非常规安全事件成为新挑战

现代社会是一个复杂巨系统，越来越多的风险和突发事件表现出系统性、蠕变性、复合性、后果严重等"非常规"的特征。[①] 未来经济社会发展中，突发事件形成机理不确定、演变过程非常规，产生的后果也是非常严重的，这类突发事件用常规的管理方式和方法难以有效防范和应对。这也是摆在各国政府面前的新挑战。

2. 城镇化进程中的新风险凸显

2016 年年末，我国常住人口城镇化率已经达到 57.4%。2015 年年末，100 万～300 万人口规模的城市数量增长迅速，达到 121 个，比 2012 年增加 15 个；300 万～500 万人口规模的城市 13 个，增加 4 个；500 万以上人口的城市达 13 个。[②] 快速发展城市化的过程中，城市新风险日益突出。城市交通、高楼建筑、地下空间、环境污染、自然灾害等呈现出多样性、复杂性、连锁性等新特点，对各级政府应急管理工作提出了新的挑战。

3. 互联网技术与信息化带来新问题

随着互联网技术的高速发展，信息化步伐加快，突发事件的起因、发展、

---

① ［英］安东尼·吉登斯：《失控的世界：全球化如何重塑我们的生活》，周红云译，江西人民出版社 2001 年版，第 143 页。

② 统计局：《2016 年年末中国常住人口城镇化率达 57.4%》，《经济导刊》2017 年第 9 期。

升级等环节都离不开网络，网络是突发事件发生发展的放大器，给应急管理工作带来新问题。除了互联网本身带来的安全事件外，网络空间的舆情危机事件呈高发态势。有统计分析显示，几乎所有突发事件都与网络有关。其中20％直接由网络报道而引爆网络舆论界；另外80％一般由传统媒体报道，后经网络媒体转发引起网民关注，成为网络热点，形成网络舆情。[①] 所以现在的突发事件往往存在于两个空间里，一个是现实空间，另一个是虚拟空间，这就要求应急管理者重新认识新时期的突发事件。

4. 突发事件之间关联度增强

由于自然系统和社会系统脆弱性凸显，突发事件产生的根源越来越复杂，未来的突发事件绝不是孤立存在的，各类突发事件之间关联度越来越强，它们互相影响、互相转化，往往导致次生灾害、衍生灾害相继发生，形成各种耦合的综合性突发事件。一个小的隐患经过多种因素的酝酿，时常会演变成特别重大的危机事件。

5. 突发事件国际化程度加深

随着全球化步伐加快，国际经济社会也呈一体化的趋势，国与国之间的交往和联系不断加强，各类突发事件也会超越国界成为各国共同面对的新课题。尤其是巨大的自然灾害、公共卫生、社会安全等事件常常出现无国界的趋势，这就需要多个国家加强合作共同应对，才能顺势而为，取得良好的效果。

以上各类突发事件的频繁发生及其未来发展趋势，说明我国的公共安全管理形势不容乐观，尤其是受人为因素干扰的各类事故带来的损失显现了我国公共安全管理系统存在一定的脆弱性，这些公共安全管理系统的脆弱性成了事件或事故产生的深层次原因。如何控制公共管理系统脆弱性，从源头上治理重大事故成为公共危机管理学界研究的重要内容。

---

① 时国珍等：《突发事件网上演变规律与舆论引导》，《中国记者》2010 年第 5 期。

第三节 重大事故风险治理

根据《突发事件应对法》的规定，突发事件可分为自然灾害、事故灾难、公共卫生事件和社会安全事件四类。本书重点研究人为因素引起的"事故灾难类"突发事件。

一、重大事故的界定

生产安全事故是指生产经营单位在生产经营活动（包括与生产经营有关的活动）中突然发生的，伤害人身安全和健康，或者损坏设备设施，或者造成经济损失的，导致原生产经营活动（包括与生产经营活动有关的活动）暂时中止或永远终止的意外事件。[①] 生产安全事故包括工矿商贸事故、火灾事故、道路交通事故、水上交通事故、民航飞行事故、铁路交通事故、农业机械事故、渔业船舶事故等八类[②]。

按照《生产安全事故报告和调查处理条例》第 3 条的规定，根据生产安全事故（以下简称事故）造成的人员伤亡或者直接经济损失，事故一般分为以下等级：

（1）特别重大事故，是指造成 30 人以上死亡，或者 100 人以上重伤（包括急性工业中毒，下同），或者 1 亿元以上直接经济损失的事故；

（2）重大事故，是指造成 10 人以上 30 人以下死亡，或者 50 人以上 100 人以下重伤，或者 5000 万元以上 1 亿元以下直接经济损失的事故；

（3）较大事故，是指造成 3 人以上 10 人以下死亡，或者 10 人以上 50 人以下重伤，或者 1000 万元以上 5000 万元以下直接经济损失的事故；

---

① 刘云熹：《重特大安全事故中政府公众危机沟通研究》，硕士学位论文，云南财经大学，2001年。

② 吕海燕：《生产安全事故统计分析及预测理论方法研究》，博士学位论文，北京林业大学，2004 年。

（4）一般事故，是指造成 3 人以下死亡，或者 10 人以下重伤，或者 1000 万元以下直接经济损失的事故。

本书研究的重大事故基本依据国务院关于事故的经济损失和人员伤亡的事故标准界定。但在实际运用中，本书重点研究的重大事故或事件是造成重大人员伤亡和财产损失的人为事故或灾难，既包含生产安全事故报告和调查处理条例中所指的较大事故以上的重大事故，也包括其他人为原因导致的事件或事故。重大事故属于一个抽象概念，其具体的界定具有一定的模糊性，需要各级政府和领导干部高度关注的突发事件。

二、重大事故风险治理

了解重大事故风险治理的内涵，首先要了解风险的概念和内容。风险（risk）和风险管理最初都是经济学的概念。风险通常表示一种与预期目标有偏离或差异的不确定性后果，这种偏离程度被用作衡量风险大小和程度的指标。风险指的是未来的可能性和不确定性，有些风险是客观的，而有些风险是主观感知的，时常带有主观性。风险管理则是指对这种不确定性及其后果进行管理，以减少和避免损失的科学的管理方法。20 世纪 60 年代以来，风险管理的理念已被有效地运用到经济和政府管理的众多领域和部门中，如保险、职业安全、公共健康和药物警戒（pharmaco vigilance）等，并逐渐形成一系列方法。[①] 事实上，在重大事故风险治理中，可以通过各种制度和技术手段来识别和分析风险发生的概率、脆弱性及可能产生的后果，风险治理能够及时发现各种隐患，力争提前发现暴露出的各种问题，并根据可能存在的风险和隐患有针对性地采取措施，控制和消除风险，有效地避免和降低风险，从而降低事故发生的概率。大量的学术资料和实践经验反映，风险的控制、转移和缓解是风险治理的核心内容和基础环节，从源头上避免风险演化成现实危机是风险治理的工作使命和最高目标，而这就要求在现实工作和理论研究

---

① 容志：《风险防控视阈下的城市公共安全管理体系的构建——基于上海世博会的实证分析》，《理论月刊》2012 年第 4 期。

中，必须对现实公共安全风险和危机的诱因条件、形成机制和演化机理进行深入探讨和理解，把握各类风险和隐患生成危机的基本规律，用以指导现实的公共安全风险治理工作。[①] 风险治理主要包括风险识别、风险评估、风险沟通、风险控制和缓解，目的是将可能存在的风险控制在萌芽状态，避免其演变成危机事件和事故灾难。对重大事故治理来说，从源头上控制风险和消除隐患，避免事故发生是最关键的。而重大事故风险治理是一个系统工程，是将事故的关口前移、预防为主的过程，它至少包括监控与预警、危险源的管理与控制及隐患的管理与控制等关键环节。

（一）重大事故风险的监控与预警

重大事故风险的监控与预警包括风险信息的采集，风险辨识与管理，风险信息的传输、存储和分析，事故风险的预警提示，安全动态监控以及安全管理对策等。[②] 风险信息是与风险和隐患密切相关的，是对风险状况和现状有一定影响的信息汇总和集合，是风险治理活动和危机准备所依赖的资源和基本要素。因而，在重大事故风险治理中，首先需要及时、准确地掌握生产安全中的固有风险、潜在隐患信息、人的行为风险信息、技术和设备运行中存在的风险，为今后的事故风险防控指明方向和提供依据。

（二）重大事故危险源的管理与控制

危险源是重大事故出现的根源，其通常被分为第一类危险源和第二类危险源。第一类危险源是指可能发生意外释放而伤害人员和破坏财物的能量、能量载体或有毒、有害的危险物质。第二类危险源是导致第一类危险源失控，即造成第一类危险源的屏蔽措施失效的各种因素，如硬件故障或环境因

---

① 容志：《城市安全风险防控体系的理论构建：基于上海世博会的启示》，《上海大学学报（社会科学版）》2012年第3期。

② 曹庆贵：《企业风险监控与安全管理预警技术研究》，博士学位论文，山东科技大学，2005年。

素等。[1]

对危险源的辨识是危险源管理与控制的第一步。危险源的辨识主要包括对危险源的种类、危险源本身的性质、危险源可能的损害能力、危险源的数量及危险源分布的时间和地点等内容和影响进行识别和评估。危险源辨识的方法和手段主要有两种：一是经验分析法，管理者凭借过去安全管理的知识和经验，通过与现场情况进行对比来发现危险源，确定危险程度。二是理论分析预测法，即根据安全事故发生的相关理论，分析风险产生的机理，运用事件树故障类型和影响分析等安全分析的方法对生产安全系统进行分析，辨识危险源的种类及其特性，为风险治理做好准备。

总的来说，危险源管理与控制主要是在风险理论和理念的指导下，采取各种有效方案和措施，对安全事故可能涉及的危险源和隐患及时进行识别、评估、防护、控制和隔离，从而避免重大事故的发生。其具体方法和步骤主要包括以下内容：一是辨识和评估危险源；二是划分危险源的影响等级和范围；三是对危险源进行登记、造册和报告；四是根据危险影响等级，有针对性地采取措施控制和降低危险源的影响程度；五是对危险源进行实时跟踪监控和及时预警；六是根据评估的结果制定事故应急救援方案。

（三）重大事故隐患的管理与控制

重大事故隐患是指由于人为不安全行为与失误、安全管理决策、组织失误（组织程序、组织文化、规则）等造成的安全事故的可能性，有的学者称重大事故隐患为第三类危险源。[2] 重大事故隐患涉及的内容很广泛，主要有：一是存在违章作业、违章指挥等违规行为；二是危险源检查、评估、整改等行为存在明显瑕疵；三是对员工教育不及时、对设备的检修不及时等；四是对各种安全生产、运行、管理方面的规章制度的制定及执行不到位；五是动员广大员工监督机制及安全文化建设方面存在缺陷；六是安全管理和监察监

---

① 曹庆贵：《企业风险监控与安全管理预警技术研究》，博士学位论文，山东科技大学，2005年。

② 于春华：《火灾事故致因机理研究》，《消防科学与技术》2013年第2期。

督人员的水平能力不足及对其的培养不够；七是对安全相关的信息收集、统计、分析及运用中存在薄弱环节等。

对于重大事故隐患的管理与控制同样是要从重大事故隐患的识别开始。常用的重大事故隐患识别方法：①静态辨识，即分析安全管理的各项规章制度建立得是否完善。②动态辨识，即分析日常安全管理工作中，各项规章制度执行的广度、力度、深度是否存在问题。③效果辨识，即分析安全管理工作中每个方面的管理成效。

从整体上看，重大事故隐患的管理与控制工作主要包括以下内容：一是及时发现和准确辨识事故背后的风险和隐患；二是对事故隐患信息进行收集、处理、加工和存储；三是根据评估的结果对事故隐患开展有针对性的管理工作；四是及时采取措施整改事故的隐患，消除或管控事故的风险；五是根据安全管理需要开展安全教育和培训，增强员工的风险意识，提高员工应对风险的能力，加强员工履行安全生产和安全运行的责任；六是通过各种制度设计评价和反馈工作人员的安全工作绩效，并及时与其加强沟通，控制相关的风险和隐患等。

综上所述，重大事故治理的重心应当是关口前移，以防范为主，也就是重点防控常态管理中的风险，坚决将事故的隐患和风险控制在萌芽状态，实现"治未乱"的目标。在重大事故风险治理过程中，必须从理论和实践的角度把握重大事故背后风险演变成事故的机理，分析机理背后存在的影响要素，从理论上探讨防控公共安全管理系统脆弱性的思路和对策，达到从源头上治理重大事故风险和控制重大事故发生的目标。这也是本书研究的主要内容和基本主线。

第二章 公共安全管理系统
脆弱性之相关理论分析

重大事故灾害的发生不是偶然的，而是其背后公共安全管理系统脆弱性积累到一定程度爆发的结果，当公共安全管理系统存在明显脆弱性表现并严重影响到其能力时，即出现系统脆弱性。当系统脆弱性发生时，重大事故或公共危机事件由此产生。为了更好地把握重大事故产生的机理，试着从系统脆弱性理论视角着手，分析系统脆弱性理论的基本概念、基本框架、主要内容及其运用价值，运用系统脆弱性理论分析重大事故风险产生的内在机理，力争为公共安全管理系统脆弱性与重大事故产生之间找到相关性，剖析重大事故发生的内在逻辑关联性，从而为重大事故风险治理路径的选择提供理论指导。

第一节 系统脆弱性理论分析

系统脆弱性理论是研究公共危机管理的一个重要理论工具，梳理其沿革发展的历史及其主要内容对公共危机事件产生机理有重要的指导意义，为理解公共危机生成提供理论的分析框架，从而可以为重大事故的治理提供理论指导。

一、理论基础：脆弱性理论范式

学术界对"脆弱性"的认识和研究是不断深化的，英文"Vulnerability"

一词来源于拉丁文 Vulnus 和 Vulnerare，意思是"可能受伤"。牛津英文字典对"Vulnerability"的解释是"对身体上或情感上伤害的接受能力"。梳理脆弱性资料发现，最早提出该概念的是吉尔伯特·F. 怀特（Gilbert F. White），他于 1970 年首次提出了脆弱性的概念，之后脆弱性被广泛应用于灾害学、生态学、金融学、社会学和经济学等许多方面。[①] 可见"脆弱性"的概念最初是运用于自然科学领域的，后来逐步延伸到社会科学领域，并大大拓展了"脆弱性"的内涵，将脆弱性理论运用于危机管理领域，为解读危机事件生成机理提供了新的路径和视角。

（一）脆弱性的内涵

综观国内外关于脆弱性理论研究的资料，对脆弱性的内涵的界定，有各种各样的解读，难以达成一致的观点。目前，就脆弱性的内涵来看，主要有以下几种不同的观点。

1. 脆弱性是系统本身的一种属性或内在属性

20 世纪初期以来，对脆弱性的研究开始转向系统层面的脆弱性问题，脆弱性被作为系统的一个重要属性正式提出来。[②] 联合国国际减灾战略对脆弱性是这样界定的：脆弱性是由自然、社会、经济和环境因素及过程共同决定的系统对各种胁迫的易损性，是系统的内在属性。[③] 在地理科学领域，学者指出脆弱性主要是指由于系统（子系统、系统组分）对系统内外扰动的敏感性及缺乏应对能力从而使系统的结构和功能容易发生改变的一种属性。[④] 通过分析可以得出，脆弱性是源于系统内部、本身固有的一种属性，这种属性只有当系统遭受外在因素的多重扰动时才表现出来，平时它隐藏在系统里不易被察

---

①　White G. F.，Haas J. E.，*Assessment of research on natural hazards*，Cambridge MA：The MIT Press，1975.

②　Turner et al.，*A framework for vulnerability analysis in sustainability science*，PNAS 100（14），2003.

③　UNISDR，*Living with risk，a global review of disaster reduction initiatives*，UN Publications，Geneva，2004.

④　李鹤等：《脆弱性的概念及其评价方法》，《地理科学进展》2008 年第 2 期。

觉。石勇等学者从自然灾害的视角研究脆弱性的结构，认为脆弱性的结构应包括敏感性、应对能力（包括适应性）和恢复力。敏感性强调承灾体本身属性，灾害发生前就存在，处理能力主要表现在灾害发生过程中，恢复力则为灾害发生之后表现出来的脆弱性属性。[①] 从这个角度来看，脆弱性是系统的内在属性，它是在外在干扰或压力下才表现出来的性质，是系统本身具有的属性。

2. 脆弱性是指系统暴露于不利环境的负面影响或遭受各种损害的可能性

从系统遭受损害的可能性来看，诸多学者主要是从灾害产生的潜在影响角度来分析。在自然灾害、气候变化等自然科学研究领域，脆弱性被认为是系统由于多种不利影响而遭受损害的程度或可能性，其侧重研究单一的扰动事件所产生的多重影响。[②] 在自然灾害和气候变化等领域脆弱性研究的基础上，商彦蕊等学者提出脆弱性是指在一定社会、经济和文化背景下，某孕灾环境区域内特定承载体对某种自然灾害表现出的易于受到伤害和损失的性质。[③] 这种性质就是传统所认为的脆弱性。还有学者认为脆弱性被界定为个体或群体暴露于不利影响及灾害的可能性，由强烈的外部扰动事实暴露组分的易损性，以及导致生命、财产及环境发生损害的可能性。[④] 脆弱性是指由于强烈的外部扰动事件和暴露组分的易损性，导致生命、财产及环境发生损害的可能性。[⑤] 以上对脆弱性内涵的界定侧重于对灾害或危机产生的潜在影响或可能性。从这个角度来看，脆弱性是指系统或人类面对外界干扰而受到损害的可能性和概率。

---

①　石勇等：《自然灾害脆弱性研究进展》，《自然灾害学报》2011 年第 2 期。

②　朱正威、蔡李等：《基于"脆弱性—能力"综合视角的公共安全评价框架：形成与范式》，《中国行政管理》2011 年第 8 期。

③　商彦蕊：《自然灾害综合研究的新进展——脆弱性研究》，《地域研究与开发》2000 年第 2 期。

④　R. Zapata, R. Caballeros, *Un tema del desarrollo: vulnerabilitdad frente a los desastres*, CEPAL, Naciones Unidas, Mexico, DF, 2000.

⑤　朱正威、蔡李等：《基于"脆弱性—能力"综合视角的公共安全评价框架：形成与范式》，《中国行政管理》2011 年第 8 期。

3. 脆弱性是系统遭受不利影响的损害或威胁的程度、广度和结果

这里脆弱性主要是指系统面对不利因素扰动（灾害事件）的结果和综合反映，这种结果突出反映的是影响的程度。脆弱性是指系统或系统的一部分在灾害事件发生时所产生的不利响应的程度。[①] 有国外学者或专家认为，脆弱性是指系统、子系统、系统组分由于暴露于灾害（扰动或压力）而可能遭受损害的程度。[②] 20 世纪 90 年代，学界对脆弱性理论的研究日益成熟。在灾害管理研究中，不仅关注致灾因子，还关注承灾体对灾害的暴露程度。2005 年《兵库宣言》再次强调通过降低社会的脆弱度来降低灾害风险水平，认为降低环境的脆弱性和防灾、备灾、减灾同样重要。[③] 也就是说，在系统面对威胁或扰动因素时，脆弱性表现出来的是系统受损的结果或程度。

4. 脆弱性是对系统（或承灾体）面对扰动因素（或风险）抗逆力的考量或衡量

麦卡锡（McCarth）等（2001）认为，脆弱性指系统容易受到外界扰动（例如气候变化）不利影响的程度和难以应对不利影响的程度，它是由暴露（外部影响的特征、量级和频率）、敏感性和适应性三者构成的函数。生态系统的脆弱性是指系统在面临外界各种压力和干扰（包括人类活动的干扰）时，可能导致系统出现损伤或退化特征的一个衡量。[④] 刘铁民认为脆弱性（vulnerability）的英文原义是指物体易受攻击、易受伤和被损坏的特性。脆弱性是指对危险暴露程度及其易感性（susceptibility）和抗逆力（resilience）尺度的考量。[⑤] Gallpin G. C. 等（2003）认为系统状态的改变是系统的脆弱性、系统

---

①　Timmerman，*Vulnerability，resilience and the collapse of society：a review of models and possible climatic applications Toronto*，Canada：Institute for Environmental Studies，University of Toronto 1981.

②　Turner et al.，*A framework for vulnerability analysis in sustainability science*，PNAS 100（14），2003.

③　史培军等：《减灾与可持续发展模式：从第二次世界减灾大会看中国减灾战略的调整》，《自然灾害学报》2005 年第 3 期。

④　王岩、方创琳等：《城市脆弱性研究评述与展望》，《地理科学进展》2013 年第 5 期。

⑤　刘铁民：《事故灾难成因再认识——脆弱性研究》，《中国安全生产科学技术》2010 年第 10 期。

面临的扰动属性以及系统对扰动的暴露三者构成的函数。[1] 在重大事故的产生方面，脆弱性指的是对安全生产中受到外部致灾因素影响的可能性和敏感性、外部致灾因素影响程度及安全生产运行系统对致灾因素的抵抗力和抗逆力的衡量指标。从这个角度来看，脆弱性是对系统敏感度、抗逆度和外在风险压力的衡量和评估。脆弱性内部三要素之间构成一种函数关系。

5. 脆弱性是系统承受不利影响或压力的能力

国外学者根据灾害学中脆弱性的相关理论研究得出，脆弱性是指社会个体或社会群体预测、处理、抵抗不利影响（气候变化），并从不利影响中恢复的能力。[2] 从这方面来看，脆弱性也包含抵抗能力或抗逆力。我国学者王静爱则认为脆弱性和恢复力并列，脆弱性是状态量，指承灾体承受和抵抗致灾因子而产生不同程度损失的能力，包括敏感性、暴露性、易损性等[3]。从这个角度来看，脆弱性既是一种属性，也是一种能力。脆弱性是承灾体和灾害体之间的关系，即承灾体是在面临某种灾害或者突发事件等灾害体时的易受攻击程度、敏感程度、应对能力以及恢复能力。[4] 将脆弱性与恢复力放在一起研究，突出了灾害过程中灾害产生影响的重要性，同时说明了系统承压的能力或抵抗风险的能力。从这个角度来看，脆弱性是指系统面对外在压力时的一种内在抗风险能力，这种能力也是脆弱性属性的重要体现。

6. 脆弱性是一个多元概念的集合

有学者认为脆弱性有三层含义：①它表明特定系统或个体存在内在不稳定性，这就是前面所述的易损性；②该系统、个体对来自自然的或人为的干扰和变化等比较敏感，这就是前面所述的敏感度；③在外来干扰、外部环境

① Gallopin G. C., *A systemic synthesis of the relations between vulnerability，hazard，exposure and impact，aimed at policy identification. Handbook for Estimating the Socio-Economic and Environmental Effects of Disasters*，ECLAC，Mexico，D. F.，2003.

② Vogel C.，*Vulnerability and global environmental change. World Commission of Environment and Development*，LUCC Newsletter3，1998.

③ 王静爱等：《中国自然灾害灾后响应能力评价与地域差异》，《自然灾害学报》2006 年第 6 期。

④ 于瑛英：《城市脆弱性评估体系研究》，《北京信息科技大学学报》2011 年第 1 期。

变化的影响、扰动下，该系统或个体容易遭受某种程度损失或损害的特性，并且难以复原，这就是系统的适应力。① 灾害学对脆弱性的研究可以归纳为四类：①强调承灾体的易感性。即脆弱性体现的是承灾体容易受到破坏和损害的性质；②强调承灾体对灾害破坏缺乏抵御能力；③强调脆弱性更宽泛的性质，即脆弱性表现为一种性质或状态，与安全性存在负相关关系；④强调脆弱性与恢复力之间的负相关关系。② 随着应用领域的拓展和相关学科的交融，脆弱性的概念和内涵也在不断变化和发展，从原来只关注扰动事件影响的程度或可能性（敏感性）逐步延伸到包括系统对扰动的暴露、敏感性、恢复力、适应能力等众多构成要素的影响，并由只侧重自然生态、灾害方面的脆弱性拓展到社会、经济、环境、制度等多维度的脆弱性。③ 综上所述，脆弱性的概念与内涵随着学科研究和拓展的深入，逐步演变成一个多要素、多维度、跨学科的学术概念体系。从这个角度来看，脆弱性的内涵是非常丰富的，包括风险、暴露性、敏感度、适应性、恢复力等系列概念，是一个复杂的集合体和综合体系。

从脆弱性概念发展趋势来看，其内涵有逐步扩大的趋势，即从原来单纯针对自然系统的脆弱性逐渐发展为针对自然和社会系统及其他系统的概念。对脆弱性的关注由以环境和外在系统为中心，逐步发展到以人为中心，强调人的作用和功能，发挥人在脆弱性形成以及降低脆弱性中的作用和功能，时常把人的主动适应性作为脆弱性评价的核心问题和重要的关注内容。脆弱性无疑是在面对灾害时唯一可以真正控制的因素，通过对脆弱性的减控，提高抵抗力（物理）和抗逆力（社会人文），降低或消除风险。这也是研究公共安全管理系统脆弱性的价值所在。

---

① 朱正威、蔡李等：《基于"脆弱性－能力"综合视角的公共安全评价框架：形成与范式》，《中国行政管理》2011 年第 8 期。

② 刘雯雯：《组织脆弱性研究》，中国林业出版社 2011 年版，第 14 页。

③ Birkmannn J.，*Measuring Vulnerability to Natural Hazards：Towards Disaster Resilient Societies*，转引自李鹤：《东北地区矿业城市脆弱性特征与对策研究》，《地域研究与开发》2011 年第 10 期。

二、理论运用：脆弱性理论范式的应用

从方法论意义上的脆弱性范式研究来看，更多地将"脆弱性"当作一种研究社会的特殊方法、研究范式和切入点，或者说把它作为研究其他主题的一个具体而独特的"场域"，从而更好地理解公共危机事件产生机理的问题。脆弱性理论范式研究虽然和脆弱性有相关性，但本质上并不是在研究脆弱性本身，而是通过研究脆弱性，分析公共危机事件或重大事故生成的机理，为治理公共危机事件或重大事故的风险提供理论指导。

1. 脆弱性理论范式为剖析公共危机事件或重大事故产生的风险提供了独特视角

风险是致灾因子危险性、承灾体暴露性和脆弱性共同作用的结果，同等程度暴露在同等致灾因子作用下，承灾体脆弱度越大，风险越大。[1] 脆弱性理论范式研究为致灾因子与风险之间架起了桥梁，使风险产生领域的研究得到进一步拓展。脆弱性理论分析了受灾体本身具有的脆弱性、暴露度及适应力，为危机事件产生的原理提供了分析视角。脆弱性理论研究对于梳理系统风险、排查安全隐患，预防公共危机事件或重大事故具有重要意义。

2. 脆弱性理论范式为理解公共危机事件或重大事故生成的机理提供理论指导

脆弱性是各类危机事件产生的微观基础，研究脆弱性可以更好地把握突发事件和危机发生的规律、机理和内在逻辑，进而从根本上降低整个安全系统的脆弱性和不利因素，防范和抵御各类危机事件或突发事件的影响和冲击，降低危机事件带来的负面影响。贾增科等在《基于脆弱性的突发事件风险分析》中回顾和分析了脆弱性的含义，确定了脆弱性、干扰和暴露的关系，把脆弱性概念引入突发事件风险分析当中，总结了突发事件形成机理。脆弱性

---

① 石勇等：《自然灾害脆弱性研究进展》，《自然灾害学报》2011 年第 2 期。

理论范式对公共危机事件或重大事故生成的机理进行了梳理，为我们识别危机事件背后的逻辑和机理提供了理论指导和依据。

3. 脆弱性理论范式为公共危机事件或重大事故应对研究提供分析框架

脆弱性理论范式构建了基于脆弱性分析的突发事件风险分析框架，并建立了突发事件风险函数。朱正威等专家根据脆弱性理论内涵提出"脆弱性－能力"综合视角的评价框架，在研究中把定性研究与定量研究有机结合，从脆弱性和应对能力的综合视角出发，通过引入系统动力学理论，提出了一个公共安全与公共危机管理动态评价的新思路，构建了一个公共安全与公共危机管理的动态评价和识别框架，为公共安全评价工具和方法提供了新的视角和前提。[①] 从这个角度来看，脆弱性理论范式为公共危机事件应对提供了一个"脆弱性－能力"的分析框架，使公共危机事件管理或重大事故治理研究有了重要的理论依据。

4. 脆弱性理论范式为公共危机事件或重大事故善后评估指明了方向

在社会学研究领域，也引入了社会脆弱性理论，研究通过不同模型来评估社会脆弱性，找到降低社会脆弱性的途径。在公共危机事件研究领域，也可以引入社会脆弱性评估的概念。社会脆弱性评估是指评估一个地区、系统或社会群体在面对某一范围内现存灾害或在经过事前评估分析后确定将会发生灾害的脆弱性，并以此决定该地区、系统或社会群体如何受到影响及如何面对形成中的灾害。[②] 脆弱性理论分析了公共危机事件或重大事故产生的根源，明确了系统脆弱性影响的因素，提出了系统抗逆力的思路。这有利于提高公共危机事件或重大事故善后评估的质量和效率，有助于根据脆弱性影响因素产生的领域，有针对性地采取有效的防范措施，从源头上防控公共危机事件或重大事故风险。

---

① 朱正威、蔡李等：《基于"脆弱性－能力"综合视角的公共安全评价框架：形成与范式》，《中国行政管理》2011 年第 8 期。

② 周利敏：《社会脆弱性：灾害社会学研究的新范式》，《南京师大学报》（社会科学版）2012 年第 4 期。

从以上分析可知，脆弱性范式本身具有灾害风险分析、量化研究及灾害预测、灾后评估等特质，这就有助于理解灾害风险的本质及社会对致灾因素的承受程度，以及提高灾害风险防范与抵御能力，因而对于防灾、救灾与减灾也具有极为重要的现实启示意义。[①] 脆弱性理论范式不仅对灾害管理研究具有重要意义，还对公共危机管理研究具有重要的指导意义，便于我们从公共危机事件生成机理角度探讨风险源、脆弱性诱因等因素，从源头上探讨治理公共危机事件的策略。也可以借助脆弱性理论工具分析重大事故背后的脆弱性、评估脆弱性的程度，找出控制重大事故风险和隐患的对策和思路，从而降低事故发生的概率，增强公共安全系统的抗逆力。

第二节 生成机理：从脆弱性理论范式视角剖析公共危机事件

综观脆弱性理论的基本内容和原理发现，脆弱性理论范式能为公共危机事件生成机理提供分析框架，在脆弱性理论范式分析框架下，我们可以清晰地把握公共危机事件生成的机理。

一、系统脆弱性理论分析框架

脆弱性是灾害的根源之一。[②] 系统脆弱性本身不能触发危机，但是系统脆弱性可以与危机事件的致灾因子相互作用，从而起到调节危机事件影响的作用。

脆弱性分析框架经历了由单一扰动到多重扰动，由只关注自然系统或人文系统的脆弱性到耦合系统分析脆弱性，由静态的、单向的脆弱性分析向动态的、多反馈的脆弱性分析转变的过程。在整个演变过程中，逐渐将暴露、敏感性、恢复力、适应能力等要素纳入脆弱性分析框架中，使脆弱性分析框

---

① 周利敏：《从自然脆弱性到社会脆弱性：灾害研究的范式转型》，《思想战线》2012 年第 2 期。

② CANNON BLAIKIE, DAVIS I P T., WISNER B., *At Risk: nature hazards, people's vulner ability, and disasters*, London: Routledge, 1994, pp. 141—156.

架日渐完善，逐渐成为探讨人地系统相互作用机制的一种新范式和分析工具。[①] 从脆弱性分析框架来看，公共危机事件产生的机理与多种系统外的扰动因素密切相关，扰动因素越强，系统脆弱性爆发成危机事件的可能性越大。

二、公共危机事件的生成机理

公共危机事件的生成机理可以从脆弱性评估模型视角来分析。麦卡锡等学者指出脆弱性评估其实就是暴露性、敏感性、适用性这三者的函数，这一评估模型着重了解造成脆弱性的原因及条件。[②] 在此评估模型中，暴露性（exposure）是指人类或物体受到灾害或者不利因素的影响程度，也是指受灾体暴露在灾害环境里的程度；敏感性（sensitivity）指人类或物体受到外在环境不利因素影响的抗压力或者是从损害中恢复的能力；适用性（adaptive capacity）是指人类或物体面对灾害干扰时的抵抗力和恢复力（resilience）。这三种要素共同构成了脆弱性的基本框架。

根据麦卡锡关于脆弱性评估的原理，任何一次公共危机事件都是系统本身脆弱性综合因素的结果。公共安全系统脆弱性应包括三方面内容：一是暴露性。系统本身接触特定的致灾因子的程度。致灾因子来自系统内外可能导致系统危机的事件或风险。二是敏感性。系统缺乏吸收干扰和承受压力的能力，或者缺乏在致灾因子的干扰下保持基本结构、关键功能以及运行机制不发生根本变化的缓冲能力。三是适应性。面对实际发生的或预期的内外干扰和压力及其各种影响，对系统内进行调整的能力。这种调整能力就是系统的恢复力和抗逆力。

公共安全系统脆弱性体现在系统维持稳定的力量（适应性）和导致系统出现偏差的力量（对于致灾因子的暴露性和易感性）之间的相互作用。

---

① 李鹤：《东北地区矿业城市人地系统脆弱性评价与调控研究》，博士学位论文，中国科学院东北地理与农业生态研究所，2009 年。

② J. J. McCarthy, et al. (eds.), *Climate Change 2001: Impacts, Adaptation and Vulnerability*, Cambridge: Cambridge University Press, 2001, pp. 581－615. 转引自周利敏：《社会脆弱性：灾害社会学研究的新范式》，《南京师大学报》（社会科学版）2012 年第 4 期。

　　总之，系统的脆弱性与危机可能性之间存在正相关关系，即脆弱性越高，危机发生的可能性越大，反之亦然。脆弱性是公共安全系统本身固有的基本特征，这一特征在危机诱因的刺激下，系统脆弱性会触发形成系统的危机。针对处在一定范围内的可控危机因子，系统能够容忍其存在，而这些致灾因子并不会导致危机的发生。只有当致灾因子的存在和相互作用使得系统超出了临界状态时，危机才会爆发。系统脆弱性作为系统的基本属性影响系统的极限临界状态。系统脆弱性的阈值对把握系统临界状态提供了参考。

　　致灾因子通过多重扰动因素影响安全系统，系统综合脆弱性表现出来，打乱系统间的结构平衡，使脆弱性超过特定的安全阈值，公共危机事件由此产生。如图2-1所示。

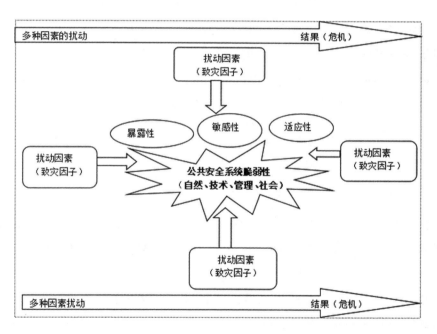

图2-1　公共危机事件生成机理示意图

　　从公共危机事件生成机理示意图来看，脆弱性不是直接的致灾因素，它是在内在系统因素和外在系统因素共同作用下超过脆弱性可承担的阈值，产生危机事件的结果。在脆弱性研究客体上的扰动具有多向度、多维度的特点。

公共安全系统通常暴露于多重扰动和不利因素的环境里，这些扰动和不利因素既有来自系统内部的，也有来自系统外部的，对系统脆弱性造成不同程度的影响，这种影响变成危机事件的外在诱因。这些系统脆弱性来自自然、社会、管理、技术等多维度的属性。刘铁民按其来源属性分为自然、技术、社会和管理四类。自然属性主要指地理、地质、气象、自然环境和生物等；技术属性主要指工程、装备、技术和生产活动等；社会属性主要包括政治、社会、经济、法治、文化、宗教、教育制度和传媒网络等；管理属性主要指公共管理及应急管理法制、体制、机制与应急准备。[①] 这些系统属性的脆弱性在多种因素的扰动下，超过了系统脆弱性的承受范围，脆弱性演变成公共危机事件生成的助推剂，公共危机事件由此产生。

综上所述，脆弱性在危机事件发生前已经存在，它在危机事件形成过程中相伴而生，是决定危机事件性质、强度和结果的基本要素，同时具有放大危机事件后果的作用。危机事件的破坏性不完全在于危机事件的原发强度，还取决于危机事件生成的环境，即系统的脆弱性程度，这种外在系统的脆弱性主要来自自然、技术、管理、社会等系统的不利因素。因而，公共危机事件的产生是由内在系统的脆弱性和外在系统的不利因素综合作用的结果。

三、重大事故的生成机理

任何系统本身都客观存在脆弱性，这种脆弱性不会变成危机事件或风险，而是在外在不利因素干扰或影响下，系统本身脆弱性凸显出来，形成风险或危机。

从前面公共危机事件产生机理可以看出，一般发生危机事件或风险主要是由致灾因子影响受灾体，打乱受灾体内部与环境属性的脆弱性（不利因素）致使灾害发生。致灾因子和孕灾环境、受灾体一起决定了灾害的灾情大小。延伸到重大事故类危机事件中，致灾因子是扰动因素，在自然、社会、管理、技术属性（脆弱性或不利因素）共同影响的环境里，影响受灾体，使受灾体

---

① 刘铁民：《事故灾难成因再认识——脆弱性研究》，《中国安全生产科学技术》2010 年第 10 期。

的脆弱性超过安全阈值，从而产生了危机事件和重大事故。

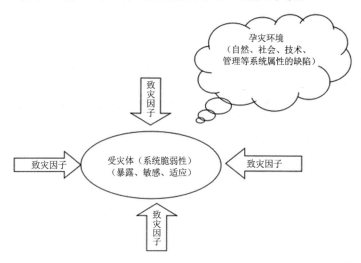

图 2—2 事故生成机理示意图

从图 2—2 可以看出，一起重大事故的发生是受灾体本身的脆弱性和外部孕灾环境系统不同因素综合作用的结果，外部孕灾环境系统脆弱性主要来自自然、技术、社会和管理四类系统属性，这四类属性就是影响系统能力的因素。这四类属性往往属于影响承灾体的不利因素。具体来看，系统脆弱性主要来源：自然系统属性主要指地理、地质、气象、硬件、基础设施等物质不利因素；技术系统属性主要指工程、装备、技术、工艺、生产活动等技术层面的不利因素；管理系统属性主要指风险管理、应急管理、法制、体制、机制、运行、安全设计等不利因素。生产安全运行和管理中，重大事故的发生在人为的致灾因子扰动下，一方面是内因，是受灾体本身脆弱性的爆发；另一方面是受灾体所处的孕灾环境中的自然、技术、社会和管理四大系统不利因素综合作用，未形成有效的安全防护网，致使受灾体自身的脆弱性超出安全阈值，重大安全事故由此产生。总之，生产安全管理和运行中的重大事故是内因脆弱性和外因系统不利因素或脆弱性综合作用的结果。公共安全管理系统的脆弱性是重大事故产生的风险源和主要影响因素，要防控重大事故的风险，必须从源头上控制公共安全管理系统的脆弱性。

第三章 基于系统脆弱性理论剖析
重大事故生成的机理

——2010—2016 年 25 起特别重大事故案例分析

近年来，一系列特别重大事故①，如火灾、地铁事故、动车事故、矿难事故、环境污染事故等的频繁发生不是偶然现象，是由其背后非常复杂的系统脆弱性叠加而成，最终导致公共安全系统脆弱性崩溃，从而产生的。从很多现实案例中可以看出，重大事故产生的整个过程所暴露的风险管理疏失、安全基础设施薄弱、应急准备欠缺和应急响应能力不足等现象，凸显公共安全管理领域的系统脆弱性。本章基于系统脆弱性理论视角分析具体的特别重大事故产生的机理，试图从中总结出一些重大事故风险的防范经验，从而指导重大事故风险防控工作，从源头上控制重大事故风险。

第一节 2010—2016 年 25 起典型重大事故案例梳理

为了更有效地运用系统脆弱性理论分析当前重大事故的实践，剖析事故发生背后的深层次原因，本章撷取 2010 年至 2016 年全国各地发生的交通运输、企业生产安全、工程建设安全、煤矿安全等领域的 25 起特别重大事故，希望从系统脆弱性理论视角分析典型事故背后规律性的致灾因素和系统脆弱

---

① 按照《生产安全事故报告和调查处理条例》第 3 条规定，根据生产安全事故（以下简称事故）造成的人员伤亡或者直接经济损失，特别重大事故是指造成 30 人以上死亡，或者 100 人以上重伤，或者 1 亿元以上直接经济损失的事故。该特别重大事故由国务院派出调查组进行调查和问责。本章收集的 25 起特别重大事故调查报告文本均由国务院调查组负责调查与起草。

性。本部分收集和汇总的重大事故案例主要如表 3－1 所示。

表 3－1 2010—2016 年 25 起典型重大事故列表

序号	时间	主体、地点	事故内容	损失	性质
1	2010 年 6 月 21 日 1 时 22 分	河南省平顶山市卫东区兴东二矿	特别重大炸药燃烧事故	49 人死亡、26 人受伤，直接经济损失 1803 万元	煤矿生产安全责任事故
2	2010 年 8 月 24 日 21 时 38 分	河南航空有限公司、黑龙江省伊春市林都机场	特别重大飞机坠毁事故	44 人死亡、52 人受伤，直接经济损失 3.09 亿元	道路交通生产安全责任事故
3	2010 年 11 月 15 日 14 时 14 分	上海静安区胶州路 728 号公寓大楼	特别重大火灾事故	58 人死亡、71 人受伤，直接经济损失 1.58 亿元	企业生产安全责任事故
4	2011 年 7 月 22 日 3 时 43 分	京珠高速公路河南省信阳市所属的高速路段	特别重大客车燃烧事故	41 人遇难、6 人受伤，直接经济损失达到 2342.06 万元 ①	道路交通生产安全责任事故
5	2011 年 7 月 23 日 20 时 30 分	甬温线浙江省温州市境内	特别重大铁路交通事故	40 人死亡、172 人受伤，直接经济损失 1.94 亿元	铁路交通安全生产责任事故
6	2011 年 10 月 7 日 15 时 45 分	滨保高速公路天津市境内	特别重大交通事故	35 人遇难、19 人受伤，直接经济损失达到 3447.15 万元	道路交通生产安全责任事故
7	2011 年 11 月 10 日 6 时 20 分左右	云南省曲靖市师宗县私庄煤矿	特别重大煤与瓦斯突出事故	43 人遇难，直接经济损失达到 3970 万元	煤矿生产安全责任事故
8	2012 年 8 月 26 日 2 时 30 分左右	陕西省包茂高速公路延安市境内	特别重大道路交通事故	36 人遇难、3 人受伤，直接经济损失 3160.6 万元	道路交通生产安全责任事故
9	2012 年 8 月 29 日 17 时 40 分左右	四川省攀枝花市西区肖家湾煤矿	特别重大瓦斯爆炸事故	48 人死亡、54 人受伤，直接经济损失 4980 万元	煤矿生产安全责任事故
10	2013 年 3 月 29 日 21 时 56 分	吉林省吉煤集团通化矿业集团公司八宝煤业公司	特别重大瓦斯爆炸事故	36 人遇难、12 人受伤，直接经济损失 4708.9 万元。	煤矿生产安全责任事故
11	2013 年 5 月 20 日 10 时 51 分	山东省章丘市保利民爆济南科技有限公司	特别重大炸药爆炸事故	33 人遇难、19 人受伤，直接经济损失 6600 万余元	企业生产安全责任事故

---

① 《国务院批复京珠高速河南信阳"7·22"特别重大卧铺客车燃烧事故调查报告》，《中国安全生产报》2012 年 6 月 30 日。

续表

序号	时间	主体、地点	事故内容	损失	性质
12	2013年6月3日6时10分	吉林省长春市吉林宝源丰禽业有限公司	特别重大火灾爆炸事故	121人死亡、76人受伤，直接经济损失1.82亿元	企业生产安全责任事故
13	2013年11月22日10时25分	山东省青岛中国石化公司管道储运分公司东黄输油管道	管道泄漏爆炸特别重大事故	62人遇难、136人受伤，直接经济损失7.52亿元	企业生产安全责任事故
14	2014年3月1日14时45分	山西省晋城市泽州县的晋济高速公路山西晋城段岩后隧道内	特别重大道路交通危险品运输燃爆事故	40人遇难、12人受伤和42辆车烧毁，直接经济损失8197万元	道路交通生产安全责任事故
15	2014年7月19日2时57分	湖南省邵阳市境内沪昆高速公路1309公里33米处	特别重大道路交通危险品爆燃事故	54人遇难、6人受伤，直接经济损失5300万余元	道路交通生产安全责任事故
16	2014年8月2日7时35分左右	江苏省苏州市昆山市昆山开发区昆山中荣金属制品有限公司	特别重大铝粉尘爆炸事故	97人遇难、163人不同程度受伤（事故报告期后，经全力抢救医治无效陆续死亡49人，当时尚有95名伤员在医院治疗，病情基本稳定），直接经济损失3.51亿元	企业生产安全责任事故
17	2014年8月9日14时37分	西藏自治区拉萨市尼木县318国道	特别重大道路交通事故	44人遇难、11人不同程度受伤，直接经济损失3900万余元	道路交通生产安全责任事故
18	2015年5月14日15时27分	陕西省咸阳市淳化县	特别重大道路交通事故	造成35人死亡、11人受伤，直接经济损失2300万余元	道路交通生产安全责任事故
19	2015年5月25日19时30分	河南省平顶山市鲁山县康乐园老年公寓	特别重大火灾事故	39人遇难、6人不同程度受伤，直接经济损失2064.5万元	企业生产安全责任事故
20	2015年8月12日22时50分左右	天津港瑞海公司所属危险品仓库	特别重大火灾爆炸事故	165人死亡、8人失踪、798人受伤，直接经济损失68.66亿元	企业生产安全责任事故
21	2015年12月20日	深圳市光明新区的红坳渣土受纳场	渣土受纳场滑坡特别重大事故	73人死亡、4人下落不明、17人受伤，直接经济损失8.81亿元	企业生产安全责任事故
22	2016年6月26日	湖南郴州宜凤高速	特别重大交通事故	35人死亡、13人受伤，直接经济损失2290万余元	道路交通安全生产事故

续表

序号	时间	主体、地点	事故内容	损失	性质
23	2016 年 10 月 31 日	重庆市金山沟煤业公司	瓦斯爆炸事故	33 人死亡、1 人受伤，直接经济损失 3682.22 万元。	企业生产安全责任事故
24	2016 年 11 月 24 日	江西丰城电厂	坍塌事故	73 人死亡、2 人受伤，直接经济损失 1.02 亿元	企业生产安全责任事故
25	2016 年 12 月 3 日	内蒙古自治区赤峰宝马矿业公司	瓦斯爆炸事故	32 人死亡、20 人受伤，直接经济损失 4399 万元。	企业生产安全责任事故

通过梳理发现，2010—2016 年发生的这些特别重大事故都具有非常典型的特征，其中交通事故 10 起，矿难事故 6 起，企业生产安全事故 6 起，工地事故 2 起，公共场所事故 1 起，这些事故的发生、发展及造成的后果具有类似的特征，都与人的管理和人的意识或责任有关联，最终给人民生命和财产带来巨大损失。从系统脆弱性理论来看，这些事故或事件发生说明除了受灾体自身脆弱性以外，大部分事故都与受灾体所处的环境系统缺陷有密切关系，与自然、技术、社会和管理系统的不利因素有着重大的关联度。从系统脆弱性理论视角分析重大事故产生的原因和机理，为今后可能存在的重大事故风险治理提供有益思路和指导。

第二节　从系统脆弱性理论视角分析 25 起特别重大事故的生成机理

从系统脆弱性理论来看，任何一次事故的发生都是由于承灾体本身的脆弱性导致的。在致灾因子的干扰下，在孕灾环境的自然、技术、社会和管理四大系统的不利因素影响下，增加了事故发生的概率，承灾体的脆弱性突破了安全阈值，从而演变成了安全事故。为此，我们可以结合系统脆弱性理论中受灾体所处的自然、社会、管理和技术四大系统不利因素视角剖析以上 25 起已经发生的特别重大事故，从中梳理和归纳出特别重大事故产生的机理。

一、从自然系统不利因素视角来看孕灾环境的系统脆弱性

从系统脆弱性理论中孕灾环境不利因素来看，自然系统的不利因素是事故产生的基础性影响因素，主要包括承灾体的地理、地质、气象和生物等不利属性及物理上的缺陷，通过案例分析发现这些缺陷为事故的发生埋下深层的种子和隐患。

表 3-2　自然（物理）系统的不利因素

序号	事故	气候因素	地理条件	物理载体	致灾环境	其他
1	2010 年河南省平顶山市"6·21"特别重大炸药燃烧事故	无	无	煤矿本身的缺陷，采用两立井开拓方式，初步设计生产能力 3 万吨/年，典型的小煤矿，属于应关闭的煤矿	炸药存放点有木料及附近巷道内存放塑料网、木支护材料、电缆等	无
2	2010 年黑龙江伊春"8·24"特别重大飞机坠毁事故	雾大能见度差；飞机下降遇到入辐射雾，未看见机场跑道	地处山谷交会漫滩处，机场近地面相对湿度接近 90%，水汽易快速凝结	无	无	无
3	2010 年上海市静安区胶州路公寓大楼"11·15"特别重大火灾事故	11 月正处于冬季，天气比较干燥，盛行偏北风，当天的风大、温度低，是防火的敏感季节	周边楼房间距比较小，道路狭窄；部分消防救援设备难以到达现场	施工的建筑有居民居住，存放大量的生活用品、家具等易燃物品	居民楼外围的易燃尼龙防护网和脚手架上的毛竹片着火后，火势迅速蔓延，最终包围并烧毁了整栋大厦	无
4	2011 年京珠高速河南信阳"7·22"特别重大卧铺客车燃烧事故	无	1000 公里以上的长途客运班线容易产生疲劳	双层卧铺客运车容易入睡，不利于逃生	经调查发现司乘人员将 15 箱共 300 公斤左右危险化学品偶氮二异庚腈堆放在客车舱后部，产生燃烧现象，这些物品本应由专用冷藏车运送	无

序号	事故	气候因素	地理条件	物理载体	致灾环境	其他
5	2011年"7·23"甬温线特别重大铁路交通事故	甬温铁路沿线的雷电活动非常强烈。据统计雷击地闪次数超过340次，共出现了11次雷电流幅值超过100千安的雷击情况雷电灾害是重要的自然诱因	无	温州南站列车控制中心设备存在严重缺陷，使得后续时段当实际有车占用时，设备依然按照熔断前无车占用状态进行控制输出信号	D301次列车车辆脱轨，其中第2、3位车辆坠落瓯江特大桥下，第4位车辆悬空，第1位车辆车头及车体散落桥下，致使救援难度增大①	无
6	2011年滨保高速天津"10·7"特别重大事故	无	无	私自改装增加座位的安全隐患；客运车辆不是采用全承载整体框架式车身结构，车身强度、上部结构强度都不够	两车横向距离较近，大客车车身左侧前部与小轿车右侧后部发生擦蹭撞击	无
7	2011年云南省曲靖市师宗县煤矿"11·10"特别重大煤与瓦斯突出事故	无	该矿为煤与瓦斯突出矿井，且矿井瓦斯抽采系统不完善	9万吨/年以下的煤与瓦斯突出矿井，瓦斯防治能力较差；自然条件的隐患加大风险	无	无
8	2012年包茂高速陕西延安"8·26"特别重大道路交通事故	无	高速公路服务区出口加减速车道长度、导流区物理隔离设施设置等设计有缺陷	运输易燃易爆危险化学品的罐式车辆不符合相关安全技术标准；危险化学品运输车辆后下部防护装置的强度不够	无	无
9	2012年四川肖家湾煤矿"8·29"特别重大瓦斯爆炸事故	无	下山采掘作业点的绞车信号装置失灵，操作时产生了电火花，从而引爆瓦斯	该矿采取活动式的伪装密闭装置，伪装外表形状与巷道形式一致，隐瞒非法违法生产的真相	采用局部通风机供风，经常发生停电停风现象，并存在一台风机向多头面供风的问题	无
10	2013年吉林省吉煤集团通化矿业集团公司八宝煤矿"3·29"特别重大瓦斯爆炸事故	无	无	煤矿有6个可采煤层，煤层自燃倾向性等级均为Ⅱ类，属自燃煤层，为高瓦斯矿井，煤尘具有爆炸危险性	违规核定批复该矿生产能力由180万吨/年提高到300万吨/年	无

① 本刊编辑部：《人祸！"7·23"事故解读》，《劳动保护》2012年第2期。

续表

序号	事故	气候因素	地理条件	物理载体	致灾环境	其他
11	2013年山东省章丘市保利民爆济南科技有限公司"5·20"特别重大炸药爆炸事故	无	正在502工房西南侧35米安全距离范围内（按规定应大于97.2米）进行503—1廊道剪力墙及顶部支模板内绑扎钢筋作业；与易爆车间距离太近	擅自将震源药柱压盖、热合、拧螺旋套、装箱、封箱工序移入502工房；擅自增加生产二号岩石乳化炸药品种并增开1台装药机和擅自增加生产线操作①	502工房实有操作人员34人（不含监控室1人），超出工房定员20人；根据规定炸药在线生产时不能进行设备维修，然而生产同时，对工房内膜热合机进行维修。维修工作地点缺乏安全距离	无
12	2013年吉林省长春市德惠市吉林宝源丰禽业有限公司"6·3"特别重大火灾爆炸事故	无	主厂房内逃生通道复杂，且南部主通道西侧安全出口和二车间西侧直通室外的安全出口被锁闭	企业厂房违规将保温材料由不易燃的岩棉换成易燃的聚氨酯泡沫；大量使用聚苯乙烯夹芯板	主厂房内电缆明铺，二车间的电线未使用桥架、槽盒，也未穿安全防护管	无
13	2013年山东省青岛中国石化公司管道储运分公司东黄输油管道"11·22"泄漏爆炸特别重大事故	排水暗渠内随着潮汐变化海水倒灌，输油管道长期处于干湿交替的海水及盐雾腐蚀环境	事故区域危险化学品企业、油气管道与居民区、学校等设施距离太近；管道处于海水倒灌能够到达的区域，腐蚀加剧	输油管道与排水暗渠交会处由于设计不太合理，导致管道被腐蚀而减薄、管道出现破裂现象；泄漏原油挥发的油气与排水暗渠空间内的空气形成易燃易爆的混合气体，并在相对密闭的排水暗渠内积聚②	青岛丽东化工有限公司长期在厂区内排水暗渠上违规搭建临时工棚；秦皇岛路综合整治工程，未按要求计算对管道安全的影响，未对管道采取保护措施，加剧管体腐蚀、损坏	无
14	2014年山西省晋济高速公路山西晋城段岩后隧道内"3·1"特别重大道路交通危化品燃爆事故	晋济高速公路全线因降雪封闭，解除交通管制措施后，事故路段车流量逐渐增加	煤焦管理站违反设计要求在泽州收费站前设置指挥岗，加重了车辆拥堵	危险化学品罐式半挂车实际运输介质均与设计充装介质、公告批准、合格证记载的运输介质不符；挂车使用罐体未安装紧急切断阀，属于不合格产品	隧道内气流由北向南，且隧道南高北低，高差达17.3米，形成"烟囱效应"	无

---

① 潘文峥：《山东保利民爆"5·20"特别重大爆炸事故》，《中国生产安全》2016年第5期。

② 张涛、吕淑然：《基于轨迹交叉的石油管道泄漏爆炸事故预防研究》，《灾害学》2015年第10期。

续表

序号	事故	气候因素	地理条件	物理载体	致灾环境	其他
15	2014年沪昆高速公路湖南省邵阳段"7·19"特别重大道路交通危化品爆燃事故	无	无	该车有货车二类底盘，未随车配备货厢，后经非法改装加装了右侧有一扇侧开门的货厢，用聚丙烯板材焊接的方形罐体加固置于货厢内，用于运输危化品。车辆本身的硬件有问题	前面一辆自西向东行驶的空油罐车冲过中央隔离护栏，与自东向西行驶的一辆大型客车和一辆小型客车发生刮碰并起火，造成1人死亡，双向交通中断。当时交通环境存在缺陷	无
16	2014年江苏省昆山中荣金属制品公司"8·2"特别重大铝粉尘爆炸事故	事发前两天当地连续降雨；平均气温31℃，最高气温34℃，空气湿度最高达到97%。容易产生热量现象	无	事故车间厂房原设计建设为戊类，而实际使用应为乙类，导致一层原设计泄爆面积不足，疏散楼梯未采用封闭楼梯间，贯通上下两层；① 生产流水线布置过于紧密，作业工位设计排列过于拥挤，每层车间狭小的空间内设置了16条生产线	1号除尘器集尘桶锈蚀破损，未及时得到修复，另外除尘器集尘桶未及时有效清理，导致桶内铝粉受潮变质，发生化学上的氧化放热反应，达到粉尘云的引燃温度和引爆点；现场除尘系统吸风量不足，不能有效抽出除尘管道内粉尘	无
17	2014年西藏自治区拉萨市尼木县"8·9"特别重大道路交通事故	无	事故路段为山岭重丘区二级公路标准、南侧大客车坠崖处距路面的垂直高度为11米	大客车制动性能不合格、超速行驶。大客车右后轮制动性能不符合《汽车维护、检测、诊断技术规范》	越野车超速行驶、违法占道、违法越过道路中心线占道行驶，导致两车相撞	无
18	2015年陕西省咸阳市"5·15"特别重大道路交通事故	无	事故路段属于下陡坡、连续急弯路段	制动力不足造成车速过快，在离心力作用下出现侧滑，失控冲出路面翻坠至崖下	道路建设施工违反设计文件、安全防护设施缺失	无

---

① 韩颖：《江苏昆山"8·2"事故调查追踪》，《劳动保护》2015年第2期。

续表

序号	事故	气候因素	地理条件	物理载体	致灾环境	其他
19	2015年河南省平顶山市鲁山县康乐园老年公寓"5·25"特别重大火灾事故	无	无	不能自理区建筑为聚苯乙烯夹芯彩钢板房，其他区域建筑均为砖墙、夹芯彩钢板屋顶；① 老人不能自主行动，无法快速自救，导致重大人员伤亡	给电视机供电的电器线路接触不良发热，高温引燃周围的电线绝缘层、聚苯乙烯泡沫、吊顶木龙骨等易燃可燃材料②	无
20	2015年天津港瑞海公司危险品仓库"8·12"特别重大火灾爆炸事故	事发当天最高气温达36℃，实验证实，在气温为35℃时集装箱内温度可达65℃以上	瑞海公司与周边居民住宅小区、天津港公安局消防支队办公楼等重要公共建筑物以及高速公路和轻轨车站等交通设施的距离均不满足规定标准	多种危险货物严重超量储存，事发时硝酸钾存储量1342.8吨，超设计最大存储量53.7倍；多次违规存放硝酸铵，事发当日在运抵区违规存放硝酸铵高达800吨	运抵区南侧一垛集装箱火势猛烈，且通道被集装箱堵塞，消防车无法靠近灭火；不同类别的危险货物混存，间距严重不足，而且违规超高堆码现象普遍	无
21	2015年深圳市光明新区的红坳渣土受纳场"12·20"特别重大滑坡事故	受纳场选址存在问题，距离工厂与居民区太近	受纳场建设违反规划土地法律法规	红坳受纳场没有建设有效的导排水系统，受纳场内积水未能导出排泄，致使填埋的渣土含水过于饱和，形成底部软弱滑动带③	当时填埋量严重超量、超高、超载堆填，导致下滑推力逐渐增大、垃圾堆稳定性降低，致使渣土失稳滑出	无
22	2016年湖南郴州宜凤高速"6·26"道路交通事故	无	无	车门受路侧护栏阻挡无法打开；事故车辆采用单门和全封闭车窗式结构设计，不利于人员疏散逃生	无	无
23	2016年重庆市金山沟煤业公司"10·31"瓦斯爆炸事故	无	越界开采的K13煤层瓦斯含量高	无	无	无
24	2016年江西丰城"11·24"坍塌事故	当天气温骤降，混凝土强度不够	无	无	无	无

① 环宇：《监管缺失酿惨剧——河南平顶山"5·25"特别重大火灾事故分析》，《吉林劳动保护》2015年第10期。

② 环宇：《监管缺失酿惨剧——河南平顶山"5·25"特别重大火灾事故分析》，《吉林劳动保护》2015年第10期。

③ 张海波：《论"应急失灵"》，《行政论坛》2017年第3期。

续表

序号	事故	气候因素	地理条件	物理载体	致灾环境	其他
25	2016年内蒙古自治区赤峰宝马矿业公司"12·3"瓦斯爆炸事故	无	煤层自燃倾向性为自燃,自然发火期为1.5～3月,具有爆炸性	事故发生前,6040综放工作面正常通风,有人员作业,风流中的氧气浓度满足瓦斯爆炸供氧条件(氧气浓度大于12%)	无	无

从以上特别重大事故案例来看,自然系统的不利因素主要体现在气候因素、地理条件、物理载体及致灾环境等影响因素上。每次重大事故发生都有自然系统或物理环境不利因素的影响,增加了事故产生的频率和程度。根据以上事故调查文本分析,这些自然因素中有些是天然的、存在不可抗力的,上面列举的25起特别重大事故中有8起与天气因素有关联,占比达32%左右;15起重大事故与地理条件有关联,占比达60%左右,地理因素中有些是自然产生的,有些与人为设计和规划有关,加大了地理环境的风险,为事故发生提供了环境。从以上特别重大事故来看,每起事故都与周边的环境有密切关联,周边环境缺陷明显导致事故的发生,比如有些属于人为构建的不利物理因素,设计、规划及施工过程等产生的物理上的不利因素,这些因素成为重大事故产生的基础性因素和诱因。自然环境、地理位置、气候方面等自然系统不利因素主要属于致灾因素的硬件范畴。在整个事故的生成过程中,自然系统的不利因素往往起到基础性作用,为事故的发生提供了外在的自然和硬件环境。

二、从社会系统不利因素视角来看孕灾环境的系统脆弱性

根据系统脆弱性理论中孕灾环境不利因素来看,社会系统不利因素是潜在的影响因素,主要有政治、社会、经济、法治、文化、宗教、教育制度和传媒网络等软件方面的不利属性,影响了人的安全价值观念和行为方式,这些文化的、内在的不安全因素为特别重大事故发生埋下了隐患。从表3-3可以看出,25起特别重大事故的社会系统不利因素。

表 3-3　社会（文化）系统的不利因素

序号	事故	安全意识不强	违法违规现象	安全能力不足	安全责任弱化	安全保障不力
1	2010 年河南省平顶山市"6·21"特别重大炸药燃烧事故	煤矿存放点私自存放非法私制硝铵炸药	该矿存在非法生产行为；非法购买、储存、使用爆炸物品，安全生产管理混乱	事故发生后应急处置不当	存在"一套证件、两套生产系统、两个投资主体、两套管理机构"现象	无
2	2010 年黑龙江伊春"8·24"特别重大飞机坠毁事故	机长违反河南航空《飞行运行总手册》的有关规定，违规操纵飞机低于最低运行标准实施进近	飞行机组违反民航局有关规定，在飞机进入辐射雾时，未看见机场跑道时，仍然穿越最低下降高度实施着陆	无	机长没有组织指挥旅客撤离，没有救助受伤人员，而是擅自撤离飞机	对乘务员的应急培训不符合民航局的相关规定和河南航空训练大纲的要求
3	2010 年上海市静安区胶州路公寓大楼"11·15"特别重大火灾事故	施工人员违规在 10 层电梯前室北窗外进行电焊作业；静安区居民楼在维修改造时，并未有计划将居民进行疏散和安置	该单位、投标企业、招标代理机构相互串通、虚假招标和转包、违法分包	市民应急知识缺乏和技能较弱，自救、互救能力显得不足；现场工人逃离火场	设计企业、监理机构工作失职	民众对商业保险制度重视不够，抵御灾害能力弱
4	2011 年京珠高速河南信阳"7·22"特别重大卧铺客车燃烧事故	司机没有遵守凌晨时间不上路的规定；存在疲劳驾驶问题	大客车违规站外上客、人员超载、违规载货；货物必须用专用冷藏车运送；公司未认真执行危险化学品安全生产管理制度，多次违规运输危险化学品	无	威海汽车站安全管理责任不落实，未认真核实事故车辆长期请假脱班的情况；默许事故车辆长期违规站外经营	对企业从业人员的技能培训，专项安全学习和岗位培训不到位

续表

序号	事故	安全意识不强	违法违规现象	安全能力不足	安全责任弱化	安全保障不力
5	2011年"7·23"甬温线特别重大铁路交通事故	铁路局的作业人员操作安全意识不强，在设备故障发生后，未正确地履行职责，故障处置工作不得力；铁道部执行基本建设程序不规范、不认真，在铁路建设中抢工期、赶进度，片面追求工程建设速度，对安全重视不够	调度所列车调度员没有及时提醒D301次列车司机注意运行，违反了相关规定；温州南线路工区有关人员擅自打开防护网通道门上道检查作业，属于违规作业行为	调度所日常值班负责人对可能影响列车运行安全的突发情况紧急处置不及时、相应的处置措施不得力	通号集团履行甬温线通信信号集成总承包商职责不力，未按照职责要求提供安全可靠的列控中心设备；对列控中心设备研发设计审查不严，未能发现设备存在的严重设计缺陷和重大安全隐患①	杭州电务段温州车间和瓯海工区安全生产基础管理非常薄弱，各级组织开展的职工安全教育培训工作不到位
6	2011年滨保高速天津"10·7"特别重大事故	小轿车驾驶人在超越大客车时车速控制不当，未按照操作规范安全驾驶	大客车驾驶人存在超速行驶、措施不当、疲劳驾驶三项交通违法行为；擅自改装客车	无	唐山交通运输集团有限公司及其下属公司安全生产责任制不落实	从业人员职业道德和安全意识教育不到位
7	2011年云南曲靖市师宗县煤矿"11·10"特别重大煤与瓦斯突出事故	掘进工作面作业人员违规使用风镐作业时诱发了煤与瓦斯突出	非法违法组织生产，未执行"两个四位一体"综合防突措施未执行矿领导带班下井制度；私庄煤矿负责人拒不执行上级政府及相关部门的指令，擅自违法决定开展组织生产	作业人员未随身携带自救器	无	未进行全员防突培训，部分新工人未按规定培训即下井作业

---

① 《国务院对"7·23"甬温线特别重大铁路交通事故作出处理》，《人民日报》2011年12月29日。

续表

序号	事故	安全意识不强	违法违规现象	安全能力不足	安全责任弱化	安全保障不力
8	2012 年包茂高速陕西延安"8·26"特别重大道路交通事故	大客车司机在凌晨 2 点至 5 点不停车休息	货车司机从匝道违法驶入高速公路，在高速公路上违法低速行驶；大客车司机本来应该能采取有效的安全措施避免事故发生，但终因疲劳驾驶而未采取有效的安全措施	无	客运安全管理的主体责任落实不力；危险货物运输安全管理的主体责任落实不到位	交通警察支队开展客运车辆及驾驶人交通安全教育工作存在薄弱环节
9	2012 年四川肖家湾煤矿"8·29"特别重大瓦斯爆炸事故	采用突击临时封闭巷道的办法，隐瞒非法开采区域的真相	采煤队在该区域内采用非正规采煤方法，以掘代采、乱采滥挖；违法生产、违规违章生产	无	超能力、超定员、超强度生产；非法违法区域通风管理混乱	不执行矿领导带班下井制度
10	2013 年吉林省吉煤集团通化矿业集团公司八宝煤矿"3·29"特别重大瓦斯爆炸事故	现场管理人员没有按规定上报信息和从现场撤出工作人员，且仍然决定继续在该区域密闭环境施工	煤矿管理人员违抗吉林省政府关于严禁一切作业人员下井工作的指令，擅自决定、违规安排作业人员下井作业；[1]违规核定批复该矿生产能力由 180 万吨/年提高到 300 万吨/年	煤矿对井下采空区的防灭火措施不落实，管理不得力；该矿施工组织混乱无序，未向作业人员告知作业场所的危险性	企业安全生产主体责任不落实，严重违章指挥、违规作业	对员工的安全生产教育与培训重视不够，未准确向现场的人员如实、准确地告知作业场所及其岗位存在的危险因素、安全防范措施以及事故具体的应急措施
11	2013 年山东省章丘市保利民爆济南科技有限公司"5·20"特别重大炸药爆炸事故	公司管理人员的法治和安全意识非常淡薄，安全生产管理极其混乱且管理者长期违法违规组织生产，忽视具体的安全问题	违规改变生产工艺；违法增加生产品种、超员超量生产；弄虚作假规避监管	无	保利集团对保利民爆济南公司安全生产工作疏于指导督促、监督管理不力，安全生产监督检查走过场	对员工的安全生产教育培训，尤其对新进员工、转岗员工、使用新设备新工艺员工等培训不够

---

[1]　董迫：《基于 HFACS 的煤矿事故人因分析和分类研究》，硕士学位论文，太原科技大学，2014 年。

续表

序号	事故	安全意识不强	违法违规现象	安全能力不足	安全责任弱化	安全保障不力
12	2013年吉林德惠市吉林宝源丰禽业公司"6·3"特别重大火灾爆炸事故	法定代表人根本没有以人为本、安全第一的意识，重生产、重产值、重利益，要钱不要安全	企业厂房建设中企业违规将保温材料由偷偷换成易燃的聚氨酯泡沫材料，导致在起火后火势迅速蔓延，难以控制①	企业管理人员、现场作业人员缺乏基本的消防安全常识和先期处置火灾的能力；现场作业人员缺乏逃生自救互救的知识和能力	企业未建立起健全的安全管理制度；也没有落实相应的安全生产责任	未对员工进行安全培训，未组织应急疏散演练
13	2013年山东省青岛中国石化公司管道储运分公司东黄输油管道"11·22"泄漏爆炸特别重大事故	现场抢修的处置人员采用不安全的生产方法，利用液压破碎锤在暗渠盖板上打孔破碎，撞击火花和火星，导致暗渠内油气突然爆炸	工作人员在抢修现场未进行可燃气体检测工作，盲目大胆地动用非防爆设备进行作业，存在严重违规违章现象	青岛站、潍坊输油处、中石化管道分公司对泄漏原油数量未按应急预案要求进行研判，对事故风险评估出现严重错误，没有及时下达启动应急预案的指令②	中石化公司及下属企业在安全生产方面，存在主体责任落实不力，隐患排查治理工作不彻底的问题，导致在现场应急处置中的措施不当	中石化的下属公司对一线操作员工生产安全和应急教育不到位，培训针对性不强，效果不明显；对应急救援处置工作和措施重视不够、落实不力
14	2014年山西省晋济高速公路山西晋城段岩后隧道内"3·1"特别重大道路交通危化品燃爆事故	司机缺乏驾驶安全习惯，随意变道；驾驶员和押运员习惯性违章操作	存在违规超载行为，影响刹车制动；企业没有按照设计充装介质；罐体底部卸料管根部球阀长期处于违规开启状态	无	企业安全生产主体责任不落实、应急预案编制和应急演练不符合规定要求	从业人员安全培训教育制度未落实
15	2014年沪昆高速公路湖南省邵阳段"7·19"特别重大道路交通危化品爆燃事故	大客车司机在凌晨2点至5点期间不停车休息；大客车未按交通标志指示在规定车道通行	未取得道路危险货物运输业从业资格证；非法对轻型货车进行改装；货车司机严重超载；未按操作规范安全驾驶	无	客运公司安全生产主体责任落实不到位	开展道路运输车辆动态监控工作不到位，未能运用车辆动态监控系统对车辆进行有效管理

① 本刊编辑部：《"3个缺失"121条人命》，《劳动保护》2013年第8期。

② 陈炜伟：《原油泄漏到爆炸发生的8小时》，《重庆日报》2014年1月2日。

续表

序号	事故	安全意识不强	违法违规现象	安全能力不足	安全责任弱化	安全保障不力
16	2014 年江苏昆山中荣金属制品公司"8·2"特别重大铝粉尘爆炸事故	事故车间除尘系统较长时间未按规定清理,铝粉尘集聚	现场作业的人员过于密集,各岗位粉尘防护措施不完善不到位,未严格按规定配备防静电工装、工具等各类劳动保护用品;无视国家法律,违法违规组织项目建设和生产	无	公司车间现场未建立岗位安全操作规程和程序,现有的规章制度未落实到车间、班组及具体的一线工人身上	公司从未进行粉尘爆炸专项教育培训,针对新员工的三级安全培训、安全生产教育培训工作不到位、责任不落实;现场生产的安全生产规章制度不健全、不规范
17	2014 年西藏自治区拉萨市尼木县"8·9"特别重大道路交通事故	大客车在会车时未安全驾驶,未采取处置措施;大客车既未减速,也未警示,更未停车或者避让	大客车长时间超速行驶,在下坡限速 40 公里/小时的路段超速 60%以上;越野车超速行驶、违法占道	无	汽车租赁企业和客运企业安全生产主体责任	驾驶人安全培训教育制度缺失,交通管理部门对车辆违规超速行为未实施有效的动态监控,对其违法行为处罚不落实
18	2015 年陕西省咸阳市"5·15"特别重大道路交通事故	检验人员与车主、非法中介人员合谋弄虚作假,导致严重不符合安全技术标准的事故大客车获得检验合格证明①	西安生活馆长期存在无照经营现象,安全生产制度不健全、安全责任落实不力,根本不具备旅游经营业务相关的资质;且租赁不具备运营资质的大客车进行载客②	无	安排不具备大客车驾驶资质的引车员进行检验	无

————————————

① 国家安全监管总局:《陕西咸阳"5·15"特别重大道路事故原因调查及防范整改措施》,《中国应急管理》2015 年第 8 期。

② 国家安全监管总局:《陕西咸阳"5·15"特别重大道路事故原因调查及防范整改措施》,《中国应急管理》2015 年第 8 期。

续表

序号	事故	安全意识不强	违法违规现象	安全能力不足	安全责任弱化	安全保障不力
19	2015年河南省平顶山市鲁山县康乐园老年公寓"5·25"特别重大火灾事故	日常管理不规范，消防安全防范意识淡薄	养老院存在违法违规建设、运营；管理方违规使用聚苯乙烯夹芯彩钢板作为房屋的原材料、大量使用不合格电器电线	不能自理区的老人大部分无自主活动能力，基本上无法及时自救和逃生，从而造成重大人员伤亡①	养老院的公寓日常管理不规范，存在管理混乱现象，没有建立起相应组织和消防制度②	没有组织员工进行应急演练和消防安全培训；员工对消防法律法规不熟悉、不掌握，消防安全知识匮乏③
20	2015年天津港瑞海公司危险品仓库"8·12"特别重大火灾爆炸事故	港口员工在装卸作业中普遍存在野蛮操作问题，在硝化棉装箱过程中大量出现包装破损、硝化棉散落而无人管理的情况；④公司没有开展风险评估和危险源辨识评估工作	违法从事港口危险货物仓储经营业务；违规存放硝酸铵、严重超负荷经营、超量存储、违规混存、超高堆码危险货物管理系统；违规开展拆箱、搬运、装卸等作业	瑞海公司应急预案基本上流于形式，应急处置力量不足、应急装备严重缺乏，基本上不具备初起火灾的扑救能力	瑞海公司违法违规经营、储存和运输危险货物，日常的安全管理极其混乱，基本未履行安全生产主体责任和主体义务⑤	公司部分叉车司机没有取得危险货物岸上作业资格证书，没有经过相关危险货物作业安全知识培训⑥公司未针对理化性质不同、处置方法差异的危险货物制定不同的、有针对性的应急处置预案，也未积极组织员工进行应急演练⑦

① 本刊编辑部：《河南平顶山"5·25"特别重大火灾事故原因调查及防范措施》，《中国应急管理》2015年第10期。

② 环宇：《监管缺失酿惨剧——河南平顶山"5·25"特别重大火灾事故分析》，《吉林劳动保护》2015年第10期。

③ 本刊编辑部：《河南平顶山"5·25"特别重大火灾事故原因调查及防范措施》，《中国应急管理》2015年第10期。

④ 本刊编辑部：《天津港"8·12"瑞海公司危险品仓库特别重大火灾爆炸事故原因调查及防范措施》，《中国应急管理》2016年第2期。

⑤ 本刊编辑部：《天津港"8·12"瑞海公司危险品仓库特别重大火灾爆炸事故原因调查及防范措施》，《中国应急管理》2016年第2期。

⑥ 本刊编辑部：《天津港"8·12"瑞海公司危险品仓库特别重大火灾爆炸事故原因调查及防范措施》，《中国应急管理》2016年第2期。

⑦ 本刊编辑部：《天津港"8·12"瑞海公司危险品仓库特别重大火灾爆炸事故原因调查及防范措施》，《中国应急管理》2016年第2期。

21	2015 年深圳市光明新区的红坳渣土受纳场"12·20"日特别重大滑坡事故	现场工作人员遇到险情忽大意、自始至终没有发出事故警示和预警，也未向当地政府报告，贻误了下游工业园区和社区人员紧急疏散撤离的宝贵时机①	中标企业违法将全部运营服务项目整体转包；受纳场没有正规施工图纸设计和未办理相关用地手续、建设许可、环境影响评价、水土保持等方面审批程序的情况下而违法违规建设运营②	无	企业一味地追求经济效益，无视安全风险；没有按照有关规定排出底部原有积水、修建有效的导排水系统	没有对员工开展必要的安全生产教育培训，没有配备相应安全管理机构和人员，没有编制应急预案并开展应急处置演练
22	2016 年湖南郴州宜凤高速"6·26"道路交通事故	驾驶人休息时间不足，疲劳驾驶；旅行社及其从业人员安全责任意识淡薄	安全锤放置不符合规定，被放置在驾驶人座位左下侧储物箱内；未按规定对事故车辆开展安全检验；非法打印旅游包车客运标识；公司违法出借旅行社业务经营许可证	乘客无法击碎车窗逃生；驾驶员首先跳窗逃生，没有组织车内人员紧急疏散	无	驾驶员日常安全教育培训针对性不强甚至流于形式，应急演练培训等工作未有效开展
23	2016 年重庆市金山沟"10·31"瓦斯爆炸事故	违章"裸眼"爆破产生的火焰引爆瓦斯，安全意识差	超层越界违法开采；违规使用民用爆炸物品；拒不执行安全监管监察指令	无	未落实安全管理规定和制度	无

---

　① 刘志强：《广东深圳光明新区渣土受纳场"12·20"特别重大滑坡事故调查报告答记者问》，《人民日报》2016 年 7 月 16 日。

　② 刘志强：《广东深圳光明新区渣土受纳场"12·20"特别重大滑坡事故调查报告答记者问》，《人民日报》2016 年 7 月 16 日。

续表

序号	事故	安全意识不强	违法违规现象	安全能力不足	安全责任弱化	安全保障不力
24	2016 年江西丰城发电厂"11·24"坍塌事故	未经论证压缩冷却塔工期；施工公司未要求项目部将筒壁工程作为危险性较大分部分项工程进行管理，对项目部的施工进度管理缺失；劳务工作队不按施工标准施工；总包公司安全生产意识薄弱	对试块送检、拆模的管理失控；项目管理不力；施工现场违规安排垂直交叉作业；建设单位未按规定组织对工期调整的安全影响进行论证和评估；项目建设组织管理混乱；劳务公司未按规定签订合同	混凝土供应生产经理不具备混凝土生产的知识和经验；部分管理人员无证上岗，不履行岗位职责	无	对工人安全教育培训不扎实，安全技术交底不认真，未组织全员交底，交底内容缺乏针对性
25	内蒙古赤峰宝马矿业"12·3"瓦斯爆炸事故	违规焊接支架的电焊火花引起瓦斯燃烧；越界区域内管理混乱，冒险蛮干；强令工人冒险作业，"要钱不要命"	宝马煤矿借回撤越界区域内设备名义违法组织生产；弄虚作假，掩盖越界区域，销毁证据，蓄意逃避监管；越界区域内管理混乱，冒险蛮干	无	无	无

　　从事故发生的社会文化系统不利因素来看，至少应包括个人与企业安全意识不强、违法违规现象严重、安全能力不够、安全责任弱化、安全保障不力等主要影响因素。就 25 起重大事故来看，个体从业者及生产企业主体的安全意识直接决定事故发生的趋势。每起事故的背后一定有从业者或企业存在为了利益、节省时间、麻痹大意或是安全习惯等问题，将安全忘在身后，最终酿成重大事故。安全意识弱化直接表现为违规违法现象时有发生。在 25 起事故中，无一例外，每起事故背后都存在违规违法行为，占比达 100%；25起事故中有 11 起事故（占比达 44%）是因为自救能力或者应急响应能力不足而放大了致灾因子的影响，系统脆弱性超出了安全阈值；从 25 起事故来看，基本上每起事故都有企业安全生产主体责任不落实的现象，主要表现在盲目扩大产能、监管失灵、第三方评估失责、不具备资质、内部管理松懈等问题；从安全保障视角来看，其中 19 起事故（占比达 76%）中存在教育培训不到位

的问题，从业人员的安全意识、安全能力和安全责任等方面培训内容缺失，使得从业人员的安全素养成为事故产生的重要诱因。

三、从管理系统不利因素视角来看孕灾环境的系统脆弱性

根据系统脆弱性理论中孕灾环境不利因素来看，管理系统的不利因素是关键性影响因素，它主要包括受灾体相关的风险识别与评估、公共管理、应急管理法制、体制、机制与应急准备等方面的不利因素，这些管理系统不利因素是特别重大事故产生的关键性影响因素。

表 3—4 管理系统的不利因素

序号	事故	规章制度不健全、体制不顺	隐患排查、应急处置不力	政府行为违法违规	行业监管不够	专业评估失效
1	2010 年河南省平顶山市"6·21"特别重大炸药燃烧事故	无	无	党委、政府对该矿非法生产问题失察，对该矿停工停产措施不落实问题督促检查不力	公安机关没有对该矿爆炸物品进行检查；煤矿安全监管部门和行业管理部门对该矿非法生产行为查处不力；国土资源管理部门未将小煤矿停工停产措施落实到位；发展改革委执行小煤矿断电工作不力	无
2	2010 年黑龙江伊春"8·24"特别重大飞机坠毁事故	无	公司对机长齐全军长期存在的操纵技术粗糙、进近着陆不稳定等问题失察；河南航空运行控制中心无法按照职责对飞行机组进行必要的提醒和建议；客舱乘务员应急处置能力不足	民航中南管理局对河南航空公司主运行基地的变更补充运行合格程序审定把关不严、监督不力	民航河南监管局对河南航空安全管理薄弱、安全投入不足、飞行技术管理薄弱等问题督促解决不到位；民航中南地区管理局对河南航空主运行基地变更补充运行合格审定把关不严①	无

———————

① 《河南航空黑龙江伊春"8·24"特别重大飞机坠毁事故调查报告》，《中国安全生产报》2012年6月30日。

续表

序号	事故	规章制度不健全、体制不顺	隐患排查、应急处置不力	政府行为违法违规	行业监管不够	专业评估失效
3	2010 年上海市静安区胶州路公寓大楼"11·15"特别重大火灾事故	无	施工作业现场管理混乱，存在明显的抢工期、抢进度、突击施工的行为	区政府对工程项目组织实施工作领导不力	对施工资质与建筑材料、工艺的安全审批准入把关不严格；静安区公安消防机构对工程项目监督检查不到位	设计企业、监理机构工作失职
4	2011 年京珠高速河南信阳"7·22"特别重大卧铺客车燃烧事故	安全生产工作以包代管监管制度不完善	事故车辆长期不进站报班车、不按规定班次线路行驶以及违规站外揽客、人员超载、违规载货等安全隐患	地方政府及其辛店街道办事处在宣传落实国家关于危险化学品安全生产、运行和管理方面的法律法规方面严重不到位	交通主管部门开展的客运市场管理和监督检查工作严重不到位；临淄区安监局落实指导和监督危险化学品安全生产方面不力；质监管理部门组织开展危险化学品产品质量监督检查不力；公路交警支队组织开展高速公路交通安全执法工作不到位	无
5	2011 年"7·23"甬温线特别重大铁路交通事故	无	安全基础管理薄弱，执行应急管理规章制度、作业标准不严不细	铁道部在 LKD2-T1 型列控中心设备招投标、技术审查、上道使用等方面违规操作、把关不严；① 铁道部及其相关司局（机构）在设备招投标、技术审查、上道使用上存在问题	对安全重视不够，事故应急预案和应急机制不完善；铁道部客运专线系统集成工作管理不力，规章制度和标准不健全②	无
6	2011 年滨保高速天津"10·7"特别重大事故	无	交通运输集团有限公司未认真开展包车客运的日常管理和安全隐患排查治理工作；未发现和整改纠正事故大客车长期存在私自改装增加座位的安全隐患	无	交通运输管理部门开展道路运输安全管理和监督检查工作不到位；公安交通管理部门开展道路交通安全管理和监督检查工作不到位；公安局交警支队车辆管理所开展车辆安全技术检验工作不到位	无

---

① 张智媛：《高速铁路列车运行冲突风险管理理论与方法研究》，硕士学位论文，西南交通大学，2012 年 3 月。

② 张智媛：《高速铁路列车运行冲突风险管理理论与方法研究》，硕士学位论文，西南交通大学，2012 年 3 月。

续表

序号	事故	规章制度不健全、体制不顺	隐患排查、应急处置不力	政府行为违法违规	行业监管不够	专业评估失效
7	2011年云南省师宗县私庄煤矿"11·10"特别重大煤与瓦斯突出爆炸事故	无	调查资料反映，私庄煤矿为煤与瓦斯突出矿井，没有设立防突机构，未配备专门的防突人员	县委、县政府不重视安全生产工作，在全县煤矿停产整顿、大部分未验收复产的情况下，下达超出生产能力的煤炭生产考核指标①	煤炭工业局、县煤矿安全监督管理局未落实煤矿安全生产法律法规；对全市开展煤矿停产整顿、隐患排查治理等工作组织、督促不力；国土资源局履行职责情况监督、检查和指导不力；公安局对煤矿安全有关民用爆炸物品管理规定落实不到位	无
8	2012年包茂高速陕西延安"8·26"特别重大道路交通事故	公司安全管理制度不健全，安全管理措施不落实；驾驶人驾驶资质、从业资质、交通违法、交通事故等信息的共享联动机制不完善	公司开展道路运输车辆动态监控工作不到位，对事故大客车驾驶人夜间疲劳驾驶的问题失察	无	交通运输管理局组织开展道路客运市场管理和监督检查工作不力；开展危险货物道路运输管理和监督检查工作不力；公安对高速安塞服务区出口加速车道的通行秩序疏导不到位	无
9	2012年四川攀枝花市肖家湾煤矿"8·29"特别重大瓦斯爆炸事故	无	相关部门多次执法检查，根本问题却没有得到及时发现和处理	区委、区政府宣传贯彻落实党和国家相关煤矿安全生产政策、法律法规严重不到位	安全生产监督管理局履行安全监管和煤炭行业管理职责不力；国土资源局未发现肖家湾煤矿长期存在的超层越界非法采矿行为；公安部门未正确履行民用爆炸物品安全管理职能；煤矿安全监察局对煤矿安全监察工作不力	无
10	2013年吉林省吉煤集团通化矿业集团公司八宝煤矿"3·29"特别重大瓦斯爆炸事故	省属煤矿下放市（地）一级监管后，未认真指导和监督检查	八宝煤矿对井下采空区的防灭火措施不落实，管理不得力	落实国家有关安全生产法律法规存在不到位的现象，省一级政府对煤矿安全生产工作存在重视不够的情况	安监局对八宝煤矿未严格执行采空区防灭火技术措施等安全隐患失察；国土资源管理局未依法处理八宝煤矿越界开采的违法问题	

① 闫思洁：《改进的 HFACS 煤矿事故致因灰色关联分析》，硕士学位论文，河南理工大学，2016 年。

续表

序号	事故	规章制度不健全、体制不顺	隐患排查、应急处置不力	政府行为违法违规	行业监管不够	专业评估失效
11	2013年山东省章丘市保利民爆济南科技有限公司"5·20"特别重大炸药爆炸事故	震源药柱、起爆件等小品种工业炸药产品的保管、领用、使用、登记等相关制度不健全	企业隐患排查治理工作不到位;保利集团对民爆济南公司安全生产工作疏于指导督促、监督管理不力	地方政府对民爆行业安全生产工作监管不到位,"打非治违"工作不彻底	地方民爆行业主管部门工作不扎实,安全监管不得力	无
12	2013年吉林德惠市吉林宝源丰禽业公司"6·3"特别重大火灾爆炸事故	企业安全生产标准化建设不够	劳动密集型、人员高度集中的企业在火灾隐患排查治理方面存在工作不力、监管不到位情况①	消防主管部门在没有进行严格的消防设计审核、消防验收的前提下,违法违规出具了《建设工程消防验收合格意见书》;②片面强调"特事特办、多开绿灯",要"政绩"而忽视安全生产	公安消防部门履行消防监督管理职责不力;住建局对该公司工程建设项目招投标及工程验收等环节把关不严、监管不力;安全生产监督检查流于形式,未对宝源丰公司特殊岗位操作人员资质和工作情况进行检查③	无
13	2013年青岛市中国石化管道储运分公司东黄输油管道"11·22"泄漏爆炸特别重大事故	政府与企业沟通协调机制不完善	中石化公司及下属企业安全生产主体责任落实不到位、监管不到位,潍坊输油处对管道隐患排查治理不够彻底,未能及时发现、消除重大安全隐患;事故发生后应急救援不力,反应迟缓,现场处置措施不当	经信委、管委会对原油泄漏事故未来发展的趋势研判不足,指挥协调现场力量应急救援不力;开发区管理委员会应急管理部门未严格落实生产安全事故有关信息报告制度,人为压制、拖延事故信息报告工作;行政执法局对青岛信泰物流公司厂区将明渠改为暗渠的行为审批把关不严,监管不力	开发区安全监管局未及时发现原油等情况,也未采取有效措施;两级管道保护工作主管部门和安全监管部门履行管道保护职责和安全生产监管职责不到位,对长期存在的重大安全隐患排查整改不力	无

---

① 本刊编辑部:《"3个缺失"121条人命》,《劳动保护》2013年第8期。

② 本刊编辑部:《"3个缺失"121条人命》,《劳动保护》2013年第8期。

③ 本刊编辑部:《"3个缺失"121条人命》,《劳动保护》2013年第8期。

续表

序号	事故	规章制度不健全、体制不顺	隐患排查、应急处置不力	政府行为违法违规	行业监管不够	专业评估失效
14	2014年山西省晋济高速公路山西晋城段岩后隧道内"3·1"特别重大道路交通危化品燃爆事故	无	企业"包而不管、挂而不管、以包代管、以挂代管"的情况发生；高速公路管理部门对高速公路管理和拥堵信息处置不到位	政府贯彻落实国家道路运输安全相关法律法规不到位	两地道路运输管理部门组织开展危险货物道路运输管理和监督检查工作不力；公安高速交警部门履行道路交通安全监管责任不到位	山西压力容器监督检验研究院、河南省正拓罐车检测公司违规出具检验报告
15	2014年沪昆高速公路湖南省邵阳段"7·19"特别重大道路交通危化品爆燃事故	打击危险化学品非法运输行为中联合执法的联动机制未形成；机动车安全隐患排查的联动机制没有形成	莆田公司对承包经营车辆管理不严格；交警部门道路交通事故应急处置能力不强	本级政府及相关安全生产监管部门落实安全生产监管责任不到位、督促指导不力	交通运输部门对道路货物运输安全日常监管工作不得力；公安交警部门履行事故处置、路面执法管控、机动车检验审核等职责不力；安全监管部门履行危险化学品经营企业安全监管职责不到位；工商行政管理局未对安顺货柜加工厂超许可范围经营进行查处；质监部门履行机动车检测企业行政许可、日常监管职责不到位	车辆检测公司和汽车检测站对机动车安全技术性能检验工作不规范、管理不严格
16	2014年江苏省昆山市中荣金属制品公司"8·2"特别重大爆炸事故	公司安全生产规章制度不健全、不规范；平时管理台账不清；开发区安全监管体制和安全监管机构不健全	未建立隐患排查治理制度，无隐患排查治理台账	昆山及开发区不重视安全生产，安全生产责任制未落实；苏州市对昆山市开展安全生产检查情况督促检查不力	安全监管局铝镁专项治理流于形式；环境保护局对事故车间的粉尘排放情况疏于检查；消防大队简化审核、验收程序不严格；规划建设局审查把关不严	相关市场中介、技术保障公司等各类市场主体存在违法违规进行建筑设计、安全评估、粉尘检测、除尘系统改造和升级等违法行为

续表

序号	事故	规章制度不健全、体制不顺	隐患排查、应急处置不力	政府行为违法违规	行业监管不够	专业评估失效
17	2014年西藏自治区拉萨市尼木县"8·9"特别重大道路交通事故	公司安全管理规章制度缺失，安全责任制未落实	圣地公司安全管理混乱，违规承包租赁车辆、车辆未经例检即签发路单	县政府履行道路交通安全监管职责不到位，对公安交通管理部门路面执法监管及旅游客车超速违法行为整治督促指导不力	运输管理局对本行政区域内道路运输企业源头安全监督管理不到位；交警对国道事故发生路段车辆超速和违法占道巡查管控不力	无
18	2015年陕西省咸阳市"5·15"特别重大道路交通事故	无	"营转非"车辆的安全隐患和问题普遍存在	交通运输管理部门明显违反公路工程竣工相关质量管理规定，对事故路段的在建工程的验收及质量监督履职不到位，监管不力	质监局对机动车检验检测机构监督、检查和管理不到位；公安局交警支队履行车查验职责不到位；工商局新城分局未及时查处依诺相伴生活馆非法经营行为；旅游部门对旅游市场安全监管不到位①	鹏瑞公司机动车安全技术性能检验工作管理混乱
19	2015年河南省平顶山市鲁山县康乐园老年公寓"5·25"特别重大火灾事故	安全生产监管机构与公安机关和检察机关就安全生产相关的案情信息通报机制不健全、沟通渠道不畅通②	没有及时排查出康乐园老年公寓存在的重大消防安全隐患	市民政局违规批准康乐园老年公寓设置，贯彻落实法规政策不到位；地方政府安全生产属地责任落实不到位	派出所没有认真履行消防日常监管职责；消防安全专项治理行动不扎实；城乡规划局落实法规政策不实；地方民政部门监管不到位	无
20	2015年天津港瑞海公司危险品仓库"8·12"特别重大火灾爆炸事故	危险化学品生产、储存、使用、经营、运输和进出口等环节未形成完整的监管"链条"；缺乏统一的危险化学品安全管理法规	消防队员缺乏专业训练演练，危险化学品事故处置能力不强	海关、交通部门滥用职权，违法违规实施行政许可和项目审批；规划土地部门许可中存在多处违法；海事部门培训考核不规范	交通委日常监管严重缺失；港务集团个别部门和单位弄虚作假、违规审批；安监部门缺乏执法检查；质监、环保部门日常监管缺失；消防部门监督指导检查不力；党委政府对问题失察	中介违法违规进行安全审查、评价和验收

---

① 佚名：《陕西咸阳特别重大道路交通事故反思》，《安全与健康》2015年第11期。
② 本刊编辑部：《河南平顶山"5·25"特别重大火灾事故原因调查及防范措施》，《中国应急管理》2015年第10期。

续表

序号	事故	规章制度不健全、体制不顺	隐患排查、应急处置不力	政府行为违法违规	行业监管不够	专业评估失效
21	2015年深圳市光明新区的红坳渣土受纳场"12·20"日特别重大滑坡事故	城市公共安全领域法规建设滞后、标准缺失等问题突出	无视受纳场安全风险,对事故征兆和险情处置错误;事故企业人员始终没有发出事故警示和报告	政府及其有关部门对群众举报的事故隐患问题未认真核查、整改;深圳市城市管理部门违法违规审批许可;规划和国土资源管理部门违法违规实施规划许可	调查发现深圳建设、环保、水务部门都存在未按规定履行其各自行政审批许可责任和日常监管义务①	中介技术服务行为违规
22	2016年湖南郴州宜凤高速"6·26"道路交通事故	无	无	衡阳市人民政府没有牢固树立安全发展理念,对安全生产工作重视程度不够	运输管理部门在旅游包车客运标志牌发放和对运输企业日常安全检查等工作中未按规定履行职责;公安交管部门未按规定对旅游包车等重点车辆和驾驶人进行监督检查;旅游行业监管部门未按规定对旅行社进行监督检查	无
23	2016年重庆市永川区金山沟煤业公司"10·31"瓦斯爆炸事故	无	无	安全生产监督管理部门未认真履行安全监管职责;镇党委、政府未认真落实煤矿隐患排查治理和"打非治违"工作,对金山沟煤矿的安全监管流于形式、未认真监督;区委、政府未认真组织开展"打非治违"工作	国土资源管理部门未认真组织开展取缔非法采矿、超层越界开采行为,未认真履行采矿许可证年检职责;煤矿局安监职责履职不到位,未认真开展煤矿"打非治违"、隐患排查治理监督检查、复产验收、机械化升级改造和煤矿安全质量标准化考评等工作;民用爆炸物品管理部门未认真履行民用爆炸物品监管职责	重庆一三六地质队相关人员在金山沟煤矿开展实地核查及储量动态检测工作履职不到位,出具文件失实

---

① 刘志强:《广东深圳光明新区渣土受纳场"12·20"特别重大滑坡事故调查报告答记者问》,《人民日报》2016年7月16日。

续表

序号	事故	规章制度不健全、体制不顺	隐患排查、应急处置不力	政府行为违法违规	行业监管不够	专业评估失效
24	2016年江西丰城发电厂"11·24"坍塌事故	施工单位安全生产管理机制不健全；总承包公司安全生产管理机制不健全；现场的管理制度流于形式	无	丰城市政府及其相关职能部门违规同意及批复设立混凝土搅拌站，对违法建设、生产和销售预拌混凝土的行为失察；华中监管局履行电力工程质量安全监督职责存在薄弱环节，对电力工程质量监督总站的问题失察	国家能源局未按规定履行监督检查职责；电力监管司对电力质监总站违反规定问题失察失管	监理单位未按照规定要求细化监理措施，对拆模工序等风险控制点失管失控，未纠正施工单位违规拆模行为
25	内蒙古自治区赤峰宝马矿业公司"12·3"瓦斯爆炸事故	无	元宝山镇安全监管站未发现宝马煤矿存在的长期越界违法开采的重大隐患；赤峰市安全监管对宝马煤矿存在的越界违法开采重大隐患未按规定进行挂牌督办	元宝山镇党委政府未督促落实煤矿隐患排查治理、专项整治和"打非治违"等工作；赤峰市、元宝山区党委政府未认真贯彻落实国家有关矿产资源管理和安全生产法律法规及其他规定	国土资源局未认真履行对煤矿开采活动进行监督管理的职责；赤峰市、元宝山区煤矿安全监管（行业管理）部门安全检查不力，煤矿安全监察机构跟踪落实不力	内蒙古天信地质勘查等中介公司未按照有关规定对宝马煤矿井下实际开采情况进行实测，仅凭矿方提供的虚假资料编制了煤矿检测报告

从管理系统的不利因素来看，主要是管理规章制度缺失、管理体制不顺、隐患排查不到位、应急处置不力、政府管理行为违规违法、行业监管薄弱、专业评估失职等要素，这些要素构成了事故产生的关键因素。从以上25起重大事故来看，22起事故（占比达88%）存在安全管理制度缺失和管理体制不顺的问题，这也说明完善的管理制度和顺畅的体制是预防事故的重要条件。25起事故中，其中有22起在隐患排查和应急处置中存在缺陷，占比达88%，在这些管理中，风险排查的缺陷成了事故的致命诱因；在政府行为违规违法方面，25起事故中有24起存在政府的违法、违规行为或不作为、失职行为，

占比达 96%，政府行政行为的违规违法为重大事故埋下祸根，属地政府的安全管理是重大事故控制的重要保障；在 25 起事故中，100% 存在行业监管的失责行为，每次事故都与相关联的监管部门如安监、交通管理、国土监管、公安部门、质量监督、安全执法等部门的监管失责有相关性，行业的监管不到位是管理系统不利因素的重要方面，也是重大事故发生的关键要素；在第三方专业评估和鉴定方面存在失职行为也是重大事故发生的重要因素，25 起重大事故中，其中有 10 起（占比达 40%）由于第三方的专业检测、鉴定及评估中存在缺陷，为重大事故的产生埋下了隐患。而这些隐患在外在环境因素的影响下，打破系统的内部平衡，诱导重大事故危机事件产生。

四、从技术系统不利因素视角来看孕灾环境的系统脆弱性

根据系统脆弱性理论中孕灾环境不利因素来看，技术系统的不利因素是保障性影响因素，主要包括工程、装备、技术和生产活动等方面的不利因素，这些因素是防止重大事故产生的保障性因素。

表 3-5　技术系统的不利因素

序号	事故	设备不到位	安全技术缺陷	安全流程、方法违规	技术保障能力（标准）不强	其他
1	2010 年河南省平顶山市"6·21"特别重大炸药燃烧事故	安全防护设备不到位	无	无	无	无
2	2010 年黑龙江伊春"8·24"特别重大飞机坠毁事故	无	无	飞行技术管理，技术检查标准执行不严	对机组人员技术能力及性格特点考虑不周	无
3	2010 年上海市静安区胶州路公寓大楼"11·15"特别重大火灾事故	部分消防设施配备、管理不到位；消防云梯及消防设施，难以满足高层建筑灭火的需要	大楼火灾报警技术不到位	无	无	无

续表

序号	事故	设备不到位	安全技术缺陷	安全流程、方法违规	技术保障能力（标准）不强	其他
4	2011年京珠高速河南信阳"7·22"特别重大卧铺客车燃烧事故	大客车载视频装置不到位	无	无	道路客运安全相关政策标准需要提高	无
5	2011年"7·23"甬温线特别重大铁路交通事故	由于两处硬件存在明显设计缺陷导致信号设备不符合安全防护要求，为事故埋下安全隐患；从资料上看，集团生产和提供的LKD2－T1型列控中心设备先天存在严重设计缺陷和重大安全隐患	从软件及系统设计看，温州南站使用的LKD2－T1型列控中心保险管F2熔断后，采集驱动单元检测到采集电路出现故障，向列控中心主机发送故障信息，但未按"故障导向安全"原则处理采集到的信息①	无	无	无
6	2011年滨保高速天津"10·7"特别重大事故	无	无	未使用有行驶记录功能的卫星定位装置等科技手段，强化道路客运企业对所属客车的动态监管	车辆安全性能检测、评价的指标体系不健全	无
7	2011年云南省曲靖市师宗县私庄煤矿"11·10"特别重大煤与瓦斯突出事故	无	无	瓦斯防治措施不到位	瓦斯治理的标准不完善	无
8	2012年包茂高速陕西延安"8·26"特别重大道路交通事故	危险化学品运输车辆后下部防护装置未增强	对长途客运驾驶人停车换人、落地休息等制度执行的监测技术不到位；危险化学品运输车辆动态监控系统不健全	无	运输易燃易爆危险化学品的罐式车辆不符合相关安全技术标准	无

① 罗隆满：《从"7·23"事故谈设计开发控制》，《机械制造》2012年第7期。

序号	事故	设备不到位	安全技术缺陷	安全流程、方法违规	技术保障能力（标准）不强	其他
9	2012年四川攀枝花市肖家湾煤矿"8·29"特别重大瓦斯爆炸事故	采掘作业点提升绞车信号装置失爆，操作时产生电火花、引爆瓦斯	无	非法违法区域无开采设计、无作业规程、无安全技术措施；设备和工艺落后	无	无
10	2013年吉林省吉煤集团通化矿业集团公司八宝煤矿"3·29"特别重大瓦斯爆炸事故	无	对重大危险源的监控技术不到位	制定和落实灌浆、注惰气等综合防灭火措施不到位	未确定矿井煤层的自然发火预测预报指标气体的发火预警临界值	无
11	2013年山东省章丘市保利民爆济南科技有限公司"5·20"特别重大炸药爆炸事故	设置和完善危险工房生产线视频监控系统；设置安装智能化门禁系统	自动化、连续化、信息化技术须强化，改造传统的生产方式和管理模式	民爆产品小品种自动化水平低、危险岗位现场操作人员多等问题	无	无
12	2013年吉林省长春市德惠市吉林宝源丰禽业有限公司"6·3"特别重大火灾爆炸事故	主厂房内没有报警装置；大量使用聚氨酯泡沫保温材料和聚苯乙烯夹芯板	氨气浓度报警装置及事故通风系统等技术不到位	建筑设计施工时考虑消防安全需求不足	设置疏散通道和安全出口不合理	无
13	2013年山东省青岛经济开发区中国石化公司管道储运分公司东黄输油管道"11·22"泄漏爆炸特别重大事故	无	管道信息系统和事故数据库不完善；油气泄漏检测报警、泄漏处置	现场处置人员采用液压破碎锤在暗渠盖板上打孔破碎，产生撞击火花，引发暗渠内油气爆炸	油气管道穿跨越城区安全布局规划设计、检测频次、风险评价、环境应急等标准规范须加强	无
14	2014年山西省晋济高速公路山西晋城段岩后隧道内"3·1"特别重大道路交通危化品燃爆事故	罐体未按标准规定安装紧急切断阀；隧道未加装监控视频、声光报警、应急广播、应急按钮等装置	罐式危险货物运输车辆卸料口及三道安全阀的位置和设置技术缺陷	运输介质均与设计充装介质、公告批准、合格证记载的运输介质不相符	公路隧道相关设计建设标准规范不完善	无

续表

序号	事故	设备不到位	安全技术缺陷	安全流程、方法违规	技术保障能力（标准）不强	其他
15	2014年沪昆高速公路湖南省邵阳段"7·19"特别重大道路交通危化品爆燃事故	无	未能运用车辆动态监控系统对车辆进行有效管理	专门储存、统一配送、集中销售的危险化学品经营模式未形成；放置反光锥筒、警告标志、告示牌，停放警车示警等方法不完善	无	无
16	2014年江苏昆山中荣金属制品公司"8·2"特别重大铝粉尘爆炸事故	电缆、电线敷设方式违规，电气设备的金属外壳未做可靠接地；车间电气设施设备均不防爆；没有泄爆装置	粉尘特性参数数据不足；湿法除尘工艺和机械自动化抛光技术不够	厂房设计与生产工艺布局违法违规；除尘系统设计、制造、安装、改造违规	没有可燃性粉尘安全技术标准	无
17	2014年西藏自治区拉萨市尼木县"8·9"特别重大道路交通事故	急弯陡坡、临江临崖、事故多发的危险路段安全防护设施不到位	客运车辆运行动态行驶监控系统不完善	无	无	无
18	2015年陕西省咸阳市"5·15"特别重大道路交通事故	无	大客车制动系统技术状况严重不良	无	车辆安全技术性能源头把关不严	无
19	2015年河南省平顶山市鲁山县康乐园老年公寓"5·25"特别重大火灾事故	床头呼叫对讲系统设置不到位	无	无	防火、用电等管理制度不健全、不符合规范	无
20	2015年天津港瑞海公司危险品仓库"8·12"特别重大火灾爆炸事故	全国缺乏统一的危险化学品信息管理平台，部门之间没有做到互联互通，信息不能共享	危化品动态监测技术不到位	危险化学品生产、经营、运输、储存、使用、废弃处置进行全过程、全链条的信息化管理尚未形成	危险化学品安全管理法律法规标准不健全	无

续表

序号	事故	设备不到位	安全技术缺陷	安全流程、方法违规	技术保障能力（标准）不强	其他
21	2015 年深圳市光明新区红坳渣土受纳场"12·20"特别重大滑坡事故	无	监测技术不到位；没有建立完善的风险辨识和防控机制	未运用现代信息技术对各类垃圾填埋场表面水平位移监测、深层水平位移监测、堆积体沉降监测、堆积体内水位监测等实时监测工作	无	无
22	2016 年湖南郴州宜凤高速"6·26"道路交通事故	无	事故车辆动态监控装置不能定位	无	无	无
23	2016 年重庆市永川区金山沟煤业公司"10·31"瓦斯爆炸事故	无	采用国家明令禁止的"巷道式采煤"工艺，不能形成全风压通风系统	无	无	无
24	2016 年江西丰城发电厂"11·24"坍塌事故	无	无	简臂工程施工方案存在严重缺陷；安全技术措施存在严重漏洞；拆模等关键工序管理失控	无	无
25	内蒙古自治区赤峰宝马矿业公司"12·3"瓦斯爆炸事故	无	无	长期采用国家明令禁止的"巷道式采煤"工艺	无	无

　　根据事故发生的技术系统存在的不利因素来看，主要包括安全设备不到位，安全技术缺陷，安全流程、方法的不规范，技术保障能力不强等几个方面。从以上 25 起重大事故来看，其中 13 起事故（占比达 52%）是由于安全设备不到位，没有起到控制风险或防范事故的功能；从安全技术的缺陷来看，25 起重大事故中，16 起事故（占比达 64%）的技术缺陷为重大事故发生埋下隐患，成为事故的致命因素，"7·23"动车事故就是典型的例证；从以上 25 起事故来看，13 起（占比达 52%）是由于工艺流程设计缺陷或方法措施使用不当而产生的风险或隐患；从技术保障能力来看，重大事故防范中往往

缺乏标准或评估体系，使日常安全管理中无标准或评价体系可以参照，安全管理的风险控制缺乏科学的指导，安全保障能力大大下降，成为事故发生的诱因。

从以上事故调查报告文本分析可以看出，重大事故生成是受灾体本身的脆弱性与所处的自然系统、社会系统、管理系统和技术系统不利因素或脆弱性综合作用的结果。其中各大系统不利因素相关性如表 3—6 所示。

表 3—6 25 起重大事故中四大系统的不利因素分布及其占比汇总表

重大事故 （共 25 起）	因素、相关 起数、占比	因素、相关 起数、占比	因素、相关 起数、占比	因素、相关 起数、占比	因素、相关 起数、占比
自然系统不利因素	气候恶劣 （9 起相关，占比 36% 左右）	地理条件脆弱 （16 起相关，占比 64%）	物理载体缺陷 （22 起相关，占比 88%）	致灾环境不利 （18 起相关，占比 72%）	其他
社会系统不利因素	安全意识不强 （25 起相关，占比 100%）	存在违法违规现象 （25 起相关，占比 100%）	安全能力不足 （13 起相关，占比 52%）	安全责任弱化 （25 起相关，占比 100%）	安全保障不力 （19 起，占比 76%）
管理系统不利因素	规章制度不健全、体制不顺 （22 起相关，占比 88%）	隐患排查、应急处置不力 （22 起相关，占比 88%）	政府行为违法违规 （24 起相关，占比 96%）	行业监管不够 （25 起相关，占比 100%）	专业评估失效 （10 起相关，占比 40%）
技术系统不利因素	安全设备不到位 （13 起相关，占比 52%）	安全技术缺陷 （16 起相关，占比 64%）	安全流程、方法违规 （13 起相关，占比 52%）	技术保障能力（标准）不强 （13 起相关，占比 52%）	其他

从表 3—6 可以清晰地看出，重大事故的发生主要有以下几方面影响因素：一是人的问题。主要表现为人的安全意识不强、存在违法违规现象、安全责任不落实及监管失责，其中的关联度达到 100%，也就是 25 起特别重大事故中，无一例外地都与人的意识、责任及管理部门的失责相关。二是管理的问题。由于人的安全意识和责任不到位，导致安全管理制度不健全、体制不顺、隐患排查工作不到位和应急响应工作不力等问题，尤其是政府主管部门存在违法违规行为和行业监管失职失责问题，这些管理中的不利因素在 25起特别重大事故的诱因中占比达到 88%。三是物与技术的不利因素问题。受灾体本身脆弱、安全的技术、设备和安全工艺流程等不利因素成为事故的重

要诱因，25 起事故中，占比在 52％以上。四是气候、地理等自然要素。主要体现在气候不利因素、地理条件及所处的客观环境不利因素，在 25 起事故中，自然要素占比在 36％左右。从 25 起特别事故的调查报告文本分析可知，重大事故的发生除了受灾体本身的脆弱性以外，还受到受灾体所处的自然系统、社会系统、管理系统和技术系统等外在的致灾因子的多重扰动，其中的脆弱性综合爆发，超过了受灾体所处安全系统的阈值，导致重大事故发生，从而演变成各类造成人员生命和财产损失的重大事故或事件。

五、结论：重大事故产生是公共安全管理系统脆弱性的综合结果

从系统脆弱性理论视角对以上 25 起特别重大事故生成的机理分析来看，除了事故中的受灾体本身的缺陷以外，更多的是受灾体所在孕灾环境中的四大系统不利因素没有得到有效的控制，未能形成有效的安全防护网，受灾体受到致灾因子的影响，受灾体本身的脆弱性受到扰动，超出了安全阈值，重大事故由此产生。在以上典型案例的分析中，根据系统脆弱性理论原理，进一步细化和具体化了系统脆弱性理论中四大系统不利因素的子要素；如从自然系统不利因素来看，主要体现在气候因素、地理条件、物理载体及致灾环境等影响因素上；社会系统不利因素至少包括安全意识不强、违法违规现象严重、安全能力不够、安全责任弱化、安全保障不力等主要影响因素；管理系统不利因素包括管理规章制度缺失、管理体制不顺、隐患排查不到位、应急处置不力、政府管理行为违规违法、行业监管薄弱、专业评估失职等要素；从技术系统存在的不利因素来看，主要包括安全设备不到位，安全技术缺陷，安全流程、方法的不规范，技术保障能力不强等几个方面的因素。从以上典型事故案例分析可以看出，重大事故的产生是所处环境系统不利因素与受灾体自身脆弱性综合作用的结果，为从源头上治理重大事故提供了理论指导，为重大事故防范和风险防控提供了具体的思路和对策建议。

第四章 发达国家公共安全管理系统脆弱性治理经验借鉴

从重大事故现实案例和管理成效来看，以美国、日本等为代表的发达国家在重大事故治理方面探索和创新了很多有效制度和措施，从源头上防控重大事故风险取得了显著成效，降低了重大事故发生的频度和效度，从而降低了这些发达国家重大事故或事件发生的概率。本章以系统脆弱性理论工具为分析框架，除了增强受灾体本身抗逆力以外，重点审视发达国家如何从源头上控制自然、社会、管理和技术等四大系统的不利因素，防控公共安全管理系统的脆弱性和不利因素，从而达到从源头上治理事故风险的目的。以下从四大系统不利因素控制视角研究日本、美国等国家重大事故风险治理的措施和经验，试图为我国重大事故风险治理和风险防控提供经验借鉴。

第一节 日本重大事故风险治理方面的措施和经验之检视

从系统脆弱性理论视角来看，日本重大事故风险治理方面的经验或做法可以体现在自然系统不利因素控制、社会系统不利因素控制、管理系统不利因素控制及技术系统不利因素控制四方面，总结其四方面成功的经验和做法，对我国重大事故风险治理具有重要的借鉴意义。

一、控制重大事故产生的自然系统不利因素方面措施或经验

自然系统不利因素主要体现在气候因素、地理条件、物理载体、基础设

施及致灾环境等方面。从重大事故产生的自然系统不利因素来看，重大事故治理的措施基于控制和消除自然系统不利因素来着手和落实，从而达到减少事故和降低风险的目标。

1. 完善的基础设施是防止重大事故产生的基础要素

从日本防止交通方面重大事故的做法来看，完善的基础设施建设是重大事故治理的基础。日本的道路交通安全基础非常扎实，如在高速公路和国道沿线的桥梁、路侧险要路段，都会设置比一般路段更强、更高的安全防护设施。在北海道，道路两侧均设有高警示标杆或者利用路侧灯杆专门设置明显的指示箭头，从空中指明道路边缘线，防止冬季积雪情况下车辆因看不到标志标线而驶出路外。[①] 同时，根据对有中心护栏的 4 排车道和无中心护栏道路的交通事故差异性分析得出一个结论，在通道之间安装隔离板，是降低交通事故概率的有效途径。[②] 这些完善的交通设施为防止交通事故产生提供了物质基础，从源头上为防止重大事故的产生创造硬件条件。

2. 强制给交通工具安装安全装置，增强受灾体的抗风险能力

最典型的案例是日本的新干线都安装了地震报警装置，一旦接收到地震预警信号，立即停止运行，保障乘客和列车的安全，降低了外在环境不利因素的负面影响。这些硬件安装到位，提高了设备的抗风险能力，为降低风险提供了物质保障。

3. 企业生产经营及基础设施建设充分考虑日本多震的环境和地质条件

根据自然环境的不利因素，加强安全的规划和设计，提高生产安全设施的抗震能力和降低事故发生的概率，从而实现从源头上治理重大事故风险的目的。这点在日本体现得非常明显，日本是个地震多发的国家，所有基础设

---

① 《中日交通管理情况比较》，见 http：//www.tranbbs.com/news/cnnews/news＿121451＿3.shtml。

② 曹吉有：《交通事故分析与对策研究——日本交通事故状况研究对我国道路交通管理的启示》，《辽宁警专学报》2005 年第 5 期。

施建设和安全管理都要考虑地震灾害的负面影响，从而减少地震灾害给生产安全管理带来的危害。

二、控制重大事故产生的社会系统不利因素方面措施或经验

从系统脆弱性理论来看，影响重大事故社会系统不利因素至少应包括安全意识不强、违法违规现象严重、安全能力不够、安全责任弱化、安全保障不力等主要影响因素。日本在控制重大事故社会系统不利因素方面采取了以下具体的措施和经验。

1. 树立人的生命至高无上的安全理念

在生产安全管理中，大力提倡"零事故"的理念，在员工中大力普及安全至上的意识和理念，全方位强调人的生命只有一次，人是不可替代的，人的生命是唯一的，谁都不想受伤，谁也无权剥夺他人的幸福。因而在生产中提出"保安"五原则，即"保护好自己、保护好同伴、决定的事情要遵守、不懂的事情不去做，不懂的事情要去学和问"。"零事故"理念可以增强职工的自我保护和相互保护意识，可以极大地减少工伤事故发生。[①] 通过以上理念的强化和宣传，将安全的意识和理念融入员工的日常行为中，发挥人的安全主体作用，提高员工自身安全防范能力，树立员工安全自觉性。

2. 强化个人安全责任是控制重大事故产生的重要保障

日本在生产安全管理方面特别强调从业人员自我安全管理，只有加强自我安全管理，安全才有基本的保障。管理者们认为安全完全通过他人监督管理是很难实现的，因此特别强调让职工在各自的责任范围内进行自我安全管理，变"要我如何做"为"我要如何做"，形成自我监督、自我安全管理的安全防护体系。这种自我安全管理体系是强化了个人在生产管理中的安全责任，把个人的安全责任落到实处，有利于增强个人内心重视安全的责任，调动个

---

① 刘新军、傅贵：《中外煤矿事故预防策略的对比》，《煤矿安全》2008 年第 11 期。

人参与安全的责任心和内生动力。如日本在煤矿管理中，除了强调个人的安全责任外，还会提高职工的整体素质。日本管理者认为 100 人中 99 人安全了，有 1 人不安全，也是不安全的。为此日本煤矿先后开展了多种多样的安全教育活动，如将日本钢铁公司的危险预知（KYT）活动引入煤矿，从分析现状入手，找出潜在的危险因素，并在实际操作中加以解决。[①]

3. 明确企业安全主体责任，改变以前片面重视政府监管责任的困局

从日本煤矿安全管理的历程可以看出，单纯依靠增加煤矿安全监察人员来保证煤矿安全是不可能的，也是难以实现的，只有真正落实了煤矿企业安全生产主体责任，煤矿安全生产才有可能根本性好转。为了减少企业生产安全事故的发生，日本大力推进企业从原有的"守法型"安全管理模式转变为"自主管理型"安全管理模式，要求企业通过自主、规范、持续地识别和评估企业生产过程中产生的各类隐患和风险，并根据识别和评价结果有针对性地策划与实施风险控制措施，来降低和消除企业生产安全事故风险，不断提高企业的安全水平和能力。[②] 只有把企业参与安全管理的积极性调动起来，才能更好地保障安全生产管理目标的实现。

4. 探索企业与员工共同担当责任的安全管理模式，引领企业和员工安全生产管理的行为

如日本三洋制冷的"零伤害"安全管理思想，是受 20 世纪 80 年代发达国家的"共同责任"模式所启迪的。该模式认为，降低安全事故的最佳途径是企业与员工合作，共同面对企业管理中的风险。因为危险是由企业"制造"的，而员工又在危险中工作，因此唯有双方合作才能提供最好的解决问题的办法。三洋制冷在这种模式中注入具有悠久历史的儒家文化和强调"共存共生"人本管理思想，逐步在实践中形成了以"人性化"为基础的"零伤害"安全管理思想。[③]

---

① 唐黎标：《感受日本的煤炭安全管理》，《湖南安全与防灾》2009 年第 2 期。
② 刘宝龙、周书林等：《日本的风险评价方法与实践》，《劳动保护》2011 年第 4 期。
③ 《日本三洋的"零伤害"安全管理思想》，《安全生产与监督》2015 年第 4 期。

5. 重视企业员工培训，提高员工抵抗生产安全风险的能力

日本建筑安全领域，非常重视安全教育培训，其安全培训教育主要目的和任务是增强从业人员的安全意识、提高安全操作技能和明确从业人员的社会责任。安全教育培训主要分为法律法规强制规定的安全教育和非强制性法律规定的安全教育。法律法规强制规定的安全教育主要是对企业各类员工和管理人员进行培训，包括新员工的岗位安全教育、变换工作的新风险安全教育、一线操作人员危险作业的安全教育、班组长常规的安全教育、项目管理人员安全教育等。可以看出，对企业各类人员的安全教育非常细致和完善，从源头上为企业编织安全管理网。非强制性法律规定的安全教育包括全面安全管理内容和理念培训、各层次人员的安全管理培训、现场管理和操作能力的培训。通过这些分层分类的教育，大大提高各类一线管理人员和工作人员安全风险管理意识和能力，充分发挥企业员工在抵抗安全风险的核心能力。

6. 开展丰富多样的防灾减灾教育，提高公民的防灾减灾意识和能力

日本是一个地震等灾害多发、人民生命财产容易受伤害的国家。为此，日本政府把9月1日定为全国防灾日。在防灾日，全国各地区、各单位都要举行防灾减灾演习和训练，不仅要求市民、学生、专业人员等参加，就连日本首相和部长们都要积极参加，以唤起全国人民的防灾减灾意识，提高全国人民的防灾能力。而在教育领域，各级教育委员会编写了《危机管理和应对手册》《防灾教育指导资料》等教材。[①] 同时，日本积极探索多种形式的防灾教育，如京都市政府对防灾宣传教育十分重视，愿意花成本和资源去进行防灾教育，在十分繁华的市中心城区出资兴建了京都市民防灾教育中心并且由市政府承担中心相关费用的80％，用于向市民及参观者提供防灾教育、培训和演练。市民防灾教育中心的最大特点是采用以亲身体验和感觉为主的体验式教育培训方式。中心有多种体验项目，包括地震体验及训练屋、泥石流体

---

① 郑居焕、李耀庄：《日本防灾教育的成功经验与启示》，《中国公共安全（学术版）》2007年第6期。

验屋、消防训练室、风速体验室、烟雾躲避训练室、紧急梯子逃生训练等。①
这些动员民众广泛参与的教育形式效果显著，增强了民众抗风险的意识，提高了公众应对各类危机事件的能力，为重大事故治理创造了良好的环境。

三、控制重大事故产生的管理系统不利因素方面措施或经验

从系统脆弱性理论来看，管理系统不利因素是重大事故产生的关键要素。现实中很多重大事故的发生都是管理系统不利因素共同作用的结果。管理系统不利因素包括管理规章制度缺失、管理体制不顺、隐患排查不到位、应急处置不力、政府管理行为违规违法、行业监管薄弱、专业评估失职等方面。下面根据管理系统不利因素控制视角来看日本如何管控重大事故风险。

1. 建构垂直分权的安全监管体制，有利于充分调动中央、地方和基层安全监管部门的积极性

在重大事故治理方面，政府安全监管的水平和能力是至关重要的。日本在安全生产监管体制方面实行的是从中央到基层的垂直管理体制，即中央（国家）、地方（都道府县）、基层（监督署）三级监督管理体制。在这种体制框架下，中央监管部门的职能是负责制定法律、政策并对地方监管部门进行管理和指导；地方监管部门的职能是负责制定监督指导方针和年度监督监管计划，对基层监督署进行管理指导，并向中央部门汇报；基层监督署的职能是对所辖企业进行监督指导，向地方监管机构进行汇报。② 这种安全生产监管体制框架充分发挥了中央、地方、基层三个主体的监管优势，使三方在各司其职的基础上，又能保持良好的沟通和协作关系，从体制上、从源头上控制日本安全生产状况。从而保障重大事故的风险得到有效治理。

---

① 郑居焕等：《日本防灾教育的成功经验与启示》，《中国公共安全（学术版）》2007 年第 6 期。
② 汪月：《建立管理系统，健全监察机制——日本的安全生产监督监察机制》，《现代职业安全》2008 年第 11 期。

2. 建构完善的法律制度体系来规范企业生产安全行为，从源头上降低重大事故风险

日本原来也是一个生产安全事故高发的国家。据现有资料显示，20 世纪 50 年代以后，随着经济的快速发展，日本工业化水平逐步提高，日本的安全生产问题伴随经济发展而日益凸显出来，生产经营过程中工伤死亡人数剧增。1961 年，日本在生产过程中因事故死亡人数曾达到 6712 人。为了加强安全生产监管和减少伤亡事故发生的概率，日本政府陆续制定了《劳动安全卫生法》等法律法规，形成了一系列完善的法律法规体系，为重大事故治理提供了法律依据。[①] 由于法律体系健全、干预措施得当、各方重视、执行到位、协同工作，形成一股合力共同控制生产风险，至此，日本的安全生产问题基本上得到了有效控制，事故发生次数和死亡人数呈逐年下降趋势。2003 年，日本工矿业在生产过程中死亡的人数只有 307 人，多年来整个国家事故遇难人数降到 1000 人以下。特别是《矿山安全法》规定，矿主必须防止矿井塌方、透水、瓦斯爆炸和矿井内火灾等各类事故。一旦发生事故，矿主必须迅速有效地组织救护，并最大限度地降低危害。这项法律在颁布后还经过了多次修改完善，现在已经成为日本矿业生产安全的保护伞。[②] 这些法律规范明确了企业生产的安全责任，规定了生产企业的安全行为，为控制管理系统不利因素提供了法律保障。

3. 严格执行法律法规，约束企业的违法违规行为，追究企业的主体责任

企业为了自身的经济利益，常常忽视安全管理。比如东京电力公司就存在篡改数据、隐瞒安全隐患的行为。面对发生的多次核电站事故，东京电力公司并没有按规定上报情况，最终，导致了东京"3·11"核电事故，日本政府针对这种行为，采取严厉的责任追究制度。薛澜等专家认为日本为了发挥企业责任主体应急处置的积极性和能动性，要求其必须承担法律规定的义务

---

① 《发达国家如何保安全》，《湖南安全与防灾》2006 年第 4 期。
② 《国外安全生产经验值得借鉴》，《质量探索》2015 年第 Z1 期。

和责任，避免企业形成严重依赖思想和逃避责任心态，这就需要采取具有约束力的法律或法规来进一步规范和约束。与此同时，明确企业和政府在应急管理中的职责划分、责任认定，避免由于应急管理中的职责不清而引起管理混乱或管理缺位。[①] 加大对企业的惩罚，提高企业违法成本，使企业在安全生产中严格遵守法律法规，规范生产安全行为，确保不发生事故和意外事件。

4. 完善的事故调查制度，反思重大事故背后的成因，为重大事故防范提供经验指导

从交通事故调查和反思来看，日本警察数据采集和调查的项目更加完善细致，为重大事故防范与控制提供了科学依据。日本于 1992 年 3 月，由交通省、建设省和警察机关等几大部门联合建立了日本交通研究和数据分析研究所，明确该中心的主要任务和目标是从微观数据和宏观数据出发，具体分析评价日本交通安全状况。根据交通安全信息，制定相应的安全措施控制风险，最终实现数据和信息共享，使各部门之间资源协调整合。日本交通事故调查数据项目是根据分析预防需求来确定的，目的是防止事故产生提供数据支持。交通事故对策方法是基于两个方面来考虑的：①减少交通事故的基数。②降低事故的发生率和事故中的死亡比例。[②] 日本这种为了避免交通安全事故再次发生的严密的善后调查和反思制度为降低交通事故死亡率立下了汗马功劳，也为其他事故防范和风险控制提供了很好的借鉴。

5. 动员社会组织的力量参与企业安全生产管理，发挥其在重大事故风险监管中的监督功能

日本对经济高速发展时期生产安全事故呈现的"井喷"状态进行分析，逐步发现国家生产事故预防监督的人力、物力、财力不能适应建筑、化工、电力等高危行业生产安全的需要，政府根据实际情况动员社会力量参与企业安全生产管理，一些行业协会和社会组织应运而生。如日本的职业安全管理

[①]　薛澜、沈华：《日本核危机事故应对过程及其启示》，《行政管理改革》2011 年第 5 期。
[②]　丁正林、郑煜：《交通事故深度调查分析对我国交通安全研究的启示》，《中国公共安全》2010年第 1 期。

协会组织，包括日本职业安全健康协会（JISHA）、全行业预防生产事故的组织等，日本的职业安全管理协会组织由日本主管劳动健康、安全、福利的政府部门支持，这些组织的成立填补了政府监管的空白，发挥了行业协会和社会组织专业性监管的功能，成为政府控制生产安全风险的重要补充。[①] 从现有资料来看，建筑业安全健康协会在施工现场推行总、分包各负其责的全面安全管理体系，据资料显示，到 2005 年建筑业死亡事故减少到 500 起以内。[②] 以上社会组织和行为协会在安全生产方面发挥了第三方力量的监管作用。

6. 利用社会保险手段来降低事故带来的风险，减少重大事故的损失

日本特别重视运用市场保险的手段来控制事故社会系统的不利因素，减少事故给社会带来的损失。日本根据减少事故损失的需要推行的环境责任保险，也已成功实施多年。早在 1973 年，日本根据责任风险分担的需要制定了《公害健康受害补偿法》，明确公害损害的保险制度。对于"公害"风险的损害赔偿，日本在确立民事责任基础上建立了损害赔偿责任制度，根据公害风险的损失程度确定赔偿的责任。日本政府不断加强相关环境立法，有关环境责任险的保险市场和保险资源也在不断扩大，主要可以分为三大类：应对土壤污染风险的责任保险、应对非法投弃风险的责任保险及应对加油站漏油污染的责任保险。[③] 这些保险手段的推广和普及有利于降低责任事故的成本，减少事故的负面影响。

在日本，核保险相伴核电事业发展而产生，属于核电风险管理中的重要组成部分。作为核电企业安全风险管理的重要手段和重要工具，核电安全保险的作用不仅是常规损失的财务补偿，更是其从源头上参与安全生产管理和监管过程，实现全过程的监督和管理。在核电安全保险期限内，保险人或保险公司组织境内外经验非常丰富的核电领域的风险管理专家，根据国际通行的规范和流程，对投保的核电厂安全生产过程进行全面、广泛、深入的风险

---

① 吴晓宇：《日本建筑管理分析研究》（连载上），《建筑安全研究》2007 年第 4 期。
② 吴晓宇：《日本建筑管理分析研究》（连载下），《建筑安全研究》2007 年第 5 期。
③ 王学冉：《国外环境污染赔偿责任保险制度的设计及对我国的启示》，《上海保险》2012 年第 5 期。

识别、检验和评估，以给出有价值、有指导性的风险管理建议或意见，供核电企业安全生产参考。保险公司对核电企业重点风险进行持续跟踪和监督。对核电企业来说，在接受国内外核电同行检查、政府相关部门检查之外，核保险风险检查因保险人的视角和很强的针对性而具有独特的、难以替代的价值。[①] 核保险作为核风险管理重要的一环发挥着不可替代的作用。这种保险手段推广到企业安全生产或者其他安全风险管理领域，具有重要的现实价值。

四、控制重大事故产生的技术系统不利因素方面措施或经验

根据系统脆弱性理论，技术系统存在的不利因素主要包括安全设备不到位，安全技术缺陷，安全流程、方法的不规范，技术保障能力不强等几个方面，以下从技术系统不利因素来看日本治理重大事故风险的做法与经验。

1. 重视数据库建设，特别是重大事故的数据积累，为防控重大事故提供科学依据

在化学事故安全领域，日本建立了科学的化学事故类数据库，这些化学事故类数据库有着数据丰富、功能齐全及系统化、标准化的特点，这些化学类数据库有利于实现重大事故信息的集成、信息共享和信息传递等，有利于主管部门运用一系列数据进行事故原因分析、事故过程演示、安全评价与评估和安全培训教育等，发挥数据库在预防或控制事故中风险的积极作用和功能。日本化学事故数据库以简单易懂的过程分析图（Progress Flow Analysis，PFA）分析事故过程，过程分析图以时间顺序把一起事故分成正常状态、异常状况、导致的后果和采取的措施等四个阶段，来描述整个事故的演变过程。[②] 通过事故过程描述为今后防范事故提供思路，这些详尽的数据为控制技术系统不利因素提供了依据。数据系统在管理中发挥了技术工具的作用，为事故风险防范提供了重要的技术支撑。

---

① 刘玉波：《核保险——核电企业风险管理的重要手段》，《中国核工业》2011 年第 8 期。
② 付靖春等：《国内外化学事故数据库的发展现状与展望》，《中国安全科学学报》2011 年第 10 期。

2. 利用先进的技术设备能降低事故风险，保障安全生产风险处于可控状态

在 2011 年"3·11"大地震中，媒体报道，东北新干线基本全部接到高铁系统发出的指令，实现安全停车，保障新干线的安全运行。日本新干线铁道沿线都设置和配备了地震初期微动检测设备。新干线专用的变电机构和变电设备得到地震微动信号后，就马上切断电源，立即停止向新干线送电，同时，紧急刹车装置也会自动启动，这些安全措施与保障技术令新干线快速自动停车，确保列车运行安全。由于其设备的敏感性，不仅是地震，只要铁道路基出现异常，比如凹凸不平或者其他隐患，新干线亦会自动停车。[①] 日本新干线等铁路系统中的综合防灾系统（ARISS）是指自然灾害报警系统和因特定需要而设置的安全报警系统，包括地震检测系统、台风预警系统等，主要是防地震、防台风、防海潮、防落石、防积雪等预警系统。这些系统都与运输调度指挥中心连接，第一时间向铁路调度系统反馈监测数据或报警信息。[②] 这些系统大大地提高了铁路的抗风险能力，防止了重大事故的发生。

3. 建立完善的安全管理标准体系，为企业安全生产风险控制提供有效的指南

日本在交通安全管理中，引入 ISO39001 质量认证管理体系，确定交通安全管理中的行为标准，将可能存在的交通安全风险控制在萌芽状态。引入"ISO39001"的目的就是以规范安全交通行为和保障交通安全行为的标准化，减少交通事故数量，降低因交通事故造成的重大人员伤亡情况。对管理道路参与交通安全运行的各类组织机构和部门制定的道路交通安全管理质量认证体系标准，有利于提高民众对道路交通安全管理部门的信赖感，可以用标准体系约束和规范参与交通运行的各类主体。日本法律有严格规定，凡是与道路交通有关的机构都要接受 ISO39001 标准质量认证，比如运输公司、物流公

---

① 木易：《国外高铁的安全经验》，《兵团建设》2011 年第 8 期（下半月刊）。
② 刘俊：《日本铁路防灾系统对我国铁路的启示》，《铁道运输与经济》2011 年第 6 期。

司、汽车生产厂等。导入"ISO39001"的目的，就是要制定与道路交通安全相关的具体行动计划，使管理制度更系统化和规范化，形成 PDCA 循环管理模式[①]，减少交通事故以及由此产生的经济损失。[②]

4. 倡导科学的风险管理方法，从源头上降低重大事故发生的风险

就日本化工行业风险管理来看，主管部门制定了详细的风险管理手册，明确了企业生产过程中的风险管理方法。化工行业风险管理手册明确规定，从企业作业场所风险评价办法、化学品火灾爆炸风险评价方法以及企业化学品职业危害风险评价方法等三方面入手，系统而有效地指导企业在开展隐患排查治理工作时，建立有效的实施体制和完善的运行机制，全面高效地识别并收集隐患排查信息，评估事故风险程度以及确定治理措施的优先顺序等，最终为企业开展隐患排查和风险治理工作提供可借鉴、可复制的路径和方法。科学的风险管理办法主要体现：一是查明危险性及有害性；二是评估每项风险的危险性和有害性；三是根据法律法规明确降低风险的优先程度，研究降低风险的措施，针对危险性及有害性，根据评估出来的风险，在确定风险降低措施优先顺序的同时，研究具体的风险降低和转移措施；四是根据风险优先程度的确定结果，采取消除及降低风险的措施。[③]

在煤矿方面，日本各大煤矿一直实行"手指口述"安全确认法，它是一项行之有效的安全管理措施，主要针对人们在生产活动过程中容易发生遗忘、错觉、精神不集中、先入为主和判断失误等问题，而这些问题就是各类事故的隐患。通过实行"手指口述"的办法来进一步确认工作内容就可以避免出现上述问题。据统计，在仅用"手指"时，错误率为 1/2，在仅用"口述"时，错误率也为 1/2，而两者并用时，错误率降为 1/3，有效地减少操作失误，保证工作质量，实现安全生产。[④] 以上这些行之有效的方法，大大降低了

---

① PDCA 循环的含义是将质量管理分为四个阶段，即计划（plan）、执行（do）、检查（check）、处理（act）。

② 田子强：《ISO39001 道路交通安全管理质量认证体系在日本的应用》，《道路交通安全管理》2013 年第 7 期。

③ 刘宝龙等：《日本的风险评价方法与实践》，《劳动保护》2011 年第 4 期。

④ 唐黎标：《感受日本的煤矿安全管理》，《安全与健康》2009 年第 2 期。

事故发生的概率，从源头上消除了风险隐患。

5．健全的安全管理信息系统，为生产安全管理决策和执法提供依据

完善的安全生产信息管理系统是日本生产安全监管系统行使监督权和履行职能的重要抓手和信息平台，也是生产安全监管部门安全生产执法和日常监督管理的重要依据。日本安全生产监管机构通过对企业基本信息（包括安全生产信息）的收集整理，建立了企业信息管理系统。[①] 内容包括各类就业人员信息、各类许可证管理信息、曾经发生的劳动事故信息、监督监察信息、特种设备管理方面的信息及职业病（如尘肺）管理信息等，并对相关信息等进行在线汇总分析，并将其应用于政策制定、现场监督指导中，有利于提高监督监察效率。[②] 日本安全监管信息系统为生产监管部门监督企业安全生产行为提供平台和基础，有利于从源头上治理和监控企业重大事故的安全风险和隐患。

6．应用现代通信技术，及时处理加工各类事故灾害信息，为重大事故预测和预警提供科学支撑

近年来，日本政府在应对各种重大事故方面广泛运用现代信息通信技术，大大提高了重大事故风险治理和应急处置的效率和水平。日本政府根据实际需要分别建立了以政府各职能部门为主，由固定通信线路（含影像传输线路系统）、卫星通信线路和移动通信线路组成的"中央防灾无线网"；以全国系统消防机构为主的"消防防灾无线网"和以自治体防灾机构或者当地居民为主的地方"防灾行政无线网"等专门用于防灾的通信网络。[③] 此外，还根据灾害防治与处理的需要，建立了各种专业类型的通信网络，如洪水防灾通信网、警务系统专用的通信网、国土防卫专用通信网、海上保安专用通信网、紧急联络通信网等。同时，移动通信技术、无线射频识别技术、移动互联网技术

① 汪月：《建立管理系统 健全监察机制——日本的安全生产监督监察机制》，《现代职业安全》2008 年第 11 期。

② 汪月：《建立管理系统 健全监察机制——日本的安全生产监督监察机制》，《现代职业安全》2008 年第 11 期。

③ 刘学彬：《论日本灾害风险管理模式的特点》，《四川行政学院学报》2013 年第 8 期。

等最新的信息通信技术也在日本的重大事故风险防范和应对中有广泛的应用。这些完善的通信系统为政府控制重大事故风险提供了信息资源保障和科技支撑。

第二节　美国重大事故风险治理方面的措施和经验之检视

从系统脆弱性理论视角来看，美国重大事故风险治理方面的经验或做法可以体现在自然系统不利因素控制、社会系统不利因素控制、管理系统不利因素控制及技术系统不利因素控制方面，体现了美国政府政府风险治理、公共安全管理的体制、机制和法制的特色，结合重大事故风险防范的做法和经验，总结出对我国公共安全管理系统脆弱性控制的思路和做法。

一、控制重大事故产生的自然系统不利因素方面措施或经验

美国在控制自然系统不利因素方面，主要是从规划角度、硬件设备建设方面着手，消除重大事故可能产生的环境和土壤。

1. 做好风险控制的区域规划，提高重大事故风险治理的能力

在矿山事故治理方面，美国根据以往应对各类矿山事故的经验和积累的财富，为了做到高效、快速地应对各类矿山生产安全事故灾害和风险，同时，也为了避免应急救援资源的浪费，美国矿山安全健康局根据全美矿山应急救援资源分布状况和事故灾害发生的特点，对各类应急救援物资储备和资源从源头上进行了合理、准确的区分和科学的布点，通过合理地划分和有效地配置资源，提高了政府重大事故应急救援的速度和效率。一方面，美国矿山健康局要求每个矿井必须预先选定一处地点作为矿山救援工作站，用于集中储存救援队使用的相关设备器材及相关的急救资源，保证其就近使用和快速反应，这样能大大节约救援成本，提高快速反应速度；另一方面，美国政府在匹兹堡、伯克利、普莱斯地区建立了3个大型矿山救援装备储备库，专门用

来储备钻机、水泵、机器人、照相等相关先进矿山救援装备器材，由美国矿山安全健康局统一负责储备、管理和调用。[1] 这种科学和有效的布局，能确保发生矿山事故灾害时随时予以支持和保障，从而在重大事故发生时能第一时间投入救援，控制重大事故的危害和负面影响。

2. 强制从硬件上要求建立特别救生设备，提高安全生产水平

从美国矿山安全生产管理来看，通过立法要求煤矿在井下安装紧急救生舱，一种是可容纳 20～30 人的大型救生舱，舱内储藏水、应急食物、医疗物品和通信设备等，可提供 48～72 小时的氧气供应；另一种是手提箱大小的便携救生舱，提供短期水、食物和医疗物品的供给。[2] 这些设备从硬件上保证了矿山的安全，从源头上消除了重大事故的隐患和风险。

3. 从规划上重视危险源与居民区的安全距离，将企业重大事故造成的风险控制在限定范围内

2013 年美国韦斯特化肥厂爆炸，由于居民区布局过近，化肥厂附近有养老院、韦斯特社区、学校和公园，导致巨大的人员和财产损失。美国出台法律要求今后危险的工厂和企业必须考虑规划安全距离，远离风险源，减少重大事故带来的损失和风险。

二、控制重大事故产生的社会系统不利因素方面措施或经验

美国在控制重大事故产生的社会系统不利因素方面的做法主要体现在加强安全文化建设、重视员工培训、强化个人和企业责任等，为重大事故的防范与风险治理创造良好的文化环境。

1. 企业重视安全文化建设，为重大事故风险防范创造环境

重大事故治理的责任主体是企业，一旦企业重视安全文化建设，重大事

---

[1] 李运强：《美国矿山应急救援体系特点及启示》，《中国安全生产科学技术》2013 年第 8 期。
[2] 《美国在治理煤矿安全上的经验》，《安全与健康》2012 年第 6 期。

故防范和控制就有了坚实的基础。如美国杜邦公司近年来事故率降低到美国工业同期平均事故率的 1/10 以下，约有超过 60％的杜邦工厂实现了"零伤害"的目标。这些显著业绩使杜邦成为全球公认的"最安全的公司"之一。杜邦对于安全工作的信心来自 200 多年来培育的优秀企业安全文化。[①] 杜邦公司的优秀安全文化保证了企业安全行为的规范运行，使一线员工将安全文化融入自身工作的每个环节，确保员工行为规范有序，保证安全文化真正落到实处。杜邦安全专家总结其安全文化发展的四个阶段分别为自然本能反应、依赖严格监督、独立自主管理和互助团队管理阶段，杜邦安全文化已经进入了互助团队管理阶段。[②] 一旦企业安全文化进入互助团队管理阶段，企业就与从业人员形成了安全的命运共同体，安全就融入了企业生产和管理的各个环节。

2. 政府重视安全生产培训，提高从业人员的安全素养和能力

从煤矿从业人员来看，美国相关法律法规严格规定，所有一线矿工在上岗之前必须要接受岗前安全技能和安全文化培训，上岗后每年还必须定期接受各方面安全知识和技能培训和教育，力争将安全意识和安全文化融入职工的日常行为中，提高矿工抗风险和防范灾害的能力。美国联邦矿山监察局根据安全培训和安全生产文化建设的需要，定期对各个州的指定机构给予资金支持和物质资助，以推进地方政府对矿工培训工作的开展和重视。从美国矿山安全生产资料来看，美国的职工培训计划包括新矿工下井工作前必须完成 40 小时的基本安全健康技术培训；露天采矿作业的新矿工在工作前必须完成 24 小时的基本安全健康技术培训；所有矿工每年必须完成 8 小时的安全健康技术再培训；对调到新工作岗位的矿工必须进行相关的安全健康技术培训。[③] 这些培训项目有助于提高矿工的安全意识，帮助矿工掌握安全管理技术，增强抗重大事故风险的能力。

①　吴庆善：《安全文化培育的启示与借鉴》，《中国石油企业》2012 年第 4 期。
②　吴庆善：《安全文化培育的启示与借鉴》，《中国石油企业》2012 年第 4 期。
③　罗仲伟、冯健：《国外建立安全生产投入体系的经验》，《经济管理》2006 年第 5 期。

3．通过安全法律制度规制安全行为，提高工人自身安全保护意识

美国职业安全与卫生管理局（OSHA）通过制定、颁布和实施一系列安全生产的法律法规，增强和提升安全行为的权威性，将安全行为纳入法制轨道，明确要求雇主保证一线员工工作环境安全和生命健康，并对一线员工进行规范化和制度化的培训，使工人能够完成自己的工作和胜任岗位需要，并确保行为安全。与此同时，在实际工作中激发工人自身的保护意识，提高安全生产规制的效果，规范工人的安全行为，发挥安全生产规制在工人安全意识养成和安全责任自觉履行中的功能。除了通过政府规制，执行规章等方法降低安全生产风险外，OSHA 还鼓励工人收集和研究数据以解决工作场所的安全和健康问题。[①] 完善法律体系，为工人的安全行为提供法律保证。

三、控制重大事故产生的管理系统不利因素方面措施或经验

美国在控制管理系统不利因素方面的举措主要体现在机构的设计、法制完善、制度的优化等方面。

1．建立独立的监管机构，健全完善的监管体系

美国安全生产监管从完善体制着手，建立独立的监管机构，发挥体制的整体优势。从美国矿山安全监管来看，美国建立以职业安全健康管理局为核心的安全生产规制机构体系，矿山安全与健康管理局、职业安全与健康研究所等部门各司其职，整体上形成了完善的安全生产规制机构体系，为后续的监管提供坚实的基础。[②] 美国依据 1977 年的《联邦矿山安全健康法》，建立了独立的矿山安全健康监察机构——联邦矿山安全监察局，建成了垂直、集权、高效的监管体系，并在全国 38 个州设立了地区安全监察处，以强化矿山安全监察。[③] 这种统一的安全监管体制发挥了联邦和地方政府在监管上的功能，在

①　蒋抒博：《美国安全生产规制现状及对我国的启示》，《现代商业》2013 年第 4 期。
②　蒋抒博：《美国安全生产规制现状及对我国的启示》，《现代商业》2013 年第 4 期。
③　赵一归：《美国采矿业安全生产现状与经验及其启示》，《中外能源》2008 年第 13 期。

具体煤矿安全生产监督上强调机构独立性，建立垂直的煤矿安全监管体制架构，突出监管机构的权威性，全国实行轮岗式的监管人事制度，严格统一监管的执法力度，并从机制和体制上防止监察人员与矿主、地方政府形成利益同盟，[①] 提高监管部门安全生产监管效度，从体制上规避重大事故产生的风险。

2. 建构了完善的法律法规体系，为安全生产管理提供强大的法律支撑

美国围绕煤矿安全生产，先后制定了十多部法律，形成了比较完整的安全法律体系，对生产安全标准定得越来越高，并且具有很强的权威性和可操作性。1969 年美国联邦政府制定的《联邦煤矿健康与安全法》，比以前任何一部约束采矿工业的联邦法规都更全面、更严格。1977 年通过的《联邦矿业与健康法案》，是美国政府对全国矿山安全与健康实行监管的最高法律。[②] 这些完善的法律法规体系从源头上规范了矿山安全生产行为和环节，为严惩生产安全违规行为提供依据。同时，美国根据安全生产法律执行的需要，建构了一套行之有效的法律责任追究制度体系，建立起一套相对完善的职业安全生产和安全卫生法律法规体系，为职工的职业安全和安全卫生提供了坚实的法律保障。

3. 重视严格的执法行为，提高企业和个人违法代价和成本

美国推行生产安全监管中将严格执法放在非常突出的地位，安全生产监管中，始终强调执法的严肃性和强制力。一直以来，美国煤矿安全监管部门执法严格、强硬，如果监察部门在检查中发现雇主或从业人员存在违法违规行为，雇主和从业人员都将受到严厉惩罚，甚至取消其安全生产和运营的资格。法律还进一步详细规定，对可能造成伤亡事故等严重违法违规行为的责任人，最高处罚将会追究刑事责任；即使对未造成严重后果的雇主，联邦和地方政府监察或监管人员在进行初步调查核实和相关部门认定后，将会把责

---

① 钱大伟：《美国煤矿安全治理的启迪》，《安全与健康》2011 年第 3 期。
② 刘助仁：《煤矿安全生产管理，我们还缺什么？——谈美国煤矿安全管理的特点和启示》，《城市与减灾》2009 年第 5 期。

任人交给司法部门起诉审判，并最终让违法违规的雇主承担刑事责任。[①] 同时，法律又规定，对严重违法或违法程度虽轻但导致人员伤亡的个人和公司，罚款将分别达到 25 万美元和 50 万美元。若发现几起类似的故意违法行为，最高罚款数可达 700 万美元，直到追究刑事责任。[②] 正是由于美国安全生产监管部门采取了以上一系列严厉措施，提高了雇主和从业人员的违法成本和代价，才使得美国煤矿的事故率大幅降低，保障了安全生产井然有序。俗语说，徒法不足以自行。有了完善的法律法规体系，必须加以严格的遵守和执行才能取得良好的效果。美国矿山安全管理中的严厉执法也充分说明了这一点。

4. 建立了独立调查机构，注重事故后调查，为完善安全管理制度提供镜鉴

从美国交通行业公共安全管理来看，美国权威的调查机构要数运输行业的调查委员会，即国家交通运输安全委员会，它具有独特的地位和职能，具体特征如下：一是其机构非常独立。国家交通运输安全委员会是独立的事故调查机构，只对国会负责，受到外围的干扰非常少。二是具有权威的法律授权。国家交通运输安全委员会被法律授予独立调查、不受任何单位和个人干扰的权力，被授予最终做出事故结论的权威机构的权力。三是调查人员资格制度。国家交通运输安全委员会的调查人员必须是技术上合格、有丰富的事故调查经验的真正的专家，他们都是有调查资格的权威人士，他们既可以调查事故，又可以组织事故调查工作。[③] 这种独立的调查制度确保事故后调查结论的权威性，有利于从重大事故背后找出体制机制方面的缺陷，为今后建章立制、完善安全管理系统提供扎实的基础。

---

① 刘助仁：《煤矿安全生产管理，我们还缺什么？——谈美国煤矿安全管理的特点和启示》，《城市与减灾》2009 年第 5 期。

② 刘助仁：《煤矿安全生产管理，我们还缺什么？——谈美国煤矿安全管理的特点和启示》，《城市与减灾》2009 年第 5 期。

③ 张宏波：《美国事故调查的理念》，《劳动保护》2003 年第 7 期。

5. 强制利用社会保险资源，降低重大事故造成的损失，管控重大事故的风险

从美国环境安全领域来看，美国是世界上将环境责任险规定为强制责任保险的国家之一，它非常重视环境责任险的功能。美国联邦环保局在有关危险废物储存处理、处置的法规中做出了强制保险的规定，要求管理者应在设施运行期间因危险废物的管理和操作对他人造成的人身或者财产损害的风险购买保险，利用保险模式降低政府和社会的运行成本。① 这种购买保险的制度设计，降低了环境事故损失的成本和代价。同时，美国法律规定，将环境责任保险作为工程保险的一部分，要求无论是承包商、分包商还是咨询设计师，如果工程涉及该险种却没有投保，就不能取得工程合同。把环境保险作为合同生效的必备条件。② 强制保险制度降低了重大事故给社会和企业造成的损失，有利于动员更多的资源和主体投入重大事故风险治理环节中，为重大事故治理创造更好的社会环境。

6. 充分发挥非政府组织的监督功能，加强对重大事故风险的治理

如在美国矿业安全管理中，充分发挥工会在生产安全中的监督功能。随着矿工工会组织的壮大，美国政府特别发挥其在监督企业安全生产中的重要作用和功能，替代了政府部分监督雇主和企业生产安全运行的过程，保障全过程的监督和管理。在美国，各种工会组织的监督作用与国家公权力下的立法部门、司法部门及行政部门相并列，这些组织在美国被称为"第四政府"。矿工不必担心以个人身份提出安全问题而遭到解雇或降低工资。③ 当工会矿工为了维护员工权益受到打击报复时，作为工人利益代言人的"第四政府"会立即发起声援活动，使漠视矿工安全的矿主声名狼藉，并有可能促成有关部门采取进一步的行动，直至矿主被逐出矿区。因而，这些矿主在工会组织的

---

① 别涛、樊新鸿：《环境污染责任保险制度国际比较研究》，《保险研究》2007 年第 8 期。
② 王学冉：《国外环境污染赔偿责任保险制度设计对我国的启示》，《上海保险》2012 年第 5 期。
③ 石渝：《美国怎样预防和处理矿难》，《世界知识》2005 年第 10 期。

压力下，不得不重视生产安全和职业卫生问题。[①] 这些非政府组织在生产安全监管中发挥了重要的作用，给企业和雇主带来重视安全生产的压力和动力。

四、控制重大事故产生的技术系统不利因素方面措施或经验

美国在控制技术系统不利因素方面，大力运用现代信息技术、制定技术标准及创新管理方法，提高对重大事故风险治理的技术水平，为防范和控制重大事故风险提供技术保障。

1. 充分运用现代化的信息数据系统，发挥大数据的功能，为控制重大事故风险提供数据支持

从美国矿山安全管理领域来看，美国矿山安全信息中心建立了完善的安全生产业务信息系统，安全信息中心负责网络管理和数据处理方面的工作，这些数据主要包括采集的各类矿山危险源实时数据和信息对数据进行分析、判断和预测，真正发挥大数据的作用和功能，根据大数据的功能和优势，及时发现事故可能存在的隐患和风险，记录各类事故发生的隐患和整改情况，通知现场安全监察员进行监察等。[②] 同时，安全生产业务信息系统还能在网上接收现场安全监察员每日的报告，对矿山执法情况进行分析统计和研判，确定安全生产工作重点，进行工作人员调配，及时发布每日安全生产信息，第一时间通报安全事态。[③] 运用现代化的信息数据系统，为安全生产和管理提供了科学、准确的数据支撑，提高了安全监管的针对性和有效性。

2. 广泛运用先进安全管理技术，降低了重大事故发生的概率

在煤矿安全生产和管理领域，运用大量最新的科学技术和科学手段，提高安全管理系统的抗逆力。这些安全技术和手段主要体现：一是计算机模拟、虚拟现实等新技术运用，大幅减少煤矿挖掘中的意外险情；二是普及机械化

---

① 张彦丽等：《美国煤矿安全生产发展历程及其经验总结》，《中国矿业》2007年第6期。

② 《国家安全生产信息化"十一五"专项规划》，《安全与健康》2007年第19期。

③ 宋雨佳：《国外安全生产信息化建设》，《湖南安全与防灾》2010年第9期。

和自动化、智能化采掘技术，提高了挖煤工作效率，减少了下井人员数量；三是推广安全性较强的长墙法及手持瓦斯探测装置、自身携带的自救设备等，大大提高了煤矿挖掘的科技化水平。① 这些先进的技术和方法，大大提高了重大事故风险控制的效率。同时，美国在《2006 矿山提高与新紧急反应法案》（MINER）中明确规定，在三年内矿井下普遍安装无线双向通信和电子跟踪系统，以实现地面上的人员能对井下工作人员进行定位的目标。② 近年来，通过以上技术水平的革新大大提高了煤矿工业科学化含量，降低了煤矿行业的安全风险和事故水平。

3. 制定各类技术标准，规范安全生产行为，将重大事故风险维持在可控范围内

美国政府主要通过美国职业安全与卫生管理局（OSHA）制定的标准对企业生产行为进行规制，为企业的安全生产提供指导规范。美国职业安全与卫生管理局（OSHA）确定的标准可分为"安全"标准和"健康"标准两大类。这些标准能为企业安全生产行为提供行动准则和规范依据。"安全标准"的目的在于保护工人在工作场所避免受到意外人身伤害，而"健康标准"涉及有毒物质以及有害物质，保护工人免受职业病的侵害。安全与健康标准涉及的领域为一般工业标准、海事业标准、建筑业标准及农业标准等，这些标准对涉及领域的工作条件、采取或使用的预防措施和程序提出明确的要求。③ 以上一系列技术或场所标准为各类企业生产行为提供了规范，一方面，明确企业的强制行为，为企业生产行为提供指导。如美国公路工程施工技术规范就是企业把握工程质量的标准和施工依据，其中关于安全管理的规定，成了企业必须遵守的准则和确保安全行为的保障。另一方面，为政府生产监管提供了清晰和明确的依据。标准化的生产和管理提高了安全生产的精准化管理水平和能力。

---

①　刘助仁：《煤矿安全生产管理，我们还缺什么？——谈美国煤矿安全管理的特点和启示》，《城市与减灾》2009 年第 5 期。

②　《美国在治理煤矿安全上的经验》，《安全与健康》2012 年第 6 期。

③　蒋抒博：《美国安全生产规制现状及对我国的启示》，《现代商业》2013 年第 11 期。

　　另外，加强标准化管理，明确各主体之间的职责、义务和程序，有利于促进多主体之间的沟通和协调，提升重大事故灾害风险防控能力。如果大家在风险治理和应急管理过程中使用同一套术语、概念，有同样的思维模式和办事方式，那么无论是合作、沟通还是协调，都有了基础。可以说，在标准化管理方面，美国的应急体制走在世界前列。

　　1970 年，美国南加州发生了一系列山火，这次特大灾害结束后，多个消防部门联合反思火灾应对中暴露出来的问题，"缺乏共同的组织结构，应急估计不足；应急规划不协调；资源配置不协调；在事发现场，各机构之间沟通不充分"。① 这一反思催生了突发事件指挥系统（ICS）。它强调标准化、统一指挥、综合性资源管理等原则，逐渐被推广为一种指导应急现场协调的指挥框架。②

　　标准化管理流程普及的最大好处就是降低多主体合作时的交易成本。因为大家共享同一套术语、概念、思维和要求，所以不同主体在应急处置现场能够快速对接、无缝隙合作，从而减少了一些摩擦和冲突。

　　在 ICS 的基础上，"9·11"事件后，美国国土安全部又逐步建立了国家层面的突发事件管理系统（NIMS），进一步提升全国突发事件管理标准。NIMS 是美国指导应急准备和响应的标准化体系和模板（template）。它不是可操作性的应急管理和资源配置计划，而是确定了突发事件处置中从准备（preparedness）到恢复（recovery）各个流程的基本概念、术语、原则、组织程序。NIMS 提供了一种可持续的、统一的标准模板，以便联邦政府、州政府、地方政府、非政府组织（NGO）以及其他私人组织共同协作（work together）来准备、防范和应对各类突发事件，并从中迅速恢复过来，最终确保实现一个安全和可恢复的国家的核心能力。③ NIMS 主要由六个部分组成，其

---

　　① Michael K. Lindell，Carla Prater，Ronald W. Perry，Introduction to Emergency Management，2007，John Wiley & Sonsm Inc. ，pp. 295－296.

　　② 王宏伟：《美国的应急协调：联邦体制、碎片化与整合》，《国家行政学院学报》2010 年第 3 期。

　　③ 在目前美国国家应急体系中，NIMS 与 NRF（National Response Framework）是互相配合的两个系统。前者为突发事件管理提供模板和标准，而后者为国家层面的突发事件管理提供框架和机制（structure and mechanism）。

目标就是统一行为、加强协作："第一，NIMS 通过灾前规划及能力建设，寻求改善灾后行动；第二，NIMS 要求有共同的程序，提高不同响应者，包括来自私营及飞政府部门响应者的协同性；第三，NIMS 在所有政府层面运行。"[①] 为保证所有联邦部门都使用 NIMS，以及帮助州政府、地方政府、非政府组织、私人组织等运用 NIMS，联邦紧急事务管理局还专设"国家整合中心"（National Integration Center），专门负责 NIMS 系统的日常管理、标准化推进、资格认证、培训支持、传播出版等工作。

总之，除了以上具体管理系统不利因素控制机制的有效做法外，美国在安全风险防控中的协调与整合的理念和经验也值得借鉴。

（一）体系化整合

在联邦制下，各级政府之间的关系较为松散，分权也常常造成各行其是、力量分散。为了更好地凝聚各种主体和力量，形成统一的公共安全框架，必须整合个人、家庭、私人组织、公共部门等多种资源。多年以来，在以宪法为核心的宪制框架下，美国逐渐构建了一套涵盖全国各个层面的公共安全管理体系。[②]

在联邦政府层面，1979 年卡特总统发布 12127 号行政命令，组建联邦紧急事务管理局，将商业部的全国火灾预防控制司、住房与城市发展部的联邦保险司、总统行政办公室的联邦广播系统、国防部的民防准备局以及联邦准备局并入其中。联邦紧急事务管理局除了承担这些机构原有的职责，还负责监督科学与技术政策办公室的地震风险减轻计划、协调大坝安全问题等。[③] 这是美国从单灾种管理体系向综合性应急管理体系转变的开始。

2011 年，即"9·11"十周年之际，美国总统政策指令（第八号）正式

---

① 王宏伟：《美国的应急协调：联邦体制、碎片化与整合》，《国家行政学院学报》2010 年第 3 期。

② 美国早在 1947 年 7 月就成立了"美国国家安全委员会"，但其主要职责是统一有关美国的国家内政、军事和外交政策，并向总统提出建议。它一直都不是决策机构，不能制定政策，只是总统有关安全政策的统筹、协调、参谋机构，是与国务卿密切合作、协助总统制定长期对外政策的思想库，是为总统提供有效军事安排的事务机构。

③ 夏保成：《西方国家公共安全管理的理论与原则刍议》，《河南理工大学学报》2006 年第 2 期。

提出"国家准备目标"（National Preparedness Goal）这一概念，要求国土安全部门将致力于建立一个安全和有恢复力的国家（secure and resilient）作为重要工作目标，力图整合所有社区单元（联邦、州、地方政府，以及各种私人组织、非政府组织等）以共同阻止、减缓和应对各类灾害与威胁，并从中快速恢复过来，最终确保公共安全。为实现这一目标，国土安全部门界定了五项与"准备"有关的战略领域：阻止（prevention）、保护（protection）、减缓（mitigation）、反应（response）和恢复（recovery），以及 31 项核心能力。[①]

在此基础上，开始建立"国家准备系统"（National Preparedness System）和"国家计划框架系列"（National Planning Frameworks）。前者是将国家准备目标及其核心能力具体细化和操作化的工具，包括"识别风险""评估能力""构建能力""整合能力""确认能力"和"提升能力"六个组成部分。后者是国家准备系统的一个组成部分，设定了实现核心能力的战略和信条，包括"国家阻止框架""国家保护框架""国家减缓框架""国家反应框架（NRF）"以及"国家恢复框架"（如图 4－1 所示）。

（二）区域化协作

美国州际应急管理援助协议（the emergency management assistance compact，EMAC）作为打造新型政府间关系的法律安排，跨区域公共事务管理的府际协作制度，以及解决州际争端的重要协调机制，在美国应急管理领域发挥了重要作用。[②] 1992 年安德鲁飓风灾害后，时任佛罗里达州州长的劳顿·奇尔斯（Lawton chiles）提议在南方州长联合会（the Southern GoverNOrs Association，SGA）19 个成员州中建立正式的应急互助机制。1993 年 SGA 联合弗吉尼亚州签署南方区域应急管理援助协议。1995 年，南方州长联合会投票决定建立更加开放的应急互助伙伴关系，欢迎任何有合作意愿的州或地区

---

① *National Preparedness Goal*，first edition，september 2011，Homeland Security.
② 向良云：《地方政府区域应急协作的制度框架：美国的经验与启示》，《社会主义研究》2009 年第 5 期。

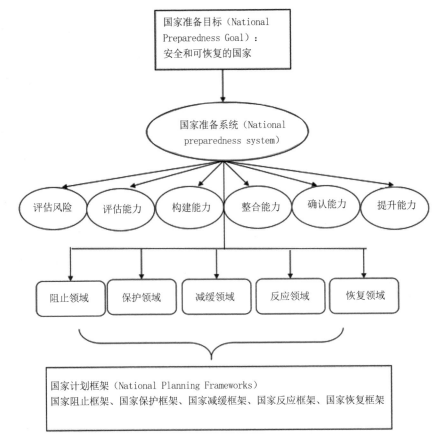

图 4—1 美国国土安全准备体系

加入，在此基础上形成了正式的应急管理援助协议。[1] 此外，美国国家应急管理联合会（the national emergency management association，NEMA）下设应急援助协议委员会（committee of NEMA，EMAC）作为应急管理援助协议的直接管理机构，委员会由各成员州州长或授权代表组成，每年定期会晤两次，为应急救助协议的运行提供全面的政策性指导。[2]

---

① 向良云：《地方政府区域应急协作的制度框架：美国的经验与启示》，《社会主义研究》2009年第5期。

② 向良云：《地方政府区域应急协作的制度框架：美国的经验与启示》，《社会主义研究》2009年第5期。

（三）专业化分工

专业化、分工化是现代社会官僚体制理性化、高效化的前提和基础。根据韦伯的看法，这种高度理性化的组织形式"纯粹从技术上看，可以达到最高的完善程度，在所有这些意义上是实施统治形式上最合理的形式"，① 即能够达到最高行政管理效率。因此，"条"与"块"的这些矛盾及应急管理碎片化的问题，在全世界各个国家都不同程度地存在。

例如，在美国，应急管理表现为多种碎片化问题。从纵向上看，高度强调属地化。地方政府是本辖区灾害缓解、准备、响应和恢复的主体，联邦政府只有在得到州政府的请求后，才能提供应急管理资源支持，州政府则主要充当地方与联邦政府的媒介，帮助联邦政府执行灾害政策，落实联邦救灾资金等。② 这就容易导致国家层面对巨灾的救援迟缓和动员不足（如应对卡特里娜飓风）。③ 从横向上看，高度强调分权化。立法机构、司法机构和行政机构都可能管辖应急管理事务，而且彼此独立，如在飓风灾害中的"强制疏散"就是一个法律问题，并非由行政首脑就能简单发布命令。这就容易导致政府内部出现掣肘，难以形成管理合力。为了提高各级政府和部门的应急协调能力，近年来，特别是"9·11"和"卡特里娜飓风"等巨灾之后，美国的应急管理协调体系发生了变化，并不断改进优化，以适应形势的要求。美国应急管理体制的变化，给重大事故的风险防控和应对提供了重要的体制机制保障，为重大事故风险防控创造了良好的政治生态。

---

① ［德］马克斯·韦伯：《经济与社会》（上卷），商务印书馆 1998 年版，第 248 页。

② 王宏伟：《美国的应急协调：联邦体制、碎片化与整合》，《国家行政学院学报》2010 年第 3 期。

③ 新奥尔良市因为周边地形就像一口大碗，四周高，中间低，而且三面环水，中部最低点位于海平面下 3 米，所以在卡特里娜飓风中，多处防洪堤出现裂缝、决口，同时，许多用于向外排水的泵站由于电力中断和被水淹没而无法正常工作。这样运河里的水不能及时排出，市区低地聚集的水越来越多，全城变成一片泽国。同时，灾情汇报也非常迟缓。联邦紧急事务管理局官员下午视察了新奥尔良市，发现堤坝溃决和洪水淹城，并于当晚将有关情况上报给白宫，而白宫直到次日中午 12 点 2 分才收到该报告，延误了宝贵的救援时间。

第三节　发达国家重大事故风险防控治理的经验借鉴

综观国外现代防灾减灾管理经验，梳理发达国家重大事故和灾害防控的做法，尽管各国管理模式因国情不同而各具特色，但核心内容是统一的，它们都有多元化、立体化、网络化的综合减灾、应急准备和应急体系；都有一个以政府为核心的固定的中枢指挥机构，并实施高官问责制；都有一套常设的专职机构及相关科学家、专业人员全程参与减灾实践的制度；都有严格而高效的政府信息发布系统及明确的政府职能。① 这些体制机制的优势是更容易加强信息沟通、资源整合，便于克服条条分散、条块分割、块块分离的问题，有效整合各地灾害治理资源，构建协作、高效、统一的各类灾害治理机制。我们主要从以下几个方面统筹考虑、综合推进。

一、充分考虑重大事故产生的自然环境风险，控制自然系统的不利因素

为了控制自然系统的不利因素，从规划和设计源头上重视可能产生事故的风险，从基础设施建设和硬件环境上考虑减少可能导致重大事故的影响因素。如美国规定重大化工厂选址时要选择远离居民区，减少对居民区的潜在危害。同时，在企业生产或安全运行中要考虑自然环境的脆弱性，通过对装置或基础设施进行改进，将自然环境的脆弱性控制在最低限度。通过对重大事故所处的自然环境脆弱性的分析，调整公共安全管理行为，提高安全管理系统的抗逆力，从源头上降低重大事故发生的概率。

---

① 王雅莉：《我国城市安全管理与应急机制的建设》，《青岛科技大学学报》2006 年第 3 期。

二、重视安全文化的培育，提高民众的安全素养，从源头上控制社会系统的不利因素

从发达国家重大事故风险治理的经验来看，这些国家都非常重视公共安全教育，突出安全文化在重大事故风险治理中的作用，借助安全文化来塑造人的安全行为。各国主要从社会大众安全教育、专业人员的教育及管理人员的教育，提高整个社会的安全意识和抗风险能力。同时，强化公共安全行为规则的权威性，从负强化的角度，加大对违规行为的惩戒，强化人们对规则的敬畏感，提高违规人员的成本，督促人们自觉遵守规则，保障人们的安全行为。如日本安全文化教育从娃娃抓起，把提升民众的安全素养贯穿到整个教育过程中，发挥安全文化在民众安全行为塑造中的重要作用。

同时，要重视实战演练，提高管理人员、专业人员及公众应对风险的能力。如美国，以特定灾种的假想情景为主题（如城市台风、暴雨、地震、大面积停电、高致病性传染病等），吸纳有关部门共同进行联合培训和演练，这是建立协同协作机制、形成部门共识的一种有效方式和途径。特大城市的市、区两个层面，每年都可以根据区域性特点制订专项培训和演练计划，加强部门之间的沟通、交流、对接。例如，化工企业较集中的区域，定期开展针对危化品泄漏事故的联合培训和演练，将公安、消防、卫生、安监、应急、环保、交通、港口、宣传等部门，以及街道乡镇等基层政府（或政府派出机构）纳入整体性培训和演练计划，提高条、块对危化品生产、运输、使用的监管能力，以及互联互通、协同协作的意识和水平。市级层面可以针对影响范围广、跨区县的重大灾害和事故进行联合性培训和演练，如轨道交通事故、大面积停电等。

三、加强公共安全风险治理准备，构建完备的安全准备计划，控制管理系统的不利因素

从各国的重大事故风险防控的实践经验来看，它们都非常重视应急准备

工作，将应急准备工作作为控制重大事故风险的重要抓手，普遍认为应急准备是应急能力和灾害治理能力建设的核心，是灾害减缓的主要载体和具体体现。

美国联邦紧急事务管理署（FEMA）一直秉持"准备阶段投入一美元，恢复阶段节省两美元"的理念，加强全国性的准备计划和措施，以此提高全国各个层面的应急处置能力。"城市准备计划"对于统一条块部门的工作目标，形成标准化的防控工作模式，整合各部门之间的资源和力量具有十分重要的意义和作用。

需要明确的是城市准备计划不是一种或一类具体的工作方案、工程和项目，而是由城市进行灾害治理、应急准备的规范性制度、机制、文件、标准构成的基本运行框架。这一框架包括四个方面的主要内容。

一是适用于所有政府部门、社区、基层单元、社会组织的公共安全管理和风险防控标准、流程和工作方法。按照"嵌入性风险防控模型"的要求，各个部门、组织、企业和社区都要基于风险评估、脆弱性评价和准备能力评价等内容构建"四阶段"准备体系：减灾准备、控灾准备、救灾准备和缓灾准备。

减灾准备的主要内容是识别风险、风险评估、控制风险因素（致灾因子）的形成，以及提高承灾体的抗逆性（提高承灾体的恢复力）。从根本上说，风险识别和评估是一种"灾害想象"或者"灾害情景构建"，[①] 即根据历史资料、数据、情报等研判灾害发生的基本形态、规模，以及对特定区域和承灾体的破坏程度。并以此作为一系列灾害准备的前提和基础。通过减灾准备，不仅提高灾害应急处置的准备能力，还能通过讨论、梳理等方式共享公共安全信息，普及公共安全常识，形成全社会的安全共识。作为城市公共安全的综合协调部门，应急管理办公室要定期与相关政府部门、社区组织等召开研讨会，分析城市致灾因子、脆弱性和风险，并对风险进行排序，商讨减缓灾害的办

---

① 有专家认为，"情景"主要是描述一系列具有极端小概率、巨大破坏性、高度复杂性特点的重特大突发事件，这些事件情景在一个国家或地区很少发生，甚至从未出现过，但由于其风险极大、后果十分严重，所以此类特大突发事件情景被看成国家或地区安全的最主要威胁。参见刘铁民、王永明：《飓风"桑迪"应对的经验教训与启示》，《中国应急管理》2012 年第 12 期。

法，并在此基础上修订、完善预案。多方参与制定预案实际上就是各方对未来应急行动形成共识和承诺的过程。[①]

控灾准备的主要内容是确保能够及时控制致灾因子的形成和活动，或者较早识别致灾因子的生成和活动。致灾因子的形成和活动是有条件的，往往能够预先发现一些"迹象"和"表现"。公共安全相关的政府部门、社区和基层单元都要在风险识别、评估的基础上，开展风险监视监控、灾害预警预报和安全管理控制工作，提高快速反应和及时控制致灾因子活动的能力。例如，地方化工区域是爆炸起火、危险化学品泄漏等事故风险易发、多发的基层单元。化工区域的控灾准备主要包括防护保护装置配置、人员操作技能和应急处置培训、重要危化品监控、消防救援能力提高等。一方面，确保意外事件初发时，能够通过正确操作、应急反应控制风险源（致灾因子）的活动，快速恢复正常状态，减少突发事件损失。另一方面，在控制装置和措施不足以控制事态时，形成突发事件快速处置救援机制，调动各方面资源进行处置。

救灾准备的主要目标是确保能够快速调动救援资源，对有关人员进行施救，阻断致灾因子的活动和连锁反应，尽快恢复常态。救灾是应急管理（emergency management）的主要功能和核心内容。作为"城市准备计划"的"救灾准备"主要是在灾害发生之前，通过制度设计、预案编制、预案演练、资源储备等措施，切实提高应急反应速度、协作程度和动员广度，确保伤亡人员的救援、风险演化的阻断和社会秩序的恢复，将灾害损失降到最低。

缓灾准备的主要目标是动员政府、市场和社会的资源对受灾区域进行快速恢复重建，并举一反三，查找问题，优化提升，防止类似突发事件再次发生，提高下一阶段的风险防控能力。缓灾准备的主要工作包括财政分配机制设计（如为应急救援和恢复重建预留一定比例的财政资金等）、商业保险机制完善（为特定人员购买商业保险，以提高突发事件的赔偿水平和标准）、独立调查机制完善（能够保证适时启动有关独立调查程序，并客观公正地还原事实真相，为改进提供基础）等内容。缓灾阶段虽然是灾害发生后期的恢复重

---

① 王宏伟：《美国的应急协调：联邦体制、碎片化与整合》，《国家行政学院学报》2010 年第 3 期。

建阶段，但事实上是"灾害学习"的重要载体和极为重要的"政策窗口"。因为灾害已经发生，甚至造成人员伤亡、财产损失和社会震动，能够产生解决问题、改革创新的社会性压力，是推动风险管控机制变革优化的重要机遇。如果能抓住这一"窗口"，在政策层面进行突破，往往就能减缓同类灾害和事故对社会造成的影响。

四、通过技术革新、工艺和安全设备改进，控制技术系统的不利因素

综观发达国家防控重大事故风险的实践，其中共同的方面是将先进技术运用到设备、工具及安全工艺改进和优化上，从而提高安全运行系统的抗风险能力。比如日本为了提升新干线的安全性，专门在高铁系统中安装了对地震的预警系统，提高运行系统对地震的敏感性，第一时间识别地震风险，及时采取有效的预防措施，从而控制列车受地震影响的风险。当前，随着互联网、大数据、物联网、人工智能等新技术的运用，公共安全领域的新技术应用成为重要的突破口。最新技术的广泛运用，大大提高了安全生产系统的风险感知和应急响应能力，为公共安全系统控制风险提供了技术保障。

从以上总体经验来看，国外发达国家重大事故风险防范方面除了常规的安全文化培育、技术手段更新和硬件设置等优势外，更多地包括重大事故防范背后的体制机制法制的探索和健全、事故灾难防范体系和系统，这些做法从源头上为防控重大事故产生的风险创造了生态环境。

第五章 公共安全管理系统脆弱性治理
实践的经验与教训比较分析

根据系统脆弱性理论研究，任何一次事件或事故都是由于其受灾体脆弱性及所处的环境系统脆弱性综合作用的结果。

大型群众性活动等人群聚集活动，不仅能够展现一个城市的经济实力，还可以体现一个城市的城市文化，大型活动俨然成了城市的形象和"名片"。[①]近年来，随着经济社会的快速发展，我国每年举办的大型群众性活动和群众自发聚集活动数量大、情况复杂。据不完全统计，我国每年举办大型群众性活动 1.4 万多场，近 3 亿人参加，涵盖经济、文化、体育、旅游、教育等各个领域，活动规模大、参与人数多、社会影响广。[②]

大型群众性活动在丰富群众生活，增强城市文化氛围的同时，也不同程度地增加了大型活动过程中蕴含的各种风险，容易导致各种安全问题出现。统计分析表明，踩踏事件最经常发生在各类大型群众性活动中，而越是大型的活动所携带的风险因素与致灾因子就越大。[③] 在有限的大型公共空间里，人群流动的频率和密度不断增大，各种风险隐患随着人群的高度聚集越发凸显，城市公共空间变得越发脆弱，由此使得大型群众性活动踩踏事件的发生率大大增加，后果变得更为严重。[④] 本章结合国内外大型活动公共安全风险管理的

[①]　卢文刚、黄小珍等：《中美大型群众性活动应急管理比较研究——基于美国时报广场与上海外滩群体性跨年活动的比较》，《中共贵州省委党校学报》2016 年第 1 期。

[②]　公安部治安管理局、国务院法制办编：《大型群众性活动安全管理条例释义及使用指南》，中国人民公安大学出版社 2008 年版，第 1 页。

[③]　刘艳芳：《大型群众性活动突发事件预警机制的构建》，《江苏警官学院学报》2008 年第 4 期。

[④]　任常兴、吴宗之、刘茂：《城市公共场所人群拥挤踩踏事故分析》，《中国安全科学学报》2005 年第 12 期。

经验和教训，撷取上海世博会与上海"12·31"拥挤踩踏事件，比较分析其成功与失败背后的成因，试图梳理和总结出对重大事故治理值得借鉴的经验和需要吸取的教训。

第一节 大型活动公共安全风险管理实践的经验分享
——以上海世博会成功举办为例

2010 年上海世博会是第一次在发展中国家举办的注册类世博会，也是参展方和参与人数最多的一届世博会。现代化国际大都市为世博会提供了诸多便利和重要支撑，但同时，人员密集、人流量大、要素集中、社会风险高等因素也为平安举办世博会增加了难度。[①]

世博会成功举办就是不断分析系统脆弱性，不断采取有效措施控制系统脆弱性的过程。世博会成功运行的体制、理念和措施使得各种资源得到有效整合，发挥各系统的力量，将世博会运行中的系统脆弱性控制在最低限度，主办方在园区运行中始终处于主动地位，对未来的风险和危机做好各项准备，提高了世博会园区运行的风险抵御力和危机抗逆力。可以从系统脆弱性理论的视角分析世博会园区运行中如何控制社会系统不利因素、管理系统不利因素、自然系统不利因素及技术系统不利因素，从源头上控制世博会园区运行中的风险和隐患，保证上海世博会实现了"成功、精彩、难忘"的目标。

一、上海世博会举办面临的公共安全挑战

上海世博会历经 184 天精彩展示，246 个国家和国际组织参展，逾 7308 万人次的海内外游客参观，单日最大客流量达到 103.28 万人，均创世博会历史新高，创下规模最大、参观人次最多、单日客流最大等多项历史纪录，这

---

① 容志：《风险防控视阈下的城市公共安全管理体系构建——基于上海世博会的实证分析》，《理论月刊》2012 年第 4 期。

是一届规模空前的盛会。但这次盛会也给世博会园区城市公共安全管理带来了前所未有的挑战。

1. 规模大、展期长，人流、物流、信息流高度聚集，一旦发生灾害，极易造成大量人员伤亡和财产损失

上海世博会吸引了世界各地数以千万计的观众前来参观。上海世博会入选中国世界纪录协会世界上参加国家和组织最多的世博会。上海世博会规模大、展期长，人流、物流、信息流高度会集，给世博会园区的安全运行带来巨大压力和挑战。

2. 展馆采用大空间、大体量、大规模建筑形式且自建展馆多，功能复杂，对世博园运行管理提出了严峻挑战

上海世博会正式参展方的自建馆有46个，还有42个租赁馆、11个联合馆、18个企业馆，其中自建馆数量为历届之最。这些自建馆大都根据各国的文化和国情，自行设计建造，风格迥异，并且大部分采用大空间、大体量的结构形式，且功能复杂。如中国馆、沙特馆、德国馆、法国馆等都体现了这些特点。

3. 世博会园区临时建筑多，原有建筑改造利用多，复杂体型展馆多，存在诸多不安全因素，加大了监督管理的难度

上海世博会园区内约有2万平方米历史建筑得以保留、保护，超过40万平方米的工业建筑被保护性改造、置换，约占世博会园区总建筑面积的五分之一。对老建筑的保护利用成为世博会主题演绎的重要内容。这些老建筑往往存在诸多不安全因素。因此，上海世博会园区入选中国世界纪录协会世界上保留园区内老建筑物最多的世博会。

4. 大量地下空间开发利用和大面积交通运行，形成地下轨道、地下隧道、地下公共通道及综合交通运行错综复杂的局面，增加了世博会运行管理工作的难度

园区内设有4条地面公交线路、5条观光线、1条轨道交通专用线、5条

越江轮渡航线、8 条水门航线。

5. 参展国家、地区和国际组织多，对如何服务好世博会园区各参展者提出了现实要求

参加上海世博会的国家和国际组织有 240 多个，189 个国家和 57 个国际组织参展，园区内约有 154 个展馆，为历届世博会之最，超过了 2000 年汉诺威世博会 172 个国家和国际组织参展的最高纪录。

6. 世博会园区展览展示及文艺演出活动频繁、服务人员众多，对运行管理提出了更高的要求

上海世博会是世界文化交流的盛会，184 天会期中，共有超过 1200 个中外演出团体来园演出，节目总数超过 1100 个。世博会园区共上演各类文化演出活动 22900 余场，累计吸引观众逾 3400 万人次。上海世博会期间，共举办 1 场高峰论坛、6 场主题论坛、1 场青年高峰论坛，还举办了 53 场公众论坛。上海世博会新闻中心共接待了 18.6 万人次的中外记者，还为近 400 名参展方新闻联络官、288 场重要官方活动、198 个媒体参访团提供了服务。国际广播电视中心（IBC）提供了 3 万多个小时的世博节目资源，充分满足了媒体的报道需求。

7. 世博会园区浦东浦西跨江联动，黄浦江水域的综合利用对水上运行管理工作提出了新的课题

世博会园区在市中心占地多达 5.28 平方公里，上海世博会园区面积是历届世博会之最。园区分布在黄浦江的两岸，形成浦东浦西的联动，黄浦江水域成了园区重要组成部分，但水域的综合利用给世博会水上运行管理工作带来很大的挑战。

8. 世博会园区国内外重要贵宾接待任务重，对安保管理提出了全方位要求

世博会园区运行期间，基本上每天都有国家馆日和国际组织荣誉日，大批的国家政要和国际组织代表来世博会园区参加各类外事公务活动，给园区

的安全保障提出了全方位的要求。

成功、平安举办一次世界博览会不仅是中国政府的庄严承诺，也是全国人民的共同愿望。可见，世博会的安全管理范围不仅仅局限于园区之内，也涉及整个上海行政区划；不仅仅针对有形的袭击、破坏，还可能面对由于管理不善造成的无形危机和安全隐患。因此，要有效保证这个区域内的公共安全，仅靠应急管理是远远不够的，还需要从风险防控的角度做到预防在先、防患于未然，从源头上消除公共安全系统的脆弱性，[①] 这就对从源头上治理各种事故或事件提出了更高的要求。

二、加强园区安全文化建设，控制社会系统的不利因素

在上海世博会园区管理中，主办方始终把安全意识和安全文化教育放在重要位置，强化管理人员和从业人员的责任，加强游园安全知识教育，提升游客的安全素养，调动各级各类管理者重视园区运行工作。

1. 强化干部责任和风险意识，提高安全管理能力

管理者是园区安全运行的核心主体，他们的安全意识直接决定了园区运行的情况和安全质量。保证世博会成功举办的责任层层落实，一级向一级传达，致使园区运行中各部门和各级管理者始终将保障世博会园区安全运行作为首要任务。在强烈责任意识和责任态度的指引下，每个管理者都树立强烈的问题意识和风险意识，对园区运行中存在的各类问题保持特有的敏感性和敏锐度，基本能做到及时发现问题、及时报告问题和及时解决问题，将各类风险和隐患控制在萌芽状态，从源头上减少了各种危机事件产生的风险和可能性。因而，从脆弱性来源社会属性的视角来看，增强管理者的责任意识和风险意识，大大提高了管理者应对各类风险的能力，确保在园区运行中管理者岗位责任到位、执行到位，保障世博会园区的正常运行。

---

① 容志：《从分散到整合：特大城市公共安全风险防控机制研究》，上海人民出版社 2014 年版，第 308 页。

2. 完善各项措施，强化游客安全意识和秩序观念

一方面，对游客进行正面教育和引导，指导游客遵守入馆参观的规则，规范自身的行为，积极参与并维护园区正常秩序，有序排队，遵从现场人员的指导，确保所有场馆游览有序运行。通过教育和规范手段让游客遵守现场的规则，降低游客群体的易损度，增强游客对风险的敏感度，提高游客的适应能力；另一方面，建设确保大客流安全的硬件设施，"蛇形"排队区的设计和硬隔离栏的安装，有效维护了现场游客排队秩序，充分发挥了硬件设施的安全功能，确保园区热门场馆大客流有序排队，避免出现意外风险，从而保障大型活动有序进行。

3. 明确园区运行目标

园区运行指挥体系建设中的指导思想和目标非常明确，所有的工作服从服务于实现世博会"成功、精彩、难忘"的目标。要保证世博会目标实现，必须做好"两个服务"，即服务于参展者、服务于参观者，这"两个服务"是整个运行工作的宗旨。在以上目标和宗旨的指引下，每个世博会工作者都能高度统一认识、将"两个服务""成功举办世博会"内化为自己的目标，为园区平稳顺利运行提供了保证。

总之，为了实现世博会"成功、精彩、难忘"的目标，上海世博局领导提出要发扬"敢于负责、敢挑重担、敢于攻坚、敢于创新、敢担风险"的"五敢"精神。在园区运行中，每个世博人勇于承担责任，工作中主动跨前一步，积极参与，认真履行自己的责任，形成园区良好的工作氛围。为了保障世博会平稳有序运行，大家统一认识，在既定目标的指引下，园区形成了"任务在一线落实、情况在一线了解、问题在一线解决、工作在一线创新、力量在一线凝聚"的工作责任机制，保证了园区问题能在第一时间得到发现和解决，控制了园区运行中的脆弱性，降低了各类突发事件的风险，确保了园区各项活动的顺利开展。

三、加强公共安全风险防控体系建设，控制管理系统不利因素[1]

通过世博会期间对园区的调研和后期对有关组织的访谈，将世博会的公共安全防控体系归纳为七个机制构成的整体逻辑系统，这些系统对大型活动的不利因素进行有效控制，取得了良好效果。

（一）确立系统的动力机制，为世博会安全运行提供坚实基础

自上而下的管理压力是现代科层组织发挥效率优势的重要前提和保障，也为世博会顺利举办提供了自上而下的资源支持。国家主要领导人多次表达"举办一届成功、精彩、难忘的世博会"的要求。这是中国政府对包括上海在内的各相关单位和部门的统一要求和整体动员，也是对举办世博会这一"国家行为"的明确宣示。从动力的角度上说，为风险防控的体系构建和资源整合提供了强大的组织动力。[2]

上海各级政府积极响应中央的号召，在全市充分地组织和动员，完善了上下联动、左右协作的责任机制和合作机制。从市到街镇各个层级全面动员，坚持"条块结合、属地为主"的原则，对世博会期间的交通、消防、安全生产、社会治安等工作进行了全面部署和责任定位。通过目标责任制、政府绩效考核等方式督促各级政府和各职能部门高度关注城市安全管理，从源头化解社会矛盾，防控社会安全风险。[3] 这种系统的动力机制为世博会的顺利召开提供了重要的资源保障和世博会运行系统脆弱性控制机制保障。

（二）建构系统的组织架构，为世博会安全运行提供组织保障

世博会期间的城市公共安全管理建立起完善的整合型组织架构，这个架

---

① 容志：《从分散到整合：特大城市公共安全风险防控机制研究》，上海人民出版社 2014 年版，第 309 页。

② 容志：《从分散到整合：特大城市公共安全风险防控机制研究》，上海人民出版社 2014 年版，第 309 页。

③ 容志：《从分散到整合：特大城市公共安全风险防控机制研究》，上海人民出版社 2014 年版，第 310 页。

构包括国家级的安全机构、中央驻沪有关机构、上海市各相关职能部门、上海周边省市等多层面多类型组织，形成了一个凝聚力量、机构整合的组织架构体系，为世博会的召开提供了强大的保障。如图5—1所示的"同心圆"涉及三个层面的组织架构，达到了"整合协调、集中统一"的目标。

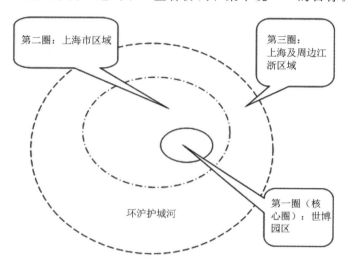

图5—1　世博会期间安全管理的"同心圆"

从中央层面来说，构建统领上海世博会安全管理的组织机构，最大限度地动员各种资源和力量，开展统一、标准化的风险防控工程。该工程围绕强化情报信息、矛盾排查调处、重点人员和危险物品管控、入沪通道设卡安检、社会面治安防控、低空慢速小目标管控等方面开展工作，担负起上海外围屏障和过滤功能。[①]

世博会的安保体系在上海市层面来看，主要依托上海市政府垂直职能型管理组织体系，各委办局之间加强信息共享、部门联动，做好各项保障工作。在世博会运行期间，上海市设立了市级层面的运行指挥部，统一领导和组织世博会的各项运行工作，协调全市与世博会有关的各项事宜，为世博会运行

---

① 容志：《从分散到整合：特大城市公共安全风险防控机制研究》，上海人民出版社2014年版，第310页。

提供了全市层面的资源保障。[1]

世博会的安保体系在园区层面，设立世博会运行指挥中心，实现一线扁平化管理，将一线的处置权下放到基层片区。指挥中心整合片区场馆指挥、信息综合、活动管理、新闻宣传、通信保障、交通运营、气象服务、安保综合等 27 个条线工作，实现全天候、立体式的实时监控、信息传递和风险排查，并负责突发事件的先期处置。[2]世博会园区各单位、部门和员工能充分发扬大局观念和合作精神，大家心往一处想，劲往一处使，拧成一股绳，团结合作、紧密协作，构筑了世博会成功运行的坚强堡垒。世博局 2000 多名员工及园区内上万名保障队伍来自四面八方、五湖四海，为了共同的目标走到一起，大家秉承团队合作的基本信念，积极工作、默默奉献，正是这种信念将园区内的各种资源有效整合在一起。此外，园区内各相关单位也坚持团结合作，如世博局、各委办局派驻园区队伍、军队、武警之间形成非常顺畅而高效的工作合作机制；园区内外单位之间也加强协作，在安全保卫、客流疏导、服务保障等方面有机联动，形成园区运行一盘棋的格局，各种资源在世博会运行的平台上得到最大限度的凝聚和整合，这些都归功于世博会"团队合作、协同作战"的文化精神和联动机制，这就从体制和机制上保证了应急处置的快速、高效和统一。

（三）完善风险识别和隐患排查机制，坚持关口前移，以预防为主

世博会的安全除了安全保卫园区以外，主要任务是保证世博会期间整个城市的安全管理和安全运行。园内和园外可能存在的各类风险非常广泛。从全市层面来看，将世博会园区各种风险划分为自然灾害类、安全运行类、食品卫生类、社会稳定类事件、舆情危机类等，每个大类都包含若干小类的风险因素。根据预案要求，与世博会运行有关的职能部门根据自身职责确定风险，并根据风险进行识别、评估和隐患排查。识别可能影响城市和世博会安

---

① 容志：《从分散到整合：特大城市公共安全风险防控机制研究》，上海人民出版社 2014 年版，第 311 页。

② 容志：《从分散到整合：特大城市公共安全风险防控机制研究》，上海人民出版社 2014 年版，第 312 页。

全运行的各类风险源，评估其概率以及后果，为城市安全运行和世博会安全运行的风险控制创造条件。如上海气象局组织灾害评估专家和相关技术人员成立世博气象灾害风险评估技术组，专门开展世博会期间气象灾害风险评估工作。并在风险评估基础上出台了风险评估的报告，为园区气象灾害方面风险控制提供对策和建议。① 在世博会举办期间，又加强了短临天气监测预警，形成早通报、早会商、早准备、早应对的工作机制，与防汛指挥部、世博会园区指挥中心协商并确定极端天气内部预通报的技术标准、提前预报时效和发布方式。

表 5—1　世博会安全风险识别与责任单位②

风险类别	具体内容	联动单位或部门	方案措施
自然灾害类	主要包括气象灾害、地震灾害等	市气象局、地震局等单位	启动相关专项应急预案
安全运行类	主要包括各类安全运行事故	市质量监督局等单位	启动相关专项应急预案
食品卫生类	主要包括传染病疫情、食品安全等事件	市卫生局等单位	启动相关专项应急预案
社会稳定类事件	主要包括恐怖袭击事件、民族宗教事件、涉外突发事件和群体性事件等	市公安局等单位	启动相关专项应急预案
舆情危机类	新闻及公众信息发布	市政府新闻办	启动相关专项应急预案

（四）健全风险控制机制，完善风险防控方案，将风险控制在萌芽状态

在前期风险识别和评估的基础上，为了保障世博会安全运行需要制定相应的风险控制策略和方法，防止各类事件或事故风险源的形成、积累并向可能的危机演化。园区运行管理自始至终，各项工作规范化和制度化建设是各方面工作取得成功的基本保障，无论在信息报送、安检入园、参观者服务等

---

① 《上海市气象局圆满完成世博会气象保障服务》，见 http：//www.china.com.cn/news/2010—11/01/content_21247343.htm。

② 容志：《从分散到整合：特大城市公共安全风险防控机制研究》，上海人民出版社 2014 年版，第 312 页。

方面，还是部门协调联动方面都形成了基本制度规范和固定的工作机制。如在整合园区各种安保力量方面形成了武警、公安与片区"三方三联"（三方：武警、公安、片区；三联：联动、联防、联控）的工作机制，三方统一指挥、就近配置兵力、快速处置情况、下沉指挥中心等，确保第一时间发现问题、第一时间处理问题、第一时间解决问题。这些制度和机制的形成确保园区运行的规范化和制度化，提高了园区运行的规范化管理水平。

（五）完善预案体系与机制，为园区安全运行提供必要的应急准备

预案研究和制定对于风险防控的意义和价值主要体现在两方面：一方面，预案都是在风险评估的基础上制定的，预案时常成为风险识别和评估的有效抓手，在预案制定过程中，无评估环节就难有好的预案。因而，预案制定的过程往往反过来促进风险识别和评估工作，制定并完善预案的过程实际上就是不断进行风险识别、风险评估的过程，并在风险基础上进行危机事件的情景构建，根据构建的情况制定预案，实现预案工作与风险识别和评估工作的有机融合。另一方面，预案是对可能存在的风险进行预测、预警、预报、先期响应的方案和预先的计划。世博会安全管理机制构建了一整套预案体系，共分为全市、世博会园区及重点场馆三个层面。全市应急管理总体预案是全市层面突发事件处置的总纲，规定了主要原则和工作机制，各个专项预案涉及防汛防台、公共卫生、安全事故、群体性事件、大面积停电等 40 多个专业条线。世博会园区的预案体系包括 1 个总体预案、5 个专项预案、20 个专业条线部门实施方案（园区内部管理部门）、35 个片区和场馆预案在内的 61 个预案。[①]

事实上，预案及相关的"工作方案"在世博会运行期间发挥了重要的作用。在 2010 年 10 月 16 日"百万大客流"中，[②] 由于研判准确和积极准备，并及时启动《世博会园区应对大客流服务工作方案》，从入园安检、交通服

---

① 容志：《从分散到整合：特大城市公共安全风险防控机制研究》，上海人民出版社 2014 年版，第 315 页。

② 当天的观博客流量超过 103 万，累计参观者达 6462.08 万人次，是上海世博会单日最大客流量。

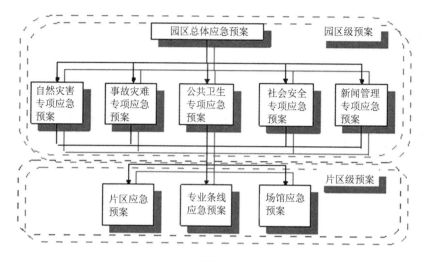

图 5—2 上海世博会园区预案体系

务、餐饮服务和文艺活动等各个方面对园区管理进行了优化和调整，从而保证了园区的整体秩序和安全，没有发生影响较大的突发事件，是公共安全风险防控的成功案例。[①] 方案的精细化设计和具体措施落实，充分有效地发挥了预案的作用，为园区风险防控工作提供了资源支撑和力量保证。

（六）加强应急准备机制，不断改进应急预案的演练和资源准备工作

世博会能取得成功、精彩、难忘的成效，重要的原因是积极做好了各类应急准备工作，对各种可能存在的风险进行了充分识别和评估。

世博会根据突发事件总体预案体系要求，结合各场馆和片区的特点做了各方面的充分准备，其中应急准备主要包括演练、教育和物资储备三个方面。在演练方面，上海市政府安排进行了城市大面积停电、防汛防台等多种类型的突发事件演练，包括在没有预先通知的情况下进行临时演练，虽然场面并不壮观，但往往能起到较好的效果。[②] 演练和教育是预案改进和应急准备工作

---

① 简工博：《巧妙疏导客流赢得一片掌声：世博安保部门沉着应对客流"翘尾"》，《解放日报》2010 年 10 月 18 日。

② 容志：《从分散到整合：特大城市公共安全风险防控机制研究》，上海人民出版社 2014 年版，第 316 页。

的重要抓手，能够增强管理人员和参与人员的意识和能力。

（七）健全社会动员机制，让更多主体参与公共安全风险防控工作

世博会的公共安全不只靠政府和公共部门，更多的是全社会的动员、参与和配合，可以这样说，世博会的成功是全社会各种力量广泛动员和积极参与的结果。第一层面，加强与全体市民的真诚沟通，赢得全社会对申博、办博的理解与支持。为世博会的举办创造和谐的社会环境；第二层面，世博会召开前，上海社会治安综合治理委员会办公室按照"专群结合、以专带群、群防群治"的工作方针，有步骤地开展上海平安志愿者队伍的招募、组织、管理工作。这些志愿者和社区居民既能及时发现社区安全隐患，也能构建城市的"安全网"，为世博会期间社会的"平安、祥和"做出积极贡献，是社会层面公共安全管理的重要力量和保证。社会力量和志愿者成为世博会正常运行的重要力量和坚实基础。

总体来看，在世博会园区运行中风险防控方面的经验有以下几点：一是提升园区运行指挥权威。市政府主要领导和世博局、公安、武警、军队领导分别担任指挥部领导，增强了园区运行指挥工作的权威性和有效性，保持政令畅通、指挥统一及反应迅速，有利于协调园区运行中的各方力量。二是强调园区职能部门高度联动。园区运行相关的专业部门和片区管理部门都在指挥中心平台上设立指挥席，在园区指挥部的统一领导下，包括公安、武警、军队力量及园区管理中的卫生、城管、交通等城市管理力量都能在同一平台得到有效整合，形成了各种主体大联动的格局，保证园区运行能做到指令统一、步伐一致，各种资源以最快速度整合，提高各部门快速反应能力，有利于保障园区运行平稳正常。三是园区运行层级突出扁平化特征。在园区运行指挥中，减少了行政层级，从专业指挥角度出发，直接向相关片区和专业部门下达指令，有效调动基层和条线的各种资源，提高园区快速反应能力。四是园区运行重心下移。片区场馆管理部是园区运行管理的基础，做实做强基层，强化基层执行力是园区成功运行的支撑。因而在园区运行中片区场馆管理部是第一责任主体，不管发生何种事情，第一时间由片区场馆负责解决，然后请求相关条线专业部门的支持和协助，共同解决各类突发事件。五是重

视信息快速汇聚与共享。园区指挥中心在专业条线配合下，通过二级指挥平台第一时间掌握园区的信息和突发事件的隐患，通过信息上报和沟通，使园区运行中的各类信息第一时间得到共享。

四、广泛运用新技术新手段，控制了技术系统不利因素

1. 创新大客流预测技术和模型，为大客流应对提供准确的预测预警信息

世博会主办方普遍使用大型活动客流量短期预测技术，通过分析世博会日客流量数据特征，建立世博会短期客流量预测的灰色星期变动指数模型，对客流量的发展趋势进行模糊性描述，预测未来日客流情况。这种模型预测技术效果明显，准确率高，基本与现实中的大客流人数吻合。主办方根据预测的客流量数据采取一系列措施，预防大客流带来的风险，保证每日园区大客流的运转始终处于可控状态，不会发生重大突发事件。

2. 运用先进交通引导技术，为园区及周边人员疏导提供科学支撑

世博会园区运行中采用四维图新自主研发的 Real-Time Information of China（RTIC）技术对该区所有道路进行取舍、抽象。经过处理后的结果数据和测试效果图，运用于实时交通实际导航中，为园区及周边地区交通提供实时的信息指导，更好地引导车辆行驶，避免大量的客流与车流拥堵，使园区及周边地区的交通畅通，为园区运行提供了安全保障。上海还借助先进的信息化手段，在各交通要道布下"天罗地网"，通过视频信息和交通状态信息采集，动态掌握世博客流和全市交通情况，为人员、车辆疏导决策提供了科学依据。[①]

3. 门票运用电子标签技术，提高入口通行速度

上海世博会在门票制作中引入电子标签的先进智能化技术，这种技术属

---

① 何连弟：《智能交通"网住"世博客流》，《文汇报》2010 年 8 月 18 日。

于一种非接触式的自动识别技术，大大提高了门票验票速度，满足了大客流高效检票的需要，避免园区出入口在出入园高峰期的人流拥堵现象，提高人员通过速度，减少人员集聚风险，为世博会园区运行创造了很好的环境。

4. 普遍运用现代通信技术，提高信息传递和发布的效率

园区大量使用先进视频指挥和通信技术手段，提高指挥与沟通的质量和效果，加强了指挥中心与一线的沟通和联系，提高了现场指挥的效率和质量，为处置各类突发事件提供了技术保障。园区大量设置 LED 显示屏，不断动态发布各类信息，及时告知和引导游客如何错峰、避险，如何自觉有序地入园参观，提高游客的抗风险能力。

五、加强园区的规划与设计，注重气候变化调整方案，控制自然系统的不利因素

1. 加强园区场馆规划和设计，始终将安全放在最高位置

园区场馆建设和运营过程将人的生命安全作为规划、设计的主线贯穿始终，在场馆建设中的选材、布展、接待游客等硬件建设和管理中注重安全，确保世博会园区硬件建设和管理围绕着安全开展，提高硬件的抗风险能力，从而保障游客的人身安全和财产安全。

2. 密切关注气候变化，及时调整运营方案，减少游客的暴露性

在世博会运行中专门设置了气象队伍和平台，动员各类专业队伍，运用先进技术，时刻关注天气变化，准确预测天气状况，及时调整世博会各类活动方案，降低高温、台风等恶劣天气对游客的负面影响，从而降低自然系统的脆弱性，提高园区运行系统的抗逆力。

时任上海市委主要领导对世博会公共安全风险管理的指示精神是每天做到"三找三定"（找差距、找问题、找隐患；定措施、定责任、定期限），要求所有管理者和参与者做到事前预测和防范，最终目标是保证世博会园区从

源头上控制风险，保证世博会园区运行秩序下沉、有序和可控。

从系统脆弱性理论视角来看，"三找"工作就是降低世博会运行系统面对灾害的暴露度，增强系统面对灾害的敏感度；"三定"工作就是通过完善方案，降低系统的暴露程度，提高抗逆力，最终控制运行系统的脆弱性，提高运行系统的抗风险能力。在这种风险管理理念指导下，将风险治理和应急准备工作落实到每天的工作中，力争做到每项工作精细化，保障园区安全运行。

六、世博会园区成功运行给城市公共安全风险治理带来的启示

世博会运行的经验非常丰富，体现在多个方面，通过对世博会园区运行和管理方面的经验和启示的梳理，可以看到世博会园区运行体系建设对城市公共安全风险治理模式创新具有重要借鉴意义。从世博会园区运行的模式和经验来看，加强对城市公共安全综合管理模式探索，有助于逐步实现城市公共安全风险治理大联动的模式，充分整合各种资源，提高城市公共安全风险治理的能力和水平。

1. 明确城市公共安全风险治理目标，树立为民服务的基本理念，淡化管理部门的权力意识

在城市公共安全风险治理综合平台建设上，明确各部门的职责，统一为民服务的意识，树立民众利益第一的理念，淡化管理部门的权力意识，强化各部门之间的职责整合，树立整体政府形象，解决条块分割的传统行政体制问题，优化公共服务流程，提高公共服务质量，最大限度地满足公众的社会需求，通过城市公共安全综合管理平台建设，建立以需求为导向的公共服务型政府，实现城市公共安全风险治理中公共服务产品有效供给模式的创新。

2. 加快现有城市公共安全风险治理体制改革，打破条块分割的传统管理格局，重点突出区级政府层面城市安全管理模式创新，建立综合性的城市安全管理模式

逐步建设大联动、综合性的城市公共安全运行指挥体系和模式，搭建包括公安、城管、公共卫生、环卫、市政、交通等与民生相关的城市公共安全管理综合性平台，突破原有条线、部门与块上的固有障碍和弊端，加强各部门之间的联动，实现资源有效整合，提高政府快速反应能力。

3. 完善各项机制，保障各部门、地区之间信息资源共享

从机制建设上保障城市综合平台上各部门之间信息共享，第一时间掌握城市公共安全风险治理中的各类事件及其背后的隐患、风险。公安部门在城市公共安全综合管理中具有信息反应最快、渠道最畅通、灵敏度最高的优势，因而要确保公安部门与其他各类城市管理部门之间信息共享，实现快速反应。在机制设计上，突破现有的公安部门社会信息垄断或相对封闭的局面，发挥公安部门信息收集和传递的优势，赋予城市管理职能部门更多的自主权，共享综合指挥平台的各类信息资源，充分发挥与民生相关的部门的职能，将公安部门从某些非警务事务中解脱出来，使权力得到有效的归位，更好地维护社会治安和秩序，提高城市公共安全综合管理水平。

4. 逐步推进城市安全管理工作重心下移，发挥基层在城市安全管理中的功能

在城市公共安全风险治理模式探索中，应充分发挥基层政府、社区的作用，充分调动基层的积极性。在城市公共安全风险治理中，坚持以条线专业部门为支撑，以块为重心。城市公共安全风险治理应突出重心下移，以块为主，发挥条线的支持和管理作用，做实做强区域性管理主体的力量。让乡镇、社区按照园区的二级指挥平台模式去做，加强基层队伍建设。从三个层面出发，将基层工作人员分为指挥层人员、管理层人员及操作层人员。除了发挥

政府公职人员的力量以外，可以将壮大社区力量和社会各种主体的力量作为有效补充，促进城市公共安全风险治理重心下移，直接为民众提供有效便捷的服务。同时，通过城市公共安全综合管理工作充分发挥基层的作用，将管理的触角延伸到广大的社区、单位，解决基层信息真空的问题。

5. 规范城市公共安全风险治理信息传递，增强城市公共安全风险治理工作的前瞻性和敏锐度

在城市公共安全风险治理中，始终坚持"第一时间收集信息、第一时间上报信息、第一时间采取措施"的原则。加强信息沟通与传递的规范化建设，畅通信息上报的渠道，保障城市主管部门及时获取信息，及时发现问题和隐患，及时做出决策，以最快速度控制事态或为民众提供有效服务，积极化解社会矛盾，始终掌握城市公共安全管理的主动权，保障社会稳定、和谐。另外可以统一信息报送机制，如在统一警务电话基础上，整合非警务电话。在城市管理中，除统一的警务电话外，还应设置家喻户晓的求助电话，提高城市公共安全风险治理中信息收集的效率和速度。

6. 加快城市公共安全风险治理制度创新，实行城市公共安全风险治理首问责任制

在政府提供公共服务方面，为了减少政府各部门之间的扯皮和推诿现象，提高为民众服务的水平和质量，强化首问责任制，要求各职能部门主动跨前一步，履行自己的责任。尽管有些事务可能超出自身的业务范围，但相关部门也要承担起责任，第一时间提供力所能及的服务，将无法履职的事务快速流转到城市管理统一指挥平台上，由指挥平台统一调度，综合协调，保障民众利益在第一时间得到有效维护。

7. 赋予城市公共安全风险治理综合指挥平台考核监督权，增强城市管理综合部门的权威性

要发挥城市公共安全风险治理综合指挥平台的功能，提高城市公共安全风险治理综合指挥平台的权威性，必须加强指挥平台的监督与考核权，尤其

是督促基层执行情况，追踪事件处置的过程，反馈事件的结果等。为此，从规范和制度上着手，增强指挥平台领导的权威性，强化其监控权和督促权，保证条线部门和基层政府能认真按照城市公共安全风险治理规范要求，履行提供公共服务产品的职能。

城市公共安全风险治理可以借鉴世博会园区运行和管理的经验，创新城市公共安全综合管理模式，打破原有管理部门权力格局，再造城市公共安全风险治理的流程，实现大联动、专业化、扁平化的快速反应管理模式，优化城市公共安全风险治理水平和质量，更好地履行政府公共服务职能。

第二节 大型活动公共安全风险管理实践的教训吸取
——以上海外滩"12·31"拥挤踩踏事件为例

大型活动公共安全风险主要产生于人员密集场所，人员过度密集、秩序混乱，由于管理失控，组织不当，从而出现大面积人员拥挤或踩踏现象，导致人员伤亡和财产损失。上海外滩"12·31"拥挤踩踏事件就是一起由于人员密集场所管理失控、组织失灵而引起的安全责任事件，反映了大型活动中人员管理的系统脆弱性。尽管当时上海没有举办大型活动，但是外滩由于人员过于密集而疏于管理出现了人员拥挤踩踏事件，教训深刻，值得深思与反省。

一、上海外滩"12·31"拥挤踩踏事件反映人员密集场所的系统脆弱性

2014年12月31日23时35分，上海市黄浦区外滩陈毅广场东南角通往黄浦江观景平台的人行通道阶梯处发生拥挤踩踏，造成36人死亡，49人

受伤。①

　　"12·31"外滩陈毅广场拥挤踩踏事件（以下简称"12·31"事件），"发生在敏感时间（除夕之夜辞旧迎新的时刻）、敏感地点（上海外滩陈毅广场）、敏感人群（伤亡主体是青年人和外地人）"，让全国人民格外痛惜。②2015年1月6日时任国务院副总理马凯在全国安全生产电视电话会议上讲话指出，这起事件社会影响极其恶劣。③1月21日，时任上海市委书记韩正说，"12·31"事件，发生在群众高高兴兴迎接新年之际，发生在上海的重要地标外滩，36名年轻人失去了宝贵的生命，这是血的教训，极其惨痛，我们无比痛心、内疚、自责。④

　　2015年1月21日，上海市政府联合调查组（以下简称调查组）对外发布了《"12·31"外滩陈毅广场拥挤踩踏事件调查报告》（以下简称《调查报告》），认定"这是一起对群众性活动预防准备不足、现场管理不力、应对处置不当而引发的拥挤踩踏并造成重大伤亡和严重后果的公共安全责任事件"。⑤《调查报告》指出："这起公共安全责任事件，后果极其严重，社会影响极其恶劣，教训极其深刻。""对事发当晚外滩风景区特别是陈毅广场人员聚集的情况，黄浦区政府和相关部门领导思想麻痹，严重缺乏公共安全风险防范意识，对重点公共场所可能存在的大量人员聚集风险未做评估，预防和应对准备严重缺失，事发当晚预警不力、应对措施不当，是这起拥挤踩踏事件发生的主要原因。"⑥

---

　　①　《"12·31"外滩陈毅广场拥挤踩踏事件调查报告》，《解放日报》2015年1月22日，第1版。上海市纪委、上海市监察局网站，见 http：//www.shjjjc.gov.cn/2015jjw/n2230/n2237/u1ai51007.html。

　　②　闪淳昌：《"12·31"上海外滩踩踏事件的调查与思考》，《江苏社会科学》2015年第4期。

　　③　《国务院副总理马凯：上海踩踏事件社会影响极其恶劣》，中国新闻网，2015年1月6日，见 http：//www.chinanews.com/gn/2015/01-06/6942274.shtml。

　　④　《"12·31"事件调查报告问责处理决定公布》，《解放日报》2015年1月22日，第1版。

　　⑤　《"12·31"外滩陈毅广场拥挤踩踏事件调查报告》，《解放日报》2015年1月22日，第1版。上海市纪委、上海市监察局网站，见 http：//www.shjjjc.gov.cn/2015jjw/n2230/n2237/u1ai51007.html。

　　⑥　颜维琦：《城市公共安全不得半点懈怠》，《光明日报》2015年1月22日。

二、安全文化和责任意识落实不够，社会系统脆弱性显现

1. 干部危机意识和责任心不到位，降低了干部对风险的敏感度

事件发生后，经过调查发现，城市部分管理者由于担心大型活动出事情，决定取消 2015 年新年倒计时活动，习惯性地认为活动取消了人们也不会来到外滩现场了，因而未有效地对变更后可能存在的风险进行识别和评估，在大型活动组织中出现思想麻痹、疏忽大意的现象，酿成踩踏事件的大祸。《调查报告》中指出，"领导干部思想麻痹是城市公共安全的最大隐患，安全责任落实不力是城市公共安全的最大威胁"。[①] 由于干部思想麻痹和责任落实不力，工作中对可能存在的风险缺乏有效的监控，使得对应急准备工作不到位，应急队伍和资源未能配置到位，等到事件发生时，基本上难以应对，从而出现了意想不到的危机事件。总之，政府在公共安全教育和安全文化上的缺位，集中体现在相关部门缺乏风险防范意识、应急准备不足上。公开的多个信息都已经透露出危险的信号，但是都被管理者忽视了，风险感知度差，应急准备不充分。外滩一直是上海最著名的景点及夜景区之一，曾经连续 3 年在对岸举行跨年灯光秀。近几年来，吸引了越来越多的人前往观赏，尤其是年轻人及外地游客。这次是灯光秀地点发生改变，且不说主管方关于灯光秀移址到外滩源举办的通知是否及时有效，对于外滩这样人群可能高度聚集地带不封锁主要路口控制人流量，显示出主管方对节假日公共场所安全风险把控不足，一旦现场人流超过预估容量，对如何分流、现场秩序维护和应急预警也是缺位。另外，针对事发当晚持续增加的人员流量，在现场现有警力配备明显不足的情况下，黄浦公安分局只对警力部署做了部分调整，没有采取其他有效措施，一直未向黄浦区政府和上海市公安局报告，未向上海市公安局提出增援需求，也未落实上海市公安局相关指令，处置措施不当，暴露出有关部门风险防范和感知意识的高度缺失。[②]

---

① 《"12·31"事件调查报告问责处理决定公布》，《解放日报》2015 年 1 月 22 日，第 1 版。
② 李泓冰、曹玲娟：《五问调查组，外滩之殇谁之过》，《人民日报》2015 年 1 月 22 日。

2. 公众的安全意识和安全素养不高，导致公众暴露性增强

在外滩现场明显出现人员高度聚集现象时，仍然有大量游客不顾个人安危涌向外滩，个人的自我安全保护能力下降导致现场秩序失控，出现大面积人员拥挤、对冲的现象，最终酿成灾难。这也反映了公共安全教育的缺位，导致民众安全意识薄弱、自救能力缺乏等。当时外滩陈毅广场东南角北侧人行通道阶梯处的单向通行警戒带被冲破，大量市民游客不顾现场值勤民警的劝阻，仍逆行涌上观景平台。上下人流不断对冲后在阶梯中间形成僵持，继而形成"浪涌"，并最终酿成踩踏惨剧。①

在"12·31"事件中，政府有关部门在公共安全教育方面缺位，集中体现在信息公开和信息发布上。首先，计划 12 月 31 日跨年迎新之际举办灯光秀，但黄浦区旅游局直至 12 月 30 日才正式发布官方消息，宣布变更活动地址，取消原有的跨年活动，这未能给予公众和游客足够的时间去了解信息，出现信息严重不对称的情况。其次，"12·31"事件让公众和媒体诟病的原因之一，就是相当多的游客甚至上海本地人都没搞清楚"外滩"和"外滩源"的区别；同时，政府机构只是发布"外滩源"的新年倒计时活动信息而不通知"外滩"新年倒计时活动取消的信息，这造成提示性旅游信息缺位。同时，在信息发布过程中，没有充分考虑受众的差异性。

三、事前风险管理工作不到位，管理系统的脆弱性集中爆发

1. 大型活动风险管理体制机制缺陷，导致大型活动风险暴露和危机产生

目前我国开放性公共场所安全管理大多采用一种"项目性""活动性"和"阶段性"的临时性动员机制，而非常态化的管理机制。由于大型公众活动容易引发人群聚集和拥挤，甚至造成生产安全事故，所以出于安全考虑，政府有关部门会预先采取各种措施管控人流，确保整个过程的安全。因此，这种

---

① 容志：《嵌入与整合：超大城市公共活动风险管理体系优化研究——从上海外滩陈毅广场踩踏事件切入》，《中国公共安全研究报告》2015 年第 7 期。

动员机制往往在某项大型公众活动中启动，强调针对特定活动时间和空间的安全保卫。显然，这就将常态化的管理排除在"大型活动安全管理"之外。[①] 这种动员性体制机制也存在不足。随着城市的快速发展、人口的积聚，以及商务活动的增多，各类大大小小的公共活动越来越多，而且非政府组织性的活动也日益增多。可以说，"有组织"和"没有组织"之间的边界越来越模糊。运动式管理体制机制面临的成本越来越高。更为重要的是，"大型活动→人群聚集→风险隐患"是一个简单的线性思维，虽然能覆盖大多数情况，但也存在管理"盲区"。现实中，人群的聚集可能并非仅仅是大型活动的结果，"认知惯性"（如城市特定区域的年度性跨年活动等）、自发行动或其他偶然事件都可能引起大量人群集聚，并进而形成公共安全风险状态。[②] 当后面这种情况发生时，安全管理机制不会迅速启动，管理资源必然缺乏有效整合，各项应急措施也必然无从谈起，可以说"运动化"安保机制的弊病就会暴露无遗。对一个特大型城市来说，需要建立一种常态化、全局性和综合性的公共安全管理体制，而非"运动化"的安保机制。在"12·31"事件中，运动化的安全管理体制机制成为风险失控的一个重要原因。[③]

其实，"运动化"的临时性动员机制隐含的内在背景是公共安全管理的碎片化困境。一方面，开放性公共场所安全管理往往涉及多个部门，需要强有力的协调机制和整合能力。另一方面，在我国现有的官僚科层体制下，协调工作往往无法在同级官员中达成，需要依靠更高的行政级别来完成。[④] 这就是部门协作的现实需求与现有体制"瓶颈"之间的矛盾。应该说，这一矛盾是始终存在的。只是在大型活动举办时（特别是政治属性较强的活动），由于自上而下的高度关注，主要领导牵头挂帅，有效整合各条线、条块部门的资源，形成了强大的工作合力，这一矛盾得以暂时解决。事实上，这也正是"运动

① 容志：《嵌入与整合：超大城市公共活动风险管理体系优化研究——从上海外滩陈毅广场踩踏事件切入》，《中国公共安全研究报告》2015 年第 7 期。
② 容志：《嵌入与整合：超大城市公共活动风险管理体系优化研究——从上海外滩陈毅广场踩踏事件切入》，《中国公共安全研究报告》2015 年第 7 期。
③ 容志：《嵌入与整合：超大城市公共活动风险管理体系优化研究——从上海外滩陈毅广场踩踏事件切入》，《中国公共安全研究报告》2015 年第 7 期。
④ 容志：《嵌入与整合：超大城市公共活动风险管理体系优化研究——从上海外滩陈毅广场踩踏事件切入》，《中国公共安全研究报告》2015 年第 7 期。

化"安保机制存在的内在必要性与合理性。因为这种动员机制能够起到协调联动、克服碎片化的作用。但是，当没有大型活动或者组织方、管理方不明确时，这种协调机制就会缺失，预案难以启动，资源就难以有效整合。在"12·31"事件中，这个矛盾不断强化，最终因为人流高密度聚集，又缺乏必要的限流管控措施，所以引发了踩踏悲剧。[①]

2．参与主体单一性，力量整合不到位

现有公共场所人群具体安全管理体制机制的参与主体呈现明显的单一性特征。从各种资料来看，大型群众公共活动是组织者、参与者、管理者等多方主体同时并存的巨系统、大体系。因此，其公共安全也必须依靠多方社会主体共同维护，而不仅仅是主办方和公安机关的责任。因此，构筑良好的公共安全文化氛围，形成公共安全共识是确保大型公共活动安全的不可或缺的前提和基础。[②]

3．对变更风险识别不到位，安全管理系统的敏感度下降

活动风险变更没有得到准确的识别，大型活动主办方在活动的空间、时间、性质发生变化时没有给予相应的关注。古人云："预则立，不预则废。"在城市安全管理中对风险的预测预判不到位，导致很多风险成为"想不到"的隐患，最终酿成大祸。

4．风险沟通有效性不足，降低了游客的抗逆力

在现有的风险沟通环节，政府部门还是习惯性地单项传递，而忽视民众的感受。在此次事件中，有关管理部门只是将大型活动的情况和信息单方面向社会公众"通知"，而缺乏"政府－社会"之间的良好互动。也就是说，如果政府部门只是单方面地进行安全警示，而不深入考虑公众的知晓度、理解

---

① 容志：《嵌入与整合：超大城市公共活动风险管理体系优化研究——从上海外滩陈毅广场踩踏事件切入》，《中国公共安全研究报告》2015年第7期。

② 容志：《嵌入与整合：超大城市公共活动风险管理体系优化研究——从上海外滩陈毅广场踩踏事件切入》，《中国公共安全研究报告》2015年第7期。

度和关注度，这种警示信息的实际效果就大打折扣。[1] 在"12·31"事件中，活动组织方——黄浦区政府于 2014 年 12 月 9 日第 76 次常务会议，通过了黄浦区旅游局制定的在外滩源举办新年倒计时活动的方案，但是，迟至 12 月 30 日上午 9 时 30 分，黄浦区新闻办才正式召开新闻发布会，由黄浦区旅游局对外发布新年倒计时活动信息。信息发布的渠道较为有限，未充分运用电视、广播、报纸等传统媒体及微博、微信等新媒体进行全覆盖性宣传。[2] 这种宣传活动的匆忙性和局限性制约了风险警示效果，导致大量市民（特别是外地游客和青年大学生）对新年倒计时活动的调整方案完全不知情，依然凭脑海印象或口口相传聚集到外滩风景区等待观赏新年跨年活动，这就与活动组织方的初衷完全背离。[3] 由此可见，风险沟通是降低各类活动中潜在风险的重要手段。

5. 对现场风险评估落实不力，现场系统的暴露性增强

随着外滩现场游客不断聚集，政府管理部门对现场可能存在的踩踏风险没有及时进行研判并采取有效措施；没有对监测人员流量变化情况及时进行研判、预警，未发布提示信息。紧急情况下，预案没有完全启动和响应，使得事件系统的脆弱性崩溃而酿成危机，导致外滩踩踏事件。

6. 现场风险处置不及时，游客的暴露性增强

上海市公安局黄浦分局及相应的主管部门面对现场人数不断上升的状况，并没有采取有效措施，反而行动迟缓，增兵不到位，队伍调集不及时，相应应急措施失灵；同时，没有有效地执行上级的封路管控指令，未形成独立的空间，导致现场人员大大超过外滩景区的最大承载量，安全风险超过阈值，最终酿成危机事件。

---

① 容志：《嵌入与整合：超大城市公共活动风险管理体系优化研究——从上海外滩陈毅广场踩踏事件切入》，《中国公共安全研究报告》2015 年第 7 期。

② 容志：《嵌入与整合：超大城市公共活动风险管理体系优化研究——从上海外滩陈毅广场踩踏事件切入》，《中国公共安全研究报告》2015 年第 7 期。

③ 容志：《嵌入与整合：超大城市公共活动风险管理体系优化研究——从上海外滩陈毅广场踩踏事件切入》，《中国公共安全研究报告》2015 年第 7 期。

四、监测预警技术运用不到位，技术系统的脆弱性暴露

根据系统脆弱性理论，技术系统不利因素主要是通过技术手段、技术设备和生产过程来控制的，外滩事件发生后，通过调查发现在现场预测预警技术、信息发布手段、风险沟通的载体等方面存在重大缺陷。

1. 监测预警技术不到位，管理方对风险敏感度不高

随着现场人员高度聚集，公安部门并未有效运用人流监测和预警技术辅助决策，现场人员完全依靠经验和目测手段进行监测和观察，监测预测的技术普遍缺乏科学性，致使预测预警工作有效性不强，出现现场监测人流量数据不准，难以为现场指挥决策提供依据，人员管理混乱，资源调度不到位的现象，最后导致现场管理力量不足，资源缺乏，削弱了现场的管控能力。

2. 现场人员疏导和隔离技术未得到充分运用，使得现场秩序失控

上海部分区县大型活动和人员密集场所主管部门在现场人员管控方面积累了丰富经验，创新了很多的管理手段，如硬隔离栏、蛇形排队区、开关式过马路、波段式放行等有效的人流管控方式，但此次由于警力及现场管控人员不足，难以启用大客流管理技术，于是现场的大客流逐渐失序，从而导致人员拥挤踩踏至死的悲剧。

五、周边环境及天气情况较差，自然系统的脆弱性显现

从外滩踩踏事件所处的自然系统环境不利影响来看，一是环境因素，是指存在于活动场所人、物系统外的物质、经济、信息的相关因素的总称。①自然环境。自然灾害除直接造成人员伤亡和财产损失外，还可能引发次生灾害（如恶劣天气引发人群挤踏等）。②周边环境。指活动场所周边的交通环境（如周边交通流量、交通枢纽设置）、周边人员密集场所、周边工业危险源等。天气冷、温度低影响了现场人员情绪的稳定性，降低了人群的抗逆力。

12月底，上海的天气比较冷而潮湿，人们户外活动面对灾害的暴露度提高，影响了现场人员的情绪和心理，为事件发生埋下了隐患。当一部分人冒寒风挤上外滩观景平台，听说没有迎新活动和灯光秀时，回撤向下挤，而平台下的人还未意识到问题的严重性，继续向平台上方拥挤，最终两股人流在观景平台的上下台阶处发生对冲，导致踩踏事件发生。

二是物的不安全状态。这里主要是现场空间规划布局中的问题及隐患。规划布局的内容包括场所的出入口、紧急出口、公共设施的位置，场所中不同功能区的布局（如等候区、售票厅、舞台、商店）；场所的结构和特征（楼体、电梯、坡道、桥、隧道、护栏、匝道、瓶颈、不同区域的梯度）；水电气热的管线情况；导向标识系统设置情况等。"在楼梯拐角、光线不良的狭窄通道、拱形桥等复杂地形处最易发生踩踏，在这些地方应积极设置标志牌和部署工作人员，预防踩踏事件的发生"。① 外滩是开放式的，难以形成封闭的空间，并且带台阶的观景平台中间没有隔离栏，增强了人群的暴露程度。外滩的规划和设计忽视了部分硬件的安全性，增强了人群的易损度，虽然现场人员聚集起来方便，但疏散困难，形成人员的积压集聚，为大面积踩踏事件发生埋下隐患和风险。

上海"12·31"外滩拥挤踩踏事件让我们更多地反思整个公共安全体系运行中的短板和薄弱环节。加强公共安全系统薄弱环节建设，有利于从源头上控制风险，消除隐患。该事件带来的反思如下：

一是要加强公共安全教育，提高避险能力。社会公众具有良好的公共安全意识和能力，是保证公共安全的基石。公共安全工作，教育要始终走在前面。安全教育和安全习惯养成是公共安全风险治理与应急管理的重要内容和基础，对于提高我国风险治理能力和应急管理水平具有至关重要的意义。为此，第一，要扎实开展应急管理政策法规宣传，把公共安全教育培训纳入党政干部与公务员培训的内容当中，加强培养各级领导和应急管理干部风险治理和应急处置的能力，开设与风险治理和应急处置相关的安全教育课程，普

---

① 陆峰、李明华、吴德根：《踩踏事故的防、避、救——上海外滩踩踏事件后的思考》，《中华灾害救援医学》2016年第4卷第2期。

及安全防范与应急救助知识，增强干部的安全责任感，使之熟悉和掌握风险治理和应急管理的各项能力。第二，要建立健全各地、各有关单位应急管理专门网站（网页），以公众喜闻乐见的形式宣传应急知识；开展面向公务员、专业人员和公众的网上培训，建设应急管理宣教培训网上平台。积极推进应急避险模拟体验馆建设，对公众进行体验性、感知性的宣传教育。[①] 第三，每年定期开展应急知识和应急技能竞赛，组织举办应急知识宣传专场文艺演出，营造"人人关注公共安全，人人参与安全防范"的社会氛围。总结应急知识宣讲活动经验，打造省、市、县（市、区）各级各类应急知识宣讲团，营造"齐学互助"的公共安全文化氛围。[②]

二是要建立公共活动和城市开放空间的常态化安全管理体制。为破解现实中组织动员临时性的问题，进一步夯实城市应急联动指挥中心的职责和功能，增强其应急整合、协调能力，成为真正的"指挥""联动"中心。进一步提高应急联动指挥平台的整合功能，发挥其"快速反应、协调联动"的独特优势。[③] 市、区两级联动中心需要对城市若干主要地区（如机场、高铁、码头、外滩、公园等）进行全天候实时监控，一旦发现问题，快速启动有关地域的专项预案，激活地区管理主体功能，调动有关资源，开展应急处置工作。

三是要强化公共活动和城市开放空间的风险管理体制。首先，要夯实城市安全运行的风险评估机制，改变完全由"条线"部门主导的各自为政的评估机制，形成综合部门与专业部门相结合的评估机制。从现实来看，要强化城市各级应急办的统筹功能，由其牵头开展若干重大区域、重大事件的风险评估活动，并形成预案，付诸实施。其次，要夯实城市安全运行的风险沟通机制。[④] 这一方面体现为必须构建一个横跨各部门的风险沟通机制强化政府部门之间的风险沟通，另一方面体现为强化政府与社会的风险沟通。再次，要夯实城市安全运行的风险监控机制，建立"市级—区级—街镇"三级安全预警体系。加强对城市各类重大风险源的监测和管控，夯实智能监控信息平台，

---

① 广东省政府办公厅：《关于深化应急管理宣教培训工作的意见》2012年4月。
② 广东省政府办公厅：《关于深化应急管理宣教培训工作的意见》2012年4月。
③ 容志：《嵌入与整合：超大城市公共活动风险管理体系优化研究——从上海外滩陈毅广场踩踏事件切入》，《中国公共安全研究报告》2015年第7期。
④ 容志：《公共安全管理体制的一个软肋》，《学习时报》2015年2月2日。

提高预报预测精准度。同时，进一步完善各类突发事件的预警响应机制，充分利用移动网络技术，提高预警发布效率，扩大预警发布范围，强化预警信息和社会主体行动方案的关联性。① 最后，要夯实城市安全运行的风险排除机制，切实推进城市轨道交通、机场车站、旅游景点、大型商场等人员密集场所的应急管理单元建设。依托城市网格化管理模式和大联动大联勤的机制，对应急管理单元内的风险隐患进行梳理，并加强应急管理队伍建设，不断提高应急管理人员的职业化、专业化水平，以保证能够准确研判态势，快速、准确地做出处置决策，及时排除风险隐患，保证城市公共活动和公共场所的有序、安全。②

　　四是要夯实公共活动和城市开放空间的应急准备体系。对城市公共安全管理者来说，面对城市公共活动和城市开放空间存在的各种风险，必须做好全方位的应对准备。重点是要做好预案建设和体系的准备，提高应急预案的科学性和协同性，增强突发事件应急处置演练的实战性。通过应急预案的制定、演练和实施，相关部门能够在突发事件处置演练中填补常态下的管理缝隙提高应急响应效率，形成统一、协调、分工、快速的应急体系。③ 针对超大城市中环境复杂、易于集中人群的开放性空间或单元，制定大客流风险防控专项预案，一旦客流超过临界点或发生恐慌、兴奋等群体情绪波动现象，就由专业应急管理部门和指挥人员启动预案，进行快速应急处置。因此，需要多部门、多层级针对公共活动或公共空间的突发事件进行联合应急演练，强化部门之间的协作、沟通，以及指挥系统的统合性和协调性，通过演练来弥补部门之间、体制之间的缝隙，强化黏合与整合。④

　　在对"12·31"事件进行评估的基础上，本书就做好公共安全特别是人员密集场所和人群聚集安全管理工作，深入吸取外滩踩踏事件的教训，进一

---

① 容志：《嵌入与整合：超大城市公共活动风险管理体系优化研究——从上海外滩陈毅广场踩踏事件切入》，《中国公共安全研究报告》2015 年第 7 期。
② 容志：《嵌入与整合：超大城市公共活动风险管理体系优化研究——从上海外滩陈毅广场踩踏事件切入》，《中国公共安全研究报告》2015 年第 7 期。
③ 容志：《嵌入与整合：超大城市公共活动风险管理体系优化研究——从上海外滩陈毅广场踩踏事件切入》，《中国公共安全研究报告》2015 年第 7 期。
④ 容志：《嵌入与整合：超大城市公共活动风险管理体系优化研究——从上海外滩陈毅广场踩踏事件切入》，《中国公共安全研究报告》2015 年第 7 期。

步强化以下工作：一是增强各级领导干部的安全意识和责任意识。要全面贯彻落实中央提出的安全发展理念。二是完善安全管理相关法律法规体系。进一步总结上海市公共场所人群聚集安全管理办法的经验和教训，组织修订完善《中华人民共和国突发事件应对法》《大型群众性活动安全管理条例》等，在立法中要重点加强对公共场所群众自发聚集活动管理，填补无组织群众活动的管理空白。三是利用科技手段提高安全管理水平。要运用互联网、云计算、大数据等现代信息技术，加快建立上下贯通、左右衔接、互联互通、信息共享、互有侧重、互为支撑的应急平台体系，强化信息共享和指挥协同，实现安全隐患实时检查、风险态势动态感知和预警信息快速发布。四是健全突发事件调查评估和学习机制。要细化《中华人民共和国突发事件应对法》相关规定，按照独立、权威、专业的原则，建立健全现代突发事件调查制度，以便全社会吸取教训。五是提高全社会公共安全意识和应急技能。进一步把公共安全知识纳入干部培训和国民教育体系，广泛开展公共安全知识进农村、进社区、进机关、进企业、进学校活动，建立重大危险源公示制度，提高全民安全意识和自我防范能力。

第三节 境外大型活动中防止踩踏事件的做法概览及借鉴

在分析上海大型活动及人员密集场所公共安全管理系统脆弱性控制实践的基础上，结合系统脆弱性理论分析境外国家和地区开展大型活动安全风险防控的经验做法，期待为大型活动公共安全风险治理提供借鉴。

一、大型活动中防止踩踏事件的成功做法之概览

国外一些大城市结合自己的特点，探索了一系列成功举办大型活动的经验和做法，始终将控制活动中存在的风险作为主线，从源头上确保大型活动的安全。

1. 以权威的法律规范和协调机构为保障

英国伦敦为了举办一年一度的大型庆典活动，由市长办公室统一决策和协调，运用门票限制的方法，限制客流量，保障重大活动安全。日本在2001年兵库县明石市夏季烟火大会发生踩踏事故后，国会专门修改《警备业法》和《国家公安委员会规则》，新增"踩踏警备"，设有一支专业的防踩踏警备队伍，专门用于大型活动中的人员疏导。英国法律规定严禁在足球赛场等大型活动场所附近出售酒类饮品，严禁醉汉入场观看比赛，这些法案至今仍有法律效力。完善的法制体系和权威的机构，为大型活动防止踩踏事故出现提供了政府和法制保障。

2. 设立一支专业而权威的秩序维护队伍

日本除了有一支专门设立的防踩踏警备部队以外，各城市警察署还设立了一支心理诱导部队（又称DJ警察），其职责是在人群嘈杂的地段使用巧妙的语言，疏导人们焦虑不安的情绪，引导人们听从指挥，让道、有序排队、缓行，避免出现拥挤和踩踏事故。[①] 综观各国，训练有素的专业警察队伍是维持秩序的重要保障。美国纽约警察是受过训练的专业人士，法律赋予警察在大型活动中的执法权。除治安警察外，医疗救护、消防队、缉毒和反恐警察及警犬也在现场随时应对紧急情况。加拿大埃德蒙顿市，在大型活动中除了警察外，到处都是穿着统一服装、拿着荧光棒的志愿者，指挥交通和维持现场秩序，避免发生人员踩踏事故。志愿者成为政府队伍以外的重要补充。

3. 量身定制切实可行的安全预案

德国大型活动主办方提前为活动量身定制安保方案，如柏林勃兰登堡门新年活动规定，进入相关区域者不得携带烟花爆竹。安全预案仅仅符合法律规定还不够，不同活动有不同的参与群体，活动策划时还要考虑参与群体的

---

① 张明宇：《踩踏事件的"德国思考"》，《中国安全生产报》2016年1月30日。

心理状态和活动特点等特殊因素。① 澳大利亚悉尼在制定安全预案时，会针对
对不同的人群进行目标细分，从而划分不同的区域来分散人流。通过安全预
案的制定和完善，降低现场人员聚集的风险。

4. 详尽而周密的现场控制方案

制定现场控制方案的目的有：一是严格限制人员数量。美国纽约时报广
场为避免人员过度密集，事前精准测算该广场的最大人员饱和度，当人员达
到一定规模时，限制人员进入，保障现场有足够的空间满足排队需要；英国
伦敦2013年有25万人到泰晤士河边观看新年焰火表演。在议会广场等人流
集中区域，有专人负责统计人数。如果人数达到各区块所能承载人数的上限，
将停止放行；德国柏林每年跨年夜和欧洲杯、世界杯等大型体育赛事时，会
在市中心主干道——六一七大街，划出一段大约两公里的封闭区域，用于举
办晚会或集体观赛活动。这些活动均严格控制人数，当人数达到上限时便关
闭各个入口，只许出不许进。② 二是梳理现场可能存在的风险。法国巴黎为保
证新年期间外出市民的安全，禁止销售烟花爆竹及一切易燃品。在人流密集
的香榭丽舍大街及埃菲尔铁塔附近区域，还禁止销售任何含有酒精的饮品，
这让可能滋事的"酒鬼"数量大大减少。③ 针对可能存在的恐怖风险，美国纽
约专门设立安检通道，防止恐怖袭击。三是科学设置现场安全隔离区域。美
国纽约将时报广场及附近街道分割成方块，分片控制人流，防止人群拥挤。
警察用防护栏将广场分片隔离，待容纳一定数量游客后，预留紧急通道，封
锁该片，只出不进，等大型活动结束后，按先外围后中心的原则有序疏散人
群。④ 更重要的是，警方在所有分割区中间都设立只允许警察和救护车进入的
通道，保证所有分割区在发生意外时，警察和救护人员能在第一时间抵达现
场。四是明确大型活动中的敏感点和重点区域。德国城市举办大型活动时必

---

① 新华网：《防止踩踏悲剧的一些经验》，见 http://politics.people.com.co/n/2015/0101/c7073
1-26311469.html.
② 张明宇：《踩踏事件的"德国思考"》，《中国安全生产报》2016年1月30日。
③ 王玲玲、周利敏：《公共安全、风险预防及治理策略选择——以"12·31"上海外滩踩踏事件
为例》，《广州大学学报（社会科学版）》2016年第12期。
④ 李大玖：《纽约时报广场如何避免踩踏》，《新华每日电讯》2015年1月3日。

须设置多个出入口，并把出入通道设为单行线，以隔离不同方向的人流。[1]

5. 重视常规宣传教育和及时准确的信息传递

澳大利亚悉尼为保障安全，警方提前两周通过传媒向公众普及安全知识，并告知人们届时将扩大无饮酒区域及警方将采取的措施等。这些举措让公众心中有数，增强自律。[2] 澳大利亚平时对公众的宣传教育，以及根据活动特点提前安排有针对性的防范措施，是有效降低踩踏骚乱事件发生概率的"预防针"。[3] 每年12月中旬，美国纽约市政府、警察局就开始在各地方电视台、网站等新闻媒体发布告示，要求所有前往时报广场的游客只能乘坐公共交通工具，并告知广场附近道路车辆限行的具体路段和时间，提醒游客不要携带大包物品和酒精饮料。[4] 并通过各传播手段告知现场的游客应该做什么、不能做什么，提高自我保护意识及遵守现场秩序。

6. 运用先进技术手段进行科学的预测预警

先进技术和方法包括两个层面：一是运用先进的科学技术手段（如通信技术、互联网技术、视频监控等）评估客流的数量、发展趋势和存在风险。决策者根据评估结果采取限流、管制或其他措施，提高大型活动预测预警水平。二是大型活动管理方法的运用。美国很多大学，特别是城市大学，都设有专门研究本地城市管理问题（包括大型活动组织和风险管理等）的专业，提出解决问题的建议和措施，供政府参考。

二、发达国家大型活动成功经验为改进城市大型活动安全风险管理提供指导

综观境外发达国家和地区的成功做法，借鉴发达国家大型活动成功经验，

---

① 阿碧：《踩踏之祸》，《检察风云》2015年第2期。
② 亚新：《练就硬功夫，打好预防针》，《中国质量报》2015年1月7日。
③ 方研：《国外防踩踏都有哪些经验》，《生命与灾害》2015年第1期。
④ 李大玖：《纽约时报广场如何避免踩踏》，《新华每日电讯》2015年1月3日。

可在以下几方面改进大型活动安全风险管理工作，提高大型活动风险管控能力。

1. 加强法律和制度建设，为大型活动举办提供权威的依据

首先，借鉴国外经验，提高大型活动法治化水平。为此，要完善相关法规和制度体系，尽快根据城市管理的需要完善大型群众性活动安全管理办法及配套实施细则，明确各类大型活动的管理层级、举办者责任、举办流程，同时赋予大型活动主管部门相应的执法权，强化对大型活动的监管。其次，对于公共开放空间或标志性景点，制定相应的规范明确相关责任主体，要求其在节假日可能面临大客流的环境下做出风险评估、人流预测、人员疏导及现场管控等方案，填补有组织的大型活动以外公共开放空间风险防控的空白。最后，健全大型活动的稳定风险评估制度，将"稳评"工作作为大型活动举办的前置环节及审批依据，制定大型活动举办中风险识别、评估及管理规范，确保活动方案的安全性和科学性。

2. 强化市、区县重大活动的领导机构和办事机构的职能，统一协调与管理大型活动

今后可将重大活动办公室作为市政府或区政府的重要管理机构，统一负责大型活动的规划、审批及执法监督，真正发挥市、区县两级重大活动主管机构的权威性。提高市、区县两级重大活动领导机构及办公室地位，赋予其应有的职责和权限，增加重大活动办公室的人员编制和经费保障，改进原有重大活动办公室人员少、地位低、监管力度弱等不足，改变仅公安部门为大型活动单一监管主体的局面，发挥大型活动管理机构的统筹规划、综合协调、监管执法的功能，突破条块之间、部门之间信息隔离、资源整合的"瓶颈"。

3. 加强大型活动管理专业化队伍建设，提高大型活动的管理职业化水平

借鉴国外大型活动举办经验，根据城市大型活动举办需要，有针对性地加强警察队伍大型活动安全保障的专业化和职业化培训，重点提高警察队伍的现场指挥、秩序维护、院前急救（也可明确规定"急救免责"）、心理疏导等技能。同时，建议培育市、区两级大型活动专业志愿者队伍，可以在大学生、年轻白领中培养专业的志愿者，重点培训志愿者沟通协调、维持秩序、医疗急救等方面的知识和技能，使他们成为警察队伍以外的有益补充。

4. 加强精细化管理，优化大型活动的现场管控方案

将完善的和精细化的现场管控方案作为大型活动举办的前提。发挥专家和警察等专业主体作用，细化大型活动区域的方案，包括测算活动场所的人口饱和度（根据理论界研究成果，室内达到 1 平方米/人，室外达到 0.75 平方米/人作为管控措施启动的标准）、精准预测活动场所人员、有效限制人员总量、采取分流措施、排查现场敏感点和风险源、设置安检通道和疏散通道、周边地区配套管控措施、响应等级调整等，确保现场管控方案科学合理，周密而详尽，保障现场管控方案切实可行。

5. 统一发布及时、准确的信息，加强公众的安全教育

根据国外大型活动成功举办的经验，大型活动主管机构应将信息发布和传播作为大型活动审查的重要内容，要求活动主办方通过各种媒体渠道，及时、准确地发布信息，提高信息发布的有效性，并对其信息发布的效果加强评估和监督。同时，可采取多种手段加强对公众防踩踏事故的安全教育，让所有参加活动的游客知道应该做什么，不能做什么，提高公众的自律能力和自救能力。另外，可以借鉴美国的做法，在大学、开放大学或者行政学院开设大城市公共安全风险管理专业教育，为城市大型活动安全管理提供专业人才。

6. 运用高科技的最新成果，提高大型活动风险预测预警的准确性

大型活动的技术含量直接影响活动的质量和效益。一是基于视频监控手段和 4G 通信技术，建立高科技的踩踏预防体系，识别和分析现场大型活动的人群风险，提高现场人员拥挤程度的预测水平，为应急准备、控制风险提供技术支撑。二是发挥大数据功能，有序引导人群行为。基于地理位置的大数据挖掘，在人群聚集的过程中，按照发生意外的概率大小，形成多个风险提

示等级，通过短信或微信以及其他互联网技术的应用，向人群中的个体发出安全提示或预警信息，提示风险等级及危害影响，有效疏散现场人群。①

---

① 邵骏逸等：《踩踏事故：规避与施救的科学》，《北京科技报》2015 年 1 月 12 日。

第六章 公共安全系统脆弱性控制与
重大事故风险源头治理的思路

公共安全管理系统脆弱性治理必须加大创新的力度，尤其是加大体制、机制、方法、意识等方面的创新，形成有利于安全管理管理部门之间信息沟通、资源共享、反应快速、力量整合的体制机制，探索适合公共安全管理的方法和工具体系，将重大事故背后的公共安全管理系统脆弱性控制在一定范围之内，降低公共安全事故爆发的风险，保障人民群众的生命和财产安全。为此，我们可以结合系统脆弱性理论，借鉴国内外重大事故风险防控经验，吸取重大事故或事件背后的教训，控制公共安全管理系统的脆弱性或不利因素，从源头上消除重大事故的风险和隐患。

要从源头上治理公共危机事件，除了控制受灾体的本身脆弱性以外，重点在于控制社会、管理、技术、自然等四个系统的不利因素，梳理影响公共安全系统脆弱性的因素，确定脆弱性对扰动因素的暴露程度，增强脆弱性系统的敏感度，系统地提高公共安全系统对扰动因素的抗逆力和恢复力，适应系统的多重扰动因素影响，保障公共安全系统稳定和平衡，从源头上治理危机事件风险生成的空间，平衡脆弱性与压力系统之间的关系，防止脆弱性在致灾因子扰动下突破安全阈值演变成危机事件。本章基于系统脆弱性理论，结合城市公共安全管理系统脆弱性控制的体制、机制及技术等方面的做法，探索公共安全管理系统脆弱性控制与重大事故治理的思路。

第一节 加强社会安全文化建设，控制社会系统的脆弱性

在公共安全系统脆弱性治理和重大事故治理中，首先要加强安全环境的塑造，重点要加强安全文化的建设，重视软件的运用和引领作用，发挥安全文化持久功效。

一、强化安全文化建设，为重大事故治理创造文化环境

要加强安全文化建设，首先应该明确安全文化的内涵，根据相关专家的观点，安全文化的内容主要包括安全观念文化（是指安全意识、安全理念、安全价值标准等深层的价值观）、安全制度文化（是指对人员的行为产生规范性、约束性影响和作用的规则）、安全行为文化（是指人们在生活和生产过程中的安全行为准则、思维方式、行为模式的表现）、安全物质（物态）文化（是指整个生产经营活动中使用的工具、原料、设备、设施等安全器物，是安全文化的表层部分）四个层面。[①] 以上关于安全文化的内涵界定，为我们明确了安全文化建设的方向和内容，今后的安全文化建设可以从观念、制度、行为和物质等四个层面进行努力，大力加强安全教育，明确安全责任；完善相关安全制度，规制安全管理；规范人的安全行为，完善安全的物质基础。最终通过多层面的努力，协同推进，共同建设安全文化，让安全文化逐渐渗透到公共安全管理的各个环节、各个流程，从系统内部建立起坚强的安全屏障，从源头上控制系统脆弱性，达到重大事故源头治理的目的。

二、加强公共安全意识引导，确立全社会重视安全的氛围

公共安全系统脆弱性控制需要有一个良好的公共安全氛围做保证，其中，

---

① 周学选：《企业的安全文化建设》，《现代企业文化》2010 年第 12 期。

公共安全意识的培育至关重要。近年来，从上海烟花爆竹禁放政策来看，公共安全意识是需要引导和培育的。上海市生态环境局发布的空气质量监测数据显示，2019年除夕（2月4日）夜间至大年初一（2月5日）凌晨，上海空气质量良好，PM2.5小时浓度维持在优级水平，大年初一0时至7时PM2.5浓度保持在20微克/立方米以下。据上海市环卫部门统计，2019年除夕夜至大年初一凌晨，上海共清扫烟花爆竹1024公斤，较2018年同期降低57%，外环以内道路两侧未清扫出烟花爆竹垃圾。这些数据的可喜变化，体现了市民公共意识的提高，是市民履行公共责任的结果。

从减少燃放烟花爆竹的成功事例来看，公共安全管理中很多工作可以从引导和培育市民公共意识着手，逐步改变市民的传统生活习惯，摒弃长期以来形成的不良风俗和行为，赢得市民对城市管理现代化的支持，这对优化和提高城市管理水平具有重要的现实意义。比如城市公共安全运行中不良行为等方面管理工作都可以通过引导和培育市民公共意识来改变市民的行为，将公共责任内化为市民的自觉行为和习惯，加深市民对城市管理的理解和认同，降低城市管理的成本，提高城市管理的效益和水平。因此，一是发挥市民公共意识在城市管理中的基础性作用。当前，应转变观念，改变传统的思维惯性，走出政策、法制"万能"的误区，发挥市民公共意识在城市管理中的基础性作用。二是发挥多元主体在市民公共意识培育中的作用。从春节减少燃放烟花爆竹来看，政府要求公务人员带头遵守规定，发挥了公务人员的示范和引领作用；人大代表、政协委员发挥了动员和督促作用；专家学者发挥了专业的指导作用；媒体发挥了社会动员作用等。市民积极响应号召改变燃放烟花爆竹的行为，形成了多元主体共同参与的格局。今后，还可以进一步发挥学校、社区、社会组织等主体在市民公共意识培育和引导中的作用，建构一个促进市民公共意识提高的无缝隙网络，发挥多元主体各自作用，共同推动市民公共意识提高。三是发掘政策设计的导向作用。市民公共意识的培育和引导，还需要发挥政策设计的导向作用。比如垃圾分类，可以发挥政策的激励和引导作用，通过经济的杠杆和利益的调节，引导市民提高公共意识和增强公共责任，推动市民自觉遵守垃圾分类的政策规定。通过政策的设计来培育和引导市民的公共意识，促进市民履行公共责任。四是发挥法制的保障作用。法制是倡导市民文明行为的最后底线，如果市民违背了城市公共责任的基本要求，就应受到法律的制裁。市民公共意识的培育和引导需要法制的保驾护航，否则，市民公共意识的培育和引导缺乏应有的刚性和强制性保障。与此同时，必须清醒地认识到，市民公共意识的提高不是一蹴而就的，需要一个长期积累的过程，需要政府、社会、企业、个人等多种主体积极参与和共同努力，为优化城市安全管理水平和安全能级创造软环境。

三、明确全社会安全责任，形成重视公共安全的社会环境

从特大城市公共安全风险管理和防控重大事故风险来看，要明确各种主体责任。第一，政府应承担主导责任。保障特大城市运行安全，维持社会正常秩序，保证市民生命和财产安全。从外滩拥挤踩踏事件来看，政府主管部门在新年来临之际，若能准确地预测和研判参加跨年活动的人流量，及时启动预案，采取有效防控措施，将可能存在的风险控制在一定范围内，事件发生的概率会大大降低。由此可见，政府应承担特大城市运行安全的主导责任，在城市运行安全管理中做到"早预判、早报告、早控制、早解决"，可以借鉴世博会运行中总结的"三找三定"（找问题、找隐患、找差距；定措施、定期限、定责任）的风险防控指导思想，将城市运行安全的各类风险要素梳理清楚，采取有效的措施及时化解风险，才能真正保证特大城市长远、可持续的安全运行。第二，市民担当主体责任。在保障特大城市运行安全时，每个市民也是重要责任主体，应担当其应有的责任，不能将一切安全保障职责寄托在政府或公共部门身上，毕竟政府的力量和能力也是有限的。在特大城市公共安全管理中，市民应遵守城市安全运行中的基本秩序，履行好个人应承担的义务和责任，为城市运行安全做出自己的贡献。在"12·31"外滩拥挤踩踏事件中，市民如果具备足够的危机意识和安全理念，一旦遇到人群高密度聚集的场景，就能敏锐地预测可能存在的风险，及时采取规避措施，快速撤离现场，做到自我防护，或在人员混杂的现场服从现场人员指挥，踩踏事件的后果可能就不一样了。如果市民遇到险情还可以自发组织起来，与现场指挥人员共同维护秩序或抢救伤员，保证大家的人身安全，为受伤人员争取宝

贵的时间,那么人员的伤亡情况也会大大改观。在今后的城市运行安全中,市民可履行公民主体责任,做好自身的防护工作,遵守社会公共秩序,积极协助主管部门做好安全管理工作,共同实现城市运行安全的目标。第三,市场主体分担参与责任。在特大城市运行安全管理中,市场主体的责任是不可或缺的。在各类重大节庆活动中,各种市场主体为了聚集人气和获得经济效益,组织一些大规模的促销活动,往往忽视了安全因素,给特大城市运行安全带来意想不到的隐患与风险。今后,商家或市场主体要履行参与安全管理的责任,提前安排好重大促销活动或其他商业活动的风险防范和控制工作,加强与政府部门的沟通,承担起参与保障城市运行安全的责任。第四,社会主体承担协同责任。特大城市运行安全是个庞大的系统工程,专业化程度越来越高,对管理者的要求也越来越高,但城市管理队伍的力量是有限的,难以满足人口日益增长、现代化程度越来越高的要求,这就需要广泛动员社会力量,尤其是各类志愿者组织的力量。世博会的成功举办,证明了"小白菜"(2010年上海世博会志愿者的昵称)功不可没。通过考察,在国外新年倒计时或者重大庆典活动中,除了警察等公职人员外,数量可观、统一标识的志愿者队伍也在维持现场秩序。志愿者组织有其自身的专业和人员的优势,成为特大城市大型群众性活动的重要依靠力量。反观外滩拥挤踩踏事件全过程,除了有限的警察和武警力量外,只有少量专业的志愿者队伍参与其中,可见,我们专业的志愿者队伍还很薄弱。今后在特大城市运行安全管理中,应加大培育志愿者队伍的力度,发动社会力量协同管理城市,为政府专业管理提供有益的补充。

从特大城市运行安全管理中可以看出,控制公共安全管理系统脆弱性,可以动员更多主体参与,明确各主体的责任,充分发挥各主体的作用,确保从源头上防范和控制重大事故风险。

四、加强公共危机教育,提高公众的抗风险能力

讲到危机教育的案例和实践,一定会想到汶川地震中安县桑枣中学教师、学生成功逃生的经典案例。在强烈地震使桑枣全镇152人遇难,在学校学生

宿舍、食堂和教学楼遭受严重损毁的情况下，该中学 2300 名师生无一人伤亡，学生用时 96 秒，从教学楼、实验楼疏散到地面，这归功于史上最牛校长叶志平。在叶志平的带领下，学校通过平时的教育和关注，强调防灾意识，安排大量预防性准备和经常性演练，提高学校师生的地震安全求生技能。学校在震前坚持安全隐患排查，及时进行危房加固和紧急疏散演练两大举措。危房加固减少了学生和老师在灾害中的暴露性，从而提高了学校系统的抗逆力；平时加强紧急疏散演练，提高了学生和老师的敏感性，增强了学生老师应对灾害的抵抗力，确保了系统脆弱性得到有效控制。这个案例就是经典的抗震危机教育成功案例，通过教育增强了孩子和教师的危机意识，提高了孩子们的逃生能力，关键时刻还做到了自救与互救。

另一个案例也充分说明了危机知识教育的重要性。据报道，在 2004 年印度洋海啸中，英国一位年仅 10 岁的小女孩凭自己在学校里所学的一点点地理知识，就预测出了即将发生的海啸，她立即让父母告诉宾馆服务员要求游客撤离海滩到安全地带，从而挽救了几百名游客的生命。这个小姑娘名叫蒂莉·史密斯，在海啸来临当天，她与父母在泰国普吉岛海滩度假。在海啸到来的前几分钟，蒂莉的脸上突然露出了惊恐之色。她跑过去对母亲说："妈妈，我们必须离开海滩，我想海啸即将来临。"她的父母将信将疑，问她为何能判断海啸要来。她说地理老师说过，海啸要来的前兆是海滩上海水有很多泡沫，海浪会一浪高过一浪，涨跌的速度特别快。这正是地理老师曾经描述的有关地震引发海啸的征兆。当初，在场的成年人对小女孩的说法都是半信半疑，但在蒂莉小姑娘的坚持下，她的父母相信了，然后告诉宾馆服务员，立即请宾馆服务员做工作，要求大家迅速撤离海滩到安全地带。当这几百名游客跑到安全地带时，海啸果然来了。这个 10 岁的小女孩用她掌握的一点知识创造了生命的奇迹。[①] 这个案例说明掌握预防危机知识能提高人们对风险的敏感性，增强抵抗力和抗逆力，从而提高人们对危机事件的风险控制力。

近年来，我们到美国现场考察与调研，近距离观察了身边的安全细节：夜间跑步的人穿着反光背心；骑车人戴头盔，自行车上装了闪光灯；砍树的

---

① 　谭伟、张刚等：《平时多一点教育，灾时保十分安全》，《民防苑》2006 年第 3 期。

园工，先给自己做好绳索保险，然后上树一根枝丫、一根枝丫依次锯掉，最后一棵大树只剩下树干，伐木工人再爬上树，从上到下一段一段锯断树干；①幼儿园老师用一根长绳将孩子拴好，牵着孩子的手过马路等。从安全管理的角度来看，只有重视自身安全，有充分的安全意识和自保能力，整个社会的安全才有坚实的根基。加强公共安全风险管理，最重要的是每个参与主体从意识、知识、技术和责任上做好准备，只有这样才能控制好各类危机事件。

五、树立规则和制度的权威性，增强对规则的敬畏感

从安全文化建设的内容来看，制度文化是安全文化建设的核心内容，很多的安全行为是靠制度和规则来规范的。尤其在城市运行和生产经营活动中，安全制度和规则是保障安全的重要法宝。安全规则和制度是确保风险控制在一定范围内的重要抓手。对公共安全管理系统来说，安全规则和制度往往减少脆弱性系统的暴露性，降低致灾因子的影响度，从而提高公共安全系统的抗逆力。

在美国波士顿，我经常观察到公交车司机停车后并走下来，手上提着两个长条形木头，弯着腰认真地将其挡在后面车轮的前后，避免因司机不在车里而车会自动滑行并引起交通事故。这种看上去很原始、简单的小细节，却是控制风险的有效手段。这就是司机遵守操作规程的基本做法，也确保了公交车在停车后不会出现意外事故。

美国市民遵守规则的案例主要体现在司机开车到十字路口无论有无红绿灯必须停车左右环顾；路边消防栓处、停车处出口及残疾人车位等处坚决不停车等，这些看似简单的现象背后反映了人们对规则的敬畏和对规范的遵守，每个人将外化的规则内化成自己的行为约束。在一个大家都遵守规则的文化环境里，"破窗效应"不容易出现，人们将别人的行为作为自己的参照来做出行为选择。如交通规则考试始终强调对人生命的尊重和保护，将安全作为取得驾照的核心主线，通过考试和实践将安全规则融入驾驶过程中。

---

① 谢飞君：《孩子走失之后……》，《解放日报》2015 年 10 月 13 日。

今后谈安全管理必须跳出设备更新、技术改进、制度完善、管理能力提升、环境变化等外在因素的框架，将更多的精力放在如何使安全制度和规则成为每个参与管理的个体从内心深处必须敬畏和尊崇的信条，成为每个个体必须坚守的底线，从而规范自身行为和养成安全习惯。未来有两件事可以坚持做：一是构建管用的安全制度体系，将制度化管理融入安全管理的全过程；二是提高制度的执行力和威慑力，加大违规的成本和代价，通过制度的执行来约束和规范个体行为，形成全社会重视安全规则和安全文化的氛围。

第二节 完善安全风险治理的制度和机制，控制管理系统的脆弱性

从控制管理系统脆弱性来看，机构建设、制度完善、流程规范、预案管理等具体环节的落实，有利于提高管理系统抗逆力，从源头上避免重大事故的隐患和风险。

一、加强基层风险治理组织机构建设，增强风险识别和发现功能

结合很多地方的经验来看，重大事故的源头治理必须强化前端的风险识别和风险发现工作，而一线的管理机构是风险和识别工作的重要载体，它们有与基层紧密联系的天然优势。从上海城市公共安全管理系统来看，基层风险识别和隐患排查工作主要由与公共安全相关的两个部门来实现，一是网格化管理中心；二是基层社会治安综合治理中心（综治中心）。这两个机构和组织在城市安全管理中承担着及时发现和识别各种风险，排查隐患的功能，并可以在第一时间整合资源有效防控风险，两个基层中心在公共安全背景下各自履行功能，为公共安全风险治理提供了有力支持。

（一）健全网格化管理中心，增强其基层风险识别和发现功能

从 2009 年下半年开始，上海市部分区县探索建立大联动模式，加快推进

基层综合服务管理平台——网格化管理中心建设，其基本内容是不改变现有的行政管理组织体制架构，也不改变政府各委办局的管理职责，而是基于先进的技术手段和网络平台建立网格化管理中心，通过队伍整合、管理联动、信息互通、资源共享等举措，实现信息准确采集、指挥高效正确、处置快速及时的目标。网格化管理平台建设是城市管理模式的创新，是基层综合治理机制创新的重要路径选择。网格化管理平台基本上是围绕着源头治理、动态管理和应急处置等三个环节设计的。

1. 完善管理组织架构，做到"条块"有机结合

奉贤区在区级层面建立城市社会安全管理和应急联动工作领导小组，成员由各相关委办局和各镇、开发区、社区主要负责人组成。各镇、开发区、社区，各相关委办局相应成立领导小组，同时组建区、镇、居（村）委三级大联动工作网络。区级层面将原区绿化市容局所属的城市网格化管理职能和区府办所属的应急管理职能进行整合，成立"奉贤区城市社会安全管理和应急联动中心"，增挂"上海市奉贤区城市网格化管理中心"牌子。全区有55个区级处置单位、12个镇级分中心、215个居村工作站，通过综合服务平台建设实现"条块"的有机整合。闵行区依照"条块结合，以块为主，统一协调，分级包块，责任明晰"的原则，在原有框架不变的前提下，积极创新和优化机制，实现组织机构再造的目标。在区级层面基于城管网格化平台和公安110指挥中心建立了大联动中心，即闵行区城市社会安全管理和应急联动中心，街镇层面13个联动分中心和社区层面520个居村委"大联动"工作站，三级大联动组织架构形成了三级网络，并积极发挥区"大联动"中心统一指挥、协调、监督的功能，整合各职能部门的信息资源、执法力量，建立了常态化行政执法和社会安全管理联动机制。[①]

2. 以网格化管理为手段，确保管理"重心"下移

上海市松江区以网格化管理为手段，在各镇建立大网、中网、小网、责

---

① 石竹：《一场城市综合管理的"大联动"——记上海市闵行区城市综合管理的创新机制》，《信息化建设》2011年第3期。

任区、工作站的网格责任体系，将派出所、交警中队、城管中心、工商所执法管理人员、协管力量和村居委会的工作人员，整合后分层次地全部纳入网格，并明确与责任区域相对应的责任人和工作职责。闵行区将全区大网划分成13张街镇中网，中网划分为由社区巡管网格和街面巡管网格组成的520个小网，小网下再设若干责任区或联动站点，从上到下建立了一张"横向到边、纵向到底"的城市基层管理网格。社区网格内，由社区民警组织社区"大联动"工作站成员共同参与防范宣传、警民相约、警情通报等活动。实现了街面和社区管理空间的无缝衔接，白天和夜晚管理的无缝衔接，市容城管和治安防控管理的无缝衔接，保障城市管理的力量和资源"下沉"，确保城市管理的"重心"下移。①

3. 注重力量整合，形成多元主体联动模式

闵行区在"条"上，实现区"大联动"中心统一指挥、协调、监督的功能，有效整合各职能部门的信息资源、执法力量，建立常态化行政执法联动机制。在"块"上，以街镇"大联动"分中心为平台，整合涉及城市社会安全管理各类协管力量，从以"条线管理"为主转变成以"街镇管理"为主。②通过大联动机制的网格化管理将各种力量整合到联动平台上，形成多元主体联动参与模式。

4. 优化管理流程，实现全过程管理

大联动大联勤机制和网格化管理平台运行实现了扁平化管理，减少了管理环节和流程。坚持主动发现问题—大联动平台指挥—现场队伍处置—大联动平台监督考核—结果反馈的主线，实现了流程优化，形成了一个闭环运行系统，减少了外来程序和流程因素的干扰，提高了社会安全管理的效率，降低了社会成本。③闵行区在管理方式上转变观念，切实发挥网格化管理平台和机制的作用，从问题处置向问题发现和风险识别延伸，从事后执法向前端服

①　陶振：《大都市管理综合执法的体制变迁与治理逻辑》，《上海行政学院学报》2017年第1期。
②　陶振：《大都市管理综合执法的体制变迁与治理逻辑》，《上海行政学院学报》2017年第1期。
③　徐枫：《创新城市综合治理联动机制》，《唯实（现代管理）》2017年第3期。

务管理和风险管控转变，突出重大安全隐患防范和风险控制，将风险治理和控制作为城市管理的重心，以信息化、网络化平台建设为支撑，将区、街镇、居村委大联动的三级网络有效串联起来，通过常态化的信息排查工作，实现常态化管理与应急管理的有机结合。

5. 增强信息化功能，提高大联动大联勤机制科技含量

闵行区依托区政务网，整合现有的巡防警务系统、安全生产、城管系统、危化物品管理系统等城市管理数字化资源，建立区城市社会安全管理和应急联动平台，及时采集和处理相关城市管理事件，形成信息收集、传递、应对、反馈和评估的运作流程，通过完善各种技术手段，力争实现区、街镇、社区等各级网络的高效联结，做到网络平台下联动部门和单位之间的信息共享、信息流转和各项工作联动合作。整合受理平台，开通"962000"民生热线，并接入12345上海市民热线，24小时一门式受理群众对城市管理问题的投诉建议，统一协调相关职能部门在规定时间内处置。

6. 建立健全考核机制，提升多元主体联动的效度

为确保大联动大联勤机制真正发挥实效，区县政府将各单位大联动工作绩效纳入目标管理考核。奉贤区为保障大联动高效运转，区政府及区大联动中心建立和健全了一整套管理办法和工作制度。2012年，区大联动中心联合区政府办、监察局等组成考核小组，根据《奉贤区城市管理和应急联动工作考核办法》制定目标内容，按照工作量大小，对联动单位进行考核，将考核结果作为领导班子和领导干部考核奖励的重要依据。[①]另外还建立了案件督办制度和媒体监督的联动机制。加强制度设计，通过考核监督，督促城市管理网格中的各类主体高效、有序联动，提高区域的城市综合服务管理水平，确保安全风险和隐患在第一时间得到发现和控制。

上海区县网格化管理平台建设的探索坚持以源头治理、风险防范为主，

---

① 《及时发现、联勤联动、快速处置——上海奉贤区依托网格化平台建立大联动机制》，《中国应急管理》2013年第9期。

常态与非常态结合，标本兼治、重在治本的思路，以网格化管理为载体、多元主体的参与为机制，社会化服务为方向，推进了基层综合治理机制的建设和创新，促进了基层社会安全管理水平的提升。当前尽管各区县大联动大联勤运行模式略有不同，但其核心理念和运行机制基本一致。大联动大联勤网格化管理平台的工作思路可以概括为管理力量大整合、社会服务大集中、信息采集大平台、矛盾隐患大排查、社会治安大联防、行政执法大联动。[①] 网格化管理平台科学地运用了智能化、社会化、市场化及专业化等多元化的资源，实现了城市公共管理服务、管理、执法为一体的城市社会安全管理模式。网格化管理平台建设坐实了基层公共管理的组织机构建设，实现了风险治理一张网，突出了风险发现和识别功能。

（二）加强基层综治中心建设，发挥其公共安全风险管理的作用

除了网格化管理中心建设与城市基层管理之外，中央对基层安全管理也有重要制度设计，那就是加强社会安全综合治理基层基础建设，对网格化管理进行补充和完善。《中央社会治安综合治理委员会关于进一步加强社会治安综合治理基层基础建设的若干意见》（中办发〔2009〕14号）等一系列规范性文件，明确将街镇基层社会治安综合治理的功能定位为创建街镇社会治安综合治理工作的评估体系和预测、预警机制，建立完善责任倒查机制，强化责任追究制度，把街镇综治中心建设成为具有收集信息、排查不稳定因素、指导基层防范、平安建设研判、综合治理指挥、党委政府参谋等六大功能的机构，并从制度安排、资源整合、运行机制、流程再造、信息系统等方面做了具体的安排。

在网格化管理中心平台建设日益受到重视的今天，社会综治基层基础工作还比较薄弱。概括来讲：一是基层工作、机构设置、力量配备、条件保障等有待进一步加强，一些基层综治组织弱化，人员、经费保障等体制性问题长期得不到解决，没人管理、没钱办事、没心思干事的现象仍然比较突出，

---

① 石竹：《一场城市综合管理的"大联动"——记上海市闵行区城市综合管理的创新机制》，《信息化建设》2011 年第 3 期。

对影响当地社会和谐稳定的突出矛盾和基本情况底数不清、情况不明、措施不到位；二是基层组织和群防群治队伍规范化建设有待加强，一些基层政权组织软弱涣散，少数基层干部作风不扎实，一些地方群防群治力量的社会化、职业化、规范化程度不高；三是基层维护社会和谐稳定的资源和力量还有待进一步整合，一些基层综治办协调各方、集聚力量的能力不强，有关部门的情报信息还没有实现共享共用，齐抓共管、相互配合的工作机制还没有完全建立起来。所有这些问题，都影响和制约着社会治安综合治理工作的开展，影响和制约着维稳工作措施在基层的贯彻落实，必须引起高度重视。

为了积极推进中央政策设计的落实和强化公共安全的思路，编织地方公共安全社会风险防控网络，解决基层综治干部的困惑，提高基层综治工作水平和公共安全能力，市级层面综治主管部门亟待做好制度设计，规范基层综治中心建设工作，为基层综治工作提供有效指导。具体的优化策略有：一是明确综治中心工作边界，发挥中心综合协调功能。市级主管部门应明确规定综治中心日常工作由平安办（综治办）承担，不宜将中心做成承担行政职能的实体，它是党委的协调部门，综治中心建设应守好自身的功能边界，外延不宜无限扩大，不宜将综治中心建设成为具体工作集中整治的牵头单位，不能代替职能部门的具体工作，要从源头上改变"综治中心是个筐，什么都往里面装"的局面，真正发挥好协调整合功能。

二是明确综治中心与网格化管理中心的"并列关系"，确保综治中心平台实体化运作，形成大联动小整合的格局。在基层社会管理中，两个中心只是分工不同而已。网格化管理中心的工作更多的是前端管理，包括发现问题、及时派单、考核监督；综治中心的工作主要是后端管理，包括矛盾化解、重点人员管控等工作的协调监督。综治中心可借助网格中心平台信息和资源高度集中的优势，发挥中心解决社会治安矛盾和平安建设问题的优势，最终形成城市管理中专项、具体的工作由网格化管理中心牵头，社会治安综合治理的工作由综治中心牵头，强化综治中心平台实体化运作，大联动小整合的格局。综治中心、网格化管理中心的负责人可由分管政法的党工委副书记兼任（或者综治中心主任由分管政法副书记兼任；网格化管理中心主任由街道办分管城市管理副主任兼任），提升资源整合与力量调度能力。

三是加强综治中心工作标准化建设，规范各部门的行为。综治中心是多个部门、多支队伍联合组成的综合管理服务平台，为了实现做实、做优、做强的目标，必须解决各自为政、资源分散的问题，统一规范管理，加强标准化建设，包括综治中心名称、标识、布局、制度、职责、系统的统一建设，实现运作流程规范化、考核奖惩制度化、工作联动信息化，有效整合社会管理资源，包括完善联席会议制度、创新监督考核机制、信息共享机制、拓宽社会主体参与渠道、健全人员物资保障机制等。

四是规范综治中心用人标准，大力发展专业化的社工队伍。针对综治中心各部门人员编制或用工形式（公务员、事业、聘用、协管、社工等）多样性的问题，尽量统一标准，在公务员、事业编制难以突破的情况下，其他管理人员尽可能统一用工，适当拓展专业社工队伍，做到管理方式和工作要求统一，调动各支队伍的积极性。

五是处理好平安办与综治办的关系，做大做强基层社区"公共安全"管理平台。当前，平安办可以在综治办的基础上翻牌（加挂"综治办"牌子，便于与上级综治办工作对接），行使原综治办的权力，由街道分管政法副书记兼任平安办主任及综治中心主任，平安办专职副主任兼任综治中心副主任并负责综治中心的日常运行工作，平安办主要借助综治中心平台协调和统筹信访、司法、公安、食药卫生、生产安全、消防安全、社区调解、社工管理、应急管理、地下空间管理等部门，从事基层社区"大公共安全"的相关管理工作。同时，可以明确综治中心与平安办是"前台"与"后台"的关系，加强相互之间的资源统筹、联动支撑，推动社区向窗口服务和平台服务转型，更好地为社区群众提供精准、优质、高效的基本公共服务。

通过网格化管理中心和基层综治中心建设，形成城市和社会安全管理的组织载体，承担基层安全系统风险发现和识别功能，实现基层公共安全风险管理全覆盖、隐患排查全布局，确保基层公共安全风险管理工作落到实处。实现网格化管理中心与基层综合治理中心功能互补、资源共享、安全共建的目标。

二、规范风险识别流程，强化隐患排查工作制度

风险治理工作的逻辑起点是识别和发现公共安全管理系统中的风险和隐患，从重大事故治理来看，事故治理的基础性工作就是识别风险源和排查隐患，在此基础上研究和设计防控方案，将风险和隐患控制在萌芽状态。因为很多事故的发生不是偶然的，是常态的风险和隐患积累到一定量的结果。根据西方著名的危机管理法则——海恩法则，每一起严重事故的背后，必然有29起轻微事故和300起未遂先兆以及1000起事故隐患。① 海恩法则进一步强调：重大事故的发生是量的积累的结果；再好的技术，再完美的规章，在实际操作层面，都无法取代人自身的素质和责任心。因而，在重大事故治理中，重点加大风险源的识别和隐患排查工作。

根据《中华人民共和国突发事件应对法》第二十条规定，县级人民政府应当对本行政区域内容易引发自然灾害、重大事故和公共卫生事件的危险源、危险区域进行调查、登记、风险评估，定期进行检查、监控，并责令有关单位采取安全防范措施。省级和设区的市级人民政府应当对本行政区域内容易引发特别重大、重大突发事件的危险源、危险区域进行调查、登记、风险评估，组织进行检查、监控，并责令有关单位采取安全防范措施。② 这从法理上明确了地方政府及各种责任主体风险治理的义务和行为规范，为各级政府开展风险治理工作提供法律指导。

全国很多地方根据法律法规要求，建立了风险识别和隐患排查机制。一方面是政府提出"四不两直"要求，即预先不发通知、不打招呼、不听汇报、不用陪同和接待，直奔基层、直插现场，③ 通过这种突击式、随机式的方式加强对地方政府与部门关于风险治理的工作监督，落实风险识别和隐患排查工作。另一方面是落实责任主体，明确风险治理的责任，规范和约束各级政府、

---

① 田宪义、马华兴：《浅谈制造盐企业如何提高安全事故预防水平》，《中国盐业》2016年第12期。

② 《中华人民共和国突发事件应对法》，法律出版社2007年版。

③ 汪文生：《水利工程建设安全监理工作探讨》，《江淮水利科技》2016年第10期。

企业、单位等主体的行为。

通过风险识别，采取有效措施控制系统的暴露性，降低系统的易损性，从而提高抗逆力。危险源的辨识是重大事故风险管理的核心内容和起点，也是主动开展重大事故风险管理的重要基础。

危险源识别具有一定的预见性和前瞻性，有利于对重大事故的预防与风险控制。危险源识别主要包含两方面的内容，一是要对存在危险源的业务活动及场所进行排查，二是要对危险源的类别进行考察。[①] 从方法上讲，危险源的识别可以有询问交谈、问卷调查、现场观察、查阅有关记录、获取外部信息、工作任务分析、材料性质和生产条件分析、系统安全分析等多种选择，但是每种方法从切入点和分析过程上都有其各自的适用范围或局限性，在辨识危险源的过程中，通常很难靠一种方法全面地识别其所存在的危险源，而往往需要综合运用两种或两种以上的方法。

危险源的评价是指在危险源被辨识和确认后，需要对其进行风险分析。一般来讲，对危险源的分析包括以下几个方面：第一，分析构成各类危险源的危险因素及其原因和机制；第二，分析各类危险源导致重大事故发生的概率；第三，评价重大事故发生后的后果；第四，评价重大事故发生概率和发生后果的联合作用和影响；第五，分析上述评价结果与安全目标值的差距，检查风险值是否达到可接受水平，否则需要采取控制措施，以降低危险水平。[②] 通过风险识别的评估制度化和流程化，有利于各类主体在公共安全管理中将风险治理工作常态化和规范化，从源头上治理重大事故的风险。

三、动员多元社会主体力量参与，加强基层或单位风险评估工作

公共安全系统脆弱性治理是一个庞大的系统工程，它需要各种参与主体共同努力，从重大生产事故治理来看，至少需要生产经营单位、职工、政府、行业协会等主体参与。随着中国安全生产法律法规和方针政策体系的完善，

---

① 钱新明、陈宝智：《重大危险源的辨识与控制》，《中国安全科学学报》1994 年 8 月。

② 吴宗之：《重大危险源控制技术研究现状及若干问题探讨》，《中国安全科学学报》1994 年 5 月。

逐步形成了以"生产经营单位负责、职工参与、政府监管、行业自律、社会监督和中介服务"为基本格局的重大事故治理风险管理模式。

1. 生产经营单位负责

生产经营单位负责是指生产经营单位积极贯彻"安全第一，预防为主"的安全生产方针，自觉遵守安全生产相关的法律、法规和标准，并根据自身的生产特征制定出适合本单位安全生产管理实践的企业规章制度，设置专门的安全生产管理机构，配备专职人员负责重大事故的风险管理。

生产经营单位必须遵守《中华人民共和国安全生产法》（以下简称《安全生产法》）和其他有关安全生产的法律、法规，加强安全生产管理，建立、健全安全生产责任制和安全生产规章制度，改善安全生产条件，推进安全生产标准化建设，提高安全生产水平。《安全生产法》第五条规定，生产经营单位的主要负责人对本单位的安全生产工作全面负责。

2. 职工参与

职工参与体现在两个方面，一方面是职工在劳动生产过程中履行相应的安全生产义务，另一方面是职工依据法律法规对自身在劳动生产过程中应该享有的安全权利和健康权利进行维护。职工通过履行相应的安全生产义务、主张和维护自身安全权利和健康权利，主动识别并拒绝从事生产生活过程中可能引发重大事故的风险行为，从而实现对重大事故风险的规避。

《安全生产法》第五十四条规定，从业人员在作业过程中，应当严格遵守本单位的安全生产规章制度和操作规程，服从管理，正确佩戴和使用劳动防护用品。第五十六条规定，从业人员发现事故隐患或者其他不安全因素，应当立即向现场安全生产管理人员或者本单位负责人报告；接到报告的人员应当及时予以处理。

3. 政府监管

政府监管是政府部门根据国家法律法规对企业安全生产职责的履行和安全生产法律法规、政策情况的执行进行监督和检查，对于违反了国家安全生产法律法规从而造成重大事故风险的企业根据其违法程度与情节做出限期整改、停产整顿甚至关闭企业等相应的处置措施。负责安全生产监管的政府职能部门通过设立专门的安全生产检查机构、派专职监察员深入企业调查事故隐患，以把事故风险控制在萌芽状态。

《安全生产法》第五十九条规定了政府的安全生产监督管理职能，即县级以上地方各级人民政府应当根据本行政区域内的安全生产状况，组织有关部门按照职责分工，对本行政区域内容易发生重大生产安全事故的生产经营单位进行严格检查。安全生产监督管理部门应当按照分类分级监督管理的要求，制订安全生产年度监督检查计划，并按照年度监督检查计划进行监督检查，及时处理事故隐患。这从法律上明确规定了各级政府在安全生产监管中的职责，为重大事故风险治理提供了法律依据。

4. 行业自律

行业自律是指相关产业的国家标准、行业标准对生产经营单位的经营、生产行为进行约束，以保证其经营、生产行为的安全性。任何生产经营单位从事安全设备的设计、制造、安装、使用、检测、维修、改造和报废等活动时，都必须遵守相关的国家标准和行业标准；任何企业生产、经营、运输、储存、使用危险物品或者处置废弃危险物品时，都必须执行有关法律法规和国家标准或者行业标准，建立专门的安全管理制度，采取可靠的安全措施，接受有关主管部门依法实施的监督管理。① 《安全生产法》规定了行业在安全监管中的义务和责任，从法律规范上确定了行业自律的依据。

5. 社会监督

重大事故风险管理方面的社会监督是指任何单位或个人、工会、居民自治组织、新闻媒体等都有对生产经营单位的安全生产事故风险进行监督和举报的权利。群众可以及时发现企业生产过程中可能存在的风险隐患，并向负责企业安全生产的部门和人员进行反馈，从而实现对重大事故风险的预警与

---

① 《中华人民共和国安全生产法》，《中国安全生产报》2014 年 12 月 2 日。

管理。根据《安全生产法》规定，任何单位或者个人对事故隐患或者安全生产违法行为，均有权向负有安全生产监督管理职责的部门报告或者举报。工会发现生产经营单位违章指挥、强令冒险作业或者发现事故隐患时，有权提出意见和建议，生产经营单位应当及时予以答复；居民委员会、村民委员会发现其所在区域内的生产经营单位存在事故隐患或者安全生产违法行为时，应当向当地人民政府或者有关部门报告。新闻、出版、广播、电影、电视等单位有进行安全生产公益宣传教育的义务，有对违反安全生产法律、法规的行为进行舆论监督的权利。① 以上内容从法律上规定了社会主体监督的责任和职责，无论是工会，还是公众或媒体都有对企业生产安全行为进行监督，并及时根据风险情况进行举报的责任。

6. 中介服务

中介服务是指具有执业资格的个人或者独立法人凭借自己的专业优势，为政府、企业甚至职工个人提供重大事故风险管理方面的咨询、科研、调查、教育培训、检测检验、评价、技术措施改造等服务，协助政府开展安全监督与管理工作，提高企业安全管理水平。《安全生产法》也明确规定，依法设立的为安全生产提供技术服务的中介机构，依照法律、行政法规和执业准则，接受生产经营单位的委托为其安全生产工作提供技术服务，承担安全评价、认证、检测、检验的机构应当具备国家规定的资质条件，并对其做出安全评价、认证、检测、检验的结果负责。② 这也从法律上规定了中介机构在安全生产运行时的职责，为中介参与安全管理和风险治理提供了规范与依据。

同时，为了保证城市运行安全，全国部分大城市试点社区风险评估工作。由政府牵头，坚持重心下移、力量下沉和社会协同治理原则，项目化运作，充分发挥市民、社会组织和专家的作用，规范社会评估流程，参与绘制风险地图，加强与民众的沟通。探索社区风险评估的标准化风险分析与评估。广泛动员社会资源开展社区风险评估工作，然后进行风险沟通，在此基础上做

---

① 《中华人民共和国安全生产法》，《司法业务文选》2002 年第 6 期。
② 《中华人民共和国安全生产法》，《司法业务文选》2002 年第 6 期。

出防控风险和脆弱性的方案，达到控制风险的目的。动员社会人员广泛参与，建立多元参与的合作理念，提高社区抗风险能力，推进社区风险治理工作。描绘社区风险图，在明确风险源和隐患后，加强风险沟通，做好预案，加强防范能力建设。这是加大城市基层管理制度创新的重要举措。

四、做实风险发展趋势的监测和研判，落实精细化管控方案

监测研判的重点是通过技术和制度预测未来可能存在的风险，提高安全系统的敏锐性，积极采取措施应对，降低系统的脆弱性暴露度，提高抗逆力。在风险监测的基础上，坐实风险趋势的研判，并根据研判的结果，提出风险管控方案，控制系统脆弱性，从源头上治理重大事故的风险。如美国纽约时报广场每年新年倒计时的大型活动中在管控风险方面有很多值得借鉴的地方。例如坐实监测工作，对可能存在的风险做精确的研判，落实精细化管控方案。主要有：①风险告之。每年12月中旬起，美国纽约市政府会通过电视台、网站等媒介发布告示，要求前往时报广场的游客只能乘坐公共交通工具，并告知广场附近车辆限行的路段和时间，提醒游客不要携带大包物品和酒精饮料。②培训队伍。美国大型活动安全防范预案制定有一套严密的程序，包括先期调查、任务陈述、场地巡查、形成方案和选择人员，基本做到"一活动、一方案"，然后在此基础上有针对性地挑选安保人员，对所有安保人员进行培训，将任务细化，保证每个安保人员明确自己的任务及基本操作规程，做到精细化管理；③限制人员。美国纽约在举办大型活动前，通过精准计算预测现场人员饱和度。在活动举办中，当人员达到一定规模时立即采取限流措施，从而保障现场留出足够空间，防止人群过度集聚。④管理技术。美国纽约将时报广场及附近街道分割成不同的方块，分片控制人流。警察用防护栏将广场分片隔离，在容纳一定数量游客后封锁片区，禁止继续进入。等活动结束后，按先外围后中心的原则有序疏散人群。警方还在所有分割区中间设立了只有警察和救护车可以进入的通道，确保发生意外时救援人员能第一时间抵达现场。广场划分若干区域，每个区域之间用栅栏分隔开来。同时保障每个方块的人群是单向流动的，并在高风险区域设置警示标志。⑤通信技术。近

年来，发达国家十分重视运用通信技术、互联网技术、视频监控、GIS等先进技术，评估大型活动客流数量、发展趋势和存在的风险，并根据评估结果做出限流、管制或其他措施，有效提高大型活动安全管理水平。

五、加强信息互通和信息值守工作，确保风险信息有效传递

上海"12·31"外滩踩踏事件发生的一个重要原因是事前信息发布和沟通不到位，出现了信息不对称的情况，致使大量的游客未获得迎新活动取消的准确消息，而出现了大面积人员聚集情况，由于当时地方政府应急准备活动考虑不周，最终酿成大祸，导致大面积人员伤亡事件。通过信息的传递，增强参与者的敏锐度，提高受众对不利因素的敏感性，从而采取有效措施以提高抗逆力，控制系统的脆弱性，增强抗风险能力。

第一层面：加强与民众沟通，确保公众掌握风险治理的主动权。关于风险信息沟通的重要性，可以结合2015年11月哈佛大学应对炸弹威胁与排队风险隐患的案例来阐述信息沟通的价值。在特定情况下，信息就是资源和知情权，也是应对风险的主动权。我当时亲身经历了应对炸弹威胁事件的全过程，深刻体会了信息传递和沟通顺畅为整个事件风险控制及安抚民众情绪起到的作用。2015年11月16日，美国东部时间中午12点23分，哈佛大学通过门户网站、电子邮箱、社交网站等网络平台，告知全体师生员工，收到一个未经证实的炸弹威胁，哈佛大学剑桥主校区的科学中心、佛楼、爱默生楼、塞尔堂4栋建筑物受到影响。随后，4栋建筑物的所有人员被紧急疏散，执法人员进入现场，并封锁了校园的所有出入口，经过5小时的仔细搜查，未发现炸弹并宣布恢复校园的正常秩序。

哈佛大学应对炸弹威胁事件的过程主要体现了以下几个特点：①坚持应对炸弹威胁的各类信息高度公开，确保所有师生及时获悉。经过统计，从收到威胁信件到专业防爆人员进驻现场进行排查的5个小时内，学校先后8次通过校园邮件和短信系统向师生员工通报信息，不间断地告知相关人员事件处置的进展情况，及时、透明、公开地公布事件进展情况，让师生对事件进展了如指掌。②高效运用即时通信技术，使信息传播更加畅通和快速。大学

管理部门在整个事件应对过程中，充分发挥学校网站、短信平台、网络社区等现代通信技术，形成全方位危机信息传播体系，及时准确传递信息，为消除恐慌情绪起到重要作用。③适时利用多种沟通渠道，引导公众疏散并指导避险方法。大学管理部门在公布事件进展信息的同时，配发了大量遇到恐怖袭击如何疏散、如何避险、如何及时报告等自救措施的提示信息。警察局和哈佛校园网站专门制作了遇到恐怖袭击时的"逃、躲、斗"三字应对方法的自救视频材料供公众学习。大学管理部门及时开展心理安抚工作，并对因反恐带来的不便表示歉意，消除了师生恐慌情绪，增强了反恐信心，这更加有利于管理部门争取公众对应对措施的理解和支持。哈佛大学的反恐案例说明了信息沟通在控制风险过程中的作用，通过信息传播，提高个体和受众的敏锐性，降低公众的暴露度，从而提高系统的抗逆力，达到控制风险的目的。哈佛反恐活动中的公开透明模式与理念值得公共安全管理者们借鉴。

第二层面：信息值守。从上海外滩踩踏事件可以看出，领导带班值守工作是事件预测防范的基础性工作。当时区政府领导没有安排带班，区政府部门报告制度没有落实，导致事件发生后，领导没能及时到达现场，延误了及时处置的时间，显得非常被动，这成为事后追责的重要依据。《上海市实施〈中华人民共和国突发事件应对法〉办法》第二十三条规定，各级人民政府、街道办事处以及承担突发事件处置职能部门和单位，应当建立二十四小时值守应急制度。①

六、做好事件或事故情景构建，加强预案制定与演练

应急准备的重要抓手是应急预案的制定与演练。做好社区、基层可能存在风险的情景规划，在此基础上做好预案工作。预案是为了降低公共安全系统的暴露性，提高系统的抗逆力，从而控制脆弱性，达到治理重大事故风险的目的。预案是针对可能出现的重大事件、事故或灾害等风险，为了实现快

---

① 《上海市实施〈中华人民共和国突发事件应对法〉办法》，《上海市人民代表大会常务委员会公报》2012年12月31日。

速、高效、有序地开展事件应急处置和紧急救援活动，降低事故带来的损失而预先制定的有关行动计划或执行方案，为应急响应行动提供指南和准则，使事件处置过程规范合理。编制预案的主要目的是辨识和评估潜在的重大危险。

2013 年，国务院颁布《突发事件应急预案管理办法》，其中第十五条规定，编制应急预案应当在开展风险评估和应急资源调查的基础上进行。

（1）风险评估。根据《突发事件应急预案管理办法》规定风险评估就是针对突发事件特点，识别事件的危害因素，判断事件发生的可能性，分析事件可能产生的直接后果以及次生、衍生后果，评估各种后果的危害程度，判定风险级别，提出控制风险、治理隐患的措施。[①] 风险评估是预案制定的重要基础，风险评估的质量直接决定预案制定和管理的可操作性和科学性，为预案制定提供最直接的素材。

（2）应急资源调查。应急资源调查是应急预案启动的保障，预案能否付诸实施，关键在于能否有充足的资源保障，这就需要对预案启动的资源进行全面的分析和梳理。全面调查本区域、本部门、本单位第一时间可调用的应急队伍、装备、物资、场所等应急资源状况和合作区域内可请求援助的应急资源状况。[②]

在重视预案编制的基础上，很多部门和单位在探索预案编制的科学性。当前，危机管理学术界非常重视突发事件的情景构建理论，把它作为应急准备的重要环节，在重大突发事件情景构建的基础上制定预案，提高预案制定的科学性和有效性。情景构建实质上是危害识别和风险分析过程，根据突发事件存在风险的可能性，设计和构建事件发生时的情景，根据存在的情景进行预案编制和演练。基于"情景"的应急预案编制本质上是危害识别和风险管理的过程，其主要内容包括特殊风险分析、脆弱性分析和综合应急能力评估三大部分，这三大部分都为应急预案的制定提供了重要的技术支撑。突发事件情景清晰地刻画了未来可能面对的最主要威胁和挑战，描述一些突发事

---

① 《突发事件应急预案管理办法》，《林业劳动安全》2013 年第 11 期。
② 《突发事件应急预案管理办法》，《林业劳动安全》2013 年第 11 期。

件可预期的演变过程和可能涌现的"焦点事件",事件情景所提供的地质、地理条件,社会环境和气象条件,都可成为制定应急预案的重要参考。[①] 通过情景构建清晰地描述出未来可能发生的各种事故或事件的场景,根据场景制定预案,提高了预案的针对性和科学性,为预案未来的响应提供了坚实的基础。

现在很多地方和部门非常重视预案演练,将预案演练作为应急准备工作的重要一环,将预案演练作为熟悉流程、检验预案和发现问题的抓手和工具。当前运用比较多的是桌面推演、指挥部演练和实战演练。随着演练工作的普及,基层干部应对风险的意识和能力大大增强。

预案编制是公共安全风险管理的重要载体,也是风险梳理和隐患排查的重要抓手。预案演练的过程是资源排列组合的过程,是整合资源和强化意识的基础性工作。预案编制和演练是公共安全系统脆弱性治理的基础性工作。

七、优化重大事故调查制度,做好风险治理的反思与改进

控制公共安全管理系统脆弱性,除了从源头上治理事故的风险外,还有一项重要工作就是在事故发生后,反思和剖析事故发生的原因,吸取事故防控的教训,进一步提升未来事故治理的能力。因而,当前的事故调查不能仅满足于追究相关人员的责任,更重要的是从体制机制着手,完善重大事故风险防控体系。

近年来,全国各地生产安全事故频发,给人民生命和财产带来巨大损失。随着事故的发生,各级政府迅速启动事故调查程序,就事故的事实、原因、责任及改进建议等方面形成调查报告,然后根据事故的直接和间接原因追究相关领导的责任,并在全国各个层面开展系列运动式的安全检查和风险排查工作,对事故的预防起到一定的作用。但当人们对前面事故逐步淡忘时,又一起事故或许不期而至,重大事故管理又重复着原有的轨迹和路径,这也反映出我们在重大事故调查及其后续改进环节的有效性方面尚存在缺陷和突出问题,大大影响了重大事故风险管理和控制的能力。综观现有的调查工作流

---

① 刘铁民:《重大突发事件情景规划与构建研究》,《中国应急管理》2012 年第 4 期。

程和机制，发现重大事故调查制度存在以下突出问题：

一是"重"体制内人员参与"轻"第三方介入。重大事故一旦发生，政府主管部门立即成立临时性的调查组织，其成员主要来自上级政府部门、安全监管部门、司法部门等体制内人员，临时聘请一些相关领域的专家，整个过程是相对封闭的，其他利益相关者及公众参与度比较低。在这种"自查自纠式"的调查过程中，各种错综复杂的利益交织在一起，难免会出现调查组成员和被调查对象之间的利益博弈，这多少会影响事故调查的公正性。同时参与调查的专业人员大多是临时聘请的，对调查人员资格没有严格的规定，这些因素在某种程度上会影响调查结论的权威性和科学性。

二是"重"责任主体认定"轻"技术层面论证。一般来说，事故调查过程应包括两方面内容：一是主观方面，相关主体责任认定，即事故的事实与原因分析，确定相关主体的责任；二是客观方面，事故背后的技术和专业问题论证。在重大事故调查中，受强大外在压力的影响，事故调查工作重心往往放在梳理事实、剖析原因、明确责任等方面，更加注重结果，偏于责任认定和追究责任人等方面。而事故调查本身是一种专业性非常强的工作，有些技术问题需要时间和空间去论证，而在短时间内完成大量专业性、技术性的分析工作，显然是难以完成的任务，这大大影响了事故调查背后的科学论证、技术判断等方面的工作，使得调查报告往往忽视事故调查中更重要的专业技术等方面的内容，这势必会影响事故调查报告的质量。

三是"重"事故原因分析"轻"优化改进措施。综观国内每次重大事故调查报告，大部分内容都是关于事故背后的原因及相关主体责任认定的，具体原因分析过于模板化和格式化，如大多分析结果是安全意识缺乏、安全生产主体责任未落实、安全规章制度不健全、监管不力等，对未来改进工作缺乏有效的指导。尤其是对事故防范和风险防控等方面改进的具体措施更是抽象、笼统，不宜操作，而这方面恰恰对事故预防和风险控制有重要的借鉴意义和价值，这也是事故本身对安全管理带来的"正效应"，但在现实中的重视明显不够。

四是"重"短期应急回应"轻"未来长效制度建设。我国《生产安全事故报告和调查处理条例》第二十九条明确规定，事故调查组应当自事故发生之日起 60 日内提交事故调查报告；特殊情况下，经负责事故调查的人民政府批准，提交事故调查报告的期限可以适当延长，但延长的期限最长不超过 60日。当前，处在新媒体时代，事故一旦发生，就会在瞬间快速扩散传播，成为社会各界普遍关注的焦点、公众热切议论的热点，媒体和公众最关心的是事故信息是否透明，哪些部门和领导应承担责任及追究何种责任等，给事故调查留下的时间和空间非常有限。因而，大多数事故调查必须迅速对社会的关切做出有效回应，致使事故调查工作很多是应急式、短期性的。从重大事故风险管理来看，对调查中发现的问题和缺陷如何从制度或体制机制上加以完善，如何从源头消除隐患、控制风险及彻底消除危机事件，才是重大事故调查工作的真正价值。

基于以上重大事故调查中存在的突出问题，结合美国等发达国家重大事故调查经验，梳理完善我国重大事故调查制度的对策建议，为今后控制公共安全系统脆弱性和防控重大事故风险提供反思依据。

（1）尽快制定或完善重大事故调查的法律法规，严格规范事故调查全过程。我国事故调查以《生产安全事故报告和调查处理条例》为依据，对事故调查主体、程序、专家资格等方面规定得不够全面和权威。当前可以人大立法或授权立法形式出台一部事故调查方面的法规，对事故调查过程行为做专门、统一的规定，建立符合我国国情的事故调查体制，加强事故调查工作机制建设，坚持尊重事实、尊重科学、尊重规律的原则，保证调查过程和结论在权威公正的前提下，向社会公开，接受社会的监督。同时，完善事故调查主体、调查期限、调查内容、责任认定、听证、结果公布等一系列制度内容，规范事故调查过程，提高事故调查的权威性和规范性。

（2）成立国家和地方层面专门的事故调查委员会，建立一支稳定且专业的调查队伍。在组织机构上，国家和地方可成立专门事故调查委员会，该委员会应保持相对的权威性、稳定性和独立性，不属于任何部门，同时接受人大或同级政府的监督，避免调查委员会成为临时性的机构，杜绝出现"自己调查自己"和调查结果偏颇的情况，打破事故调查背后的利益樊篱，保证调查的公正性和权威性。在队伍方面，着手提高调查人员的专业化程度。借鉴国外成熟的调查人员队伍建设的做法，实行事故调查人员准入资格制度，提高事故调查人员的从业门槛，从具有丰富专业工作经验的队伍中选拔，比如公务员、企业管理人员、专业工程师、工业安全专家等队伍，并经专业培训取得调查人员资格后方可参与事故调查。解决当前事故调查中人员"临时工"现象，保证事故调查队伍的稳定性，提高事故调查的质量和效果。

（3）吸纳更多主体参与事故调查过程，保证事故调查过程的开放性和透明度。据现有资料可知，美国国家运输安全委员会（NTSB）在事故调查中，会根据需要适时召开事故听证会，听取各方意见和民意民愿，吸纳更多主体参与，再由 NTSB 独立形成事故调查报告。① 今后，在重大事故调查中，除了吸纳专业人士对事故背后的技术细节进行专门检测和验证以外，还可以吸纳媒体与公众，尤其是遇难者、受伤者家属参与调查，向伤亡家属及时通报调查进展情况，接待和解答各方疑问，必要时可以召开专家听证会，对专业性的疑问进行解释，力争拿出一份经得起历史考验、多方能接受的调查报告。

（4）重点探究事故背后制度缺陷和技术失效的因素，注重重大事故长效风险防控机制建设。综观发达国家调查报告，它们更多地陈述事故经过、事故调查过程、事故原因分析、事故的直接原因和间接原因，在此基础上提出详尽的、非常实用的和可操作的改进建议和优化措施，这对控制未来事故风险具有宝贵的专业参考价值。在今后的重大事故调查过程中，应重视事故原因，重点探究事故背后的制度缺陷和技术失效的深层诱因，提出具有指导意义的建议或改进措施，包括改善工艺流程、优化设备设施、改进安全管理制度等各项措施和机制，达到控制事故风险、预防同类事故发生的目的，这些成果最终能成为相关部门的标准、政策或者法律，为今后重大事故风险管理和应急处置提供长效制度保障。

总之，重大事故调查不能仅满足于追究相关人员的责任，更重要的是剖析事故成因和制度缺陷，为建章立制提供政策建议和对策思路，为今后重大事故风险管控提供制度保证，减少重大事故发生的概率和风险。从源头上防止事故的反复发生，提高公共安全管理水平，保障人民利益和社会和谐。

---

① 何铁军：《航空事故调查的法律问题分析》，《黑龙江省政法管理干部学院学报》2015 年第 7 期。

第三节　创新风险治理机制、技术与手段，
控制技术系统的脆弱性

公共安全管理系统脆弱性的控制依赖于技术系统不利因素的控制，这就需要创新风险治理的机制、技术与手段，提高风险治理的水平和能力，从而控制重大事故产生的风险。

一、健全网格化管理与大联动大联勤机制，提高风险发现和识别的技术水平

以上海城市网格化管理与大联动大联勤机制运行为例，上海根据城市管理网格化模式的要求，结合上海城市管理的特点，特制定了《上海市城市网格化管理实施暂行办法》（以下简称《办法》）及后来的《上海市城市网格化管理办法》，从制度和规范上明确了上海城市网格化管理的内容及特征，具体如下：

城市网格化管理根据其运作特征可以概括为"一支队伍""一张网格""两类对象""三大功能"。

"一支队伍"是指由区（县）网格化管理机构按照市建设交通行政管理部门统一要求设立一支网格监督员队伍，并由网格监督员按照全市统一的工作规范和实务操作流程，承担日常巡查任务，履行发现城市管理问题、传送巡查信息、进行现场核实等职责。

"一张网格"是指按照标准将城市管理范围划分为边界清晰、大小适当的一个个网格状区域，成为城市网格化管理的地理基本单位，确定网格监督员巡视的责任区域。

"两类对象"是指适用于城市网格化管理、网格监督员应当巡视的、按照标准确定的"部件"和"事件"；其中，"部件"包括窨井盖、消火栓、行道

树、加油站等与城市运行和管理相关的公共设施、设备，目前已确定了88种；① 事件是指占道无照经营、毁绿占绿、违法搭建、非法客运等已经发生或可能发生的影响公共管理秩序的行为，以及暴露垃圾、道路破损、墙面污损等影响市容环境的状态；目前，已确定的适用于城市网格化管理的事件共32类。② 网格监督员巡视的任务就是发现其巡视的责任区域内的"部件"是否出现缺失、破损、毁坏等问题，以及是否发生或存在违反公共管理法律规定的行为、现象等"事件"。

"三大功能"是指城市网格化管理制度设计是在既有行政管理体制及其功能基础上，增加了"发现（问题）、分派（案件）、监督（处置）"三大新功能，以督促既有行政管理的运作更为有效。一是发现问题，即指网格监督员在责任网格区域进行日常巡查中发现"部件"和"事件"存在问题时，通过手持通信设备立即进行拍照、录音或者摄像，并即时将信息传送至区（县）网格化管理机构；③ 二是分派案件，即指区（县）网格化管理机构收到"问题"信息后及时立案，并将案件分派给负有相关处置职能的行政管理部门或者环卫、燃气、供排水、电力、通信等公共服务单位，依法依规处置；三是监督处置，即由网格化管理机构派出监督员对上述行政部门和单位处置案件情况巡视检查，动员各种资源和主体形成常态评价机制，定期评价，督促各单位和部门履职，并使评价结果与相应的城市管理目标考核或者行业管理考核相联系。

从上海城市管理中风险治理和应急处置来看，上海区县大联动大联勤机制以"整合资源、联动协作、提高效率"为指导思想，注重"网格化管理、合成化管理、源头管理、信息化管理"的工作理念，创新了"综合领导权威化、发现渠道多元化、事件处置网格化、联合执法常态化、协同作战一体化、信息传递科技化"的工作模式，在管理理念和效果上，初步实现了城市管理体制和方式的"四个转变"，即管理架构从"条线为主"向"以块为主"转变，管理内涵从"单一"向"综合"转变，管理模式从"粗放式"向"精细

---

① 《上海市城市网格化管理办法》，《上海市人民政府公报》2013年8月5日。
② 《上海市城市网格化管理办法》，《上海市人民政府公报》2013年8月5日。
③ 《上海市城市网格化管理办法》，《上海市人民政府公报》2013年8月5日。

化"转变，从"事后执法"向"前端服务管理"转变。上海区县大联动大联勤机制是城市基层综合治理机制创新的重要路径选择，是政府管理模式创新的有效探索，该机制坚持源头治理，关口前移、预防为主、标本兼治、重在治本，以网格化管理、多元主体参与、社会化和市场化服务为方向，以满足公民需求为主导理念，以信息技术为手段，以协调、整合和责任为策略，实现了城市社会安全管理中各种力量联动和整合，体现了城市管理整体性治理的内在要求，有利于提高城市综合服务管理的科学化水平。公共安全管理系统中基层社会公共安全机制创新主要体现在以下几方面：

1. 管理理念创新

基层综合治理机制创新要以问题发现为导向，以解决民众关切的问题为路径，以满足民众的需求为目标，提高政府的回应性。基层综合治理机制突出强调主动发现问题，健全矛盾隐患排查机制，可通过日常网格化联勤和小联勤巡防，及时发现、快速处置，突出源头管理、前端管理。实现被动整治转为主动治理，将矛盾控制在萌芽状态，将过去的联合整治由突击开展转变为常态集中，通过条上联动、块上巩固，有效强化对城市管理"老大难"问题的长效工作机制建设，掌握社会安全管理的主动权，满足民众的社会需求，为民众提供有效的公共服务产品。

2. 管理流程再造

基层综合治理机制创新的核心要以实现政府组织的扁平化运作，进一步减少政府中间的管理层级、扩大管理幅度，达到政府与民众直接沟通、互动和服务的目的。基层综合治理机制应逐步打破政府职能边界的划分，加强各部门之间的协同合作，强调部门力量整合，缩短政府公共服务与民众之间的距离，为民众提供更高质量、更加便捷的服务，满足民众个性化服务的需求，真正体现政府"以人为本"的价值理念。

3. 治理模式变革

基层综合治理机制应以突破原有的条块分割的科层体制局限，快速整合条块资源为目标。城市基层综合治理机制将实现从传统科层制治理向整体性治理模式变革,"条"上资源在"块"上整合。街镇联动指挥中心既有各职能部门授予的部分先期指挥权,也有对街镇各方面力量的综合协调权,能有效改变过去各自为政的局面,实现城市管理中的"多赢"格局,为民众提供整体性的公共服务,提高政府为民服务的能力和水平。

4. 管理方式优化

基层综合治理机制应创新社会参与模式,吸纳各种主体参与城市管理,实现协同治理。基层综合治理机制建设应整合各类社区基层的力量,如社区保安、社区综合协管以及居委干部、物业安保等各类协管辅助力量和平安志愿者,通过整合基层资源达到协助开展城市社会安全管理工作,实现社会公共安全综合治理的目的。同时,动员党员、社区居民(村民)及社会组织等各类社会力量,参与公共安全、公共环境和公共秩序的自我管理、自我服务,并与城市管理大联动平台对接,完善及时发现、及时上报与快速处置的机制,提高城市管理的科学化水平。[①]

5. 管理技术革新

基层综合治理机制创新应重视现代化信息技术运用,提高基层综合服务管理平台技术含量和运行效率。基层综合治理机制可以整合各类城市管理监控设施,按照信息共享、资源共享、集约化建设的要求,根据职能部门的需求统一设置。以租赁方式,按照权限运用图像监控资源,形成信息采集、流转、处置、反馈的运作流程,实现区、街镇、社区三级网络的串联,联动部门之间的信息共享、接口有序和工作联动。[②] 同时,细化以街镇为单位的网格化管理,在多网合一的基础上,注重同网同责。在社区层面上形成社区网格巡管队,开展违法违规基础信息采集、隐患排查和信息上报工作。所有这些

---

① 刘中起等:《网格化协同治理:新常态下社会治理精细化上海实践》,《上海行政学院学报》2017年第2期。

② 刘中起等:《网格化协同治理:新常态下社会治理精细化上海实践》,《上海行政学院学报》2017年第2期。

信息的流转、指令的传递、结果的反馈等环节都是通过城区大联动信息网络平台实现的，信息技术的普遍运用提高了大联动机制运行的效率。

综上所述，尽管大城市基层社会安全管理机制创新路径有多种，但上海区县"大联动大联勤"平台和机制建设为城市基层社会安全机制创新提供了一种路径选择。未来大城市基层社会安全管理机制创新可在管理理念创新、管理流程再造、治理模式变革、管理方式优化及管理技术革新等方面进行探索，有效整合大城市管理中的各类主体资源，加强各部门和单位之间的协同合作，形成大城市社会安全管理的整体合力，整合一切可能存在的资源，及时报告并协调人民群众和各种主体多方面多层次利益诉求和各类矛盾，为民众提供更优质的公共服务产品，实现大城市社会公共安全治理的目标。

二、坚持公共安全风险管理标准化，指导和规范风险治理行为

从城市安全风险管理和重大事故治理来看，公共安全风险管理标准化是确保城市安全运行，控制重大事故的重要保障。2015 年 5 月 29 日中共中央政治局就"健全公共安全体系"主题进行第二十三次集体学习。在学习会上，习近平总书记指出，维护公共安全，要坚持问题导向，从人民群众反映最强烈的问题入手，高度重视并切实解决公共安全面临的一系列突出矛盾和问题，着力补齐短板、堵塞漏洞、消除隐患，着力抓重点、抓关键、抓薄弱环节，不断提高公共安全水平。[①] 为了贯彻落实习近平总书记关于公共安全体系建设的讲话精神，全国各地各级政府管理者应高度重视"发现问题、查找漏洞"及"补齐短板、消除隐患"等基础性工作，将风险和隐患控制在萌芽状态，提高公共安全风险防控的能力，实现地方的安全发展。然而在实践操作中，风险防控能力提升和城市安全发展往往缺乏有效的抓手。因此，在特大城市管理中应探索如何做到风险治理常态化，实现风险治理标准化，将风险治理工作融入城市安全管理全过程，对提高城市公共安全风险防控能力，落实城

---

① 《牢固树立切实落实安全发展理念确保广大人民群众生命财产安全》，《石油教育》2015 年第 6 期。

市"安全发展"理念具有重要意义。

（一）明确城市公共安全风险治理标准化的重要价值

风险治理标准化是指在风险治理过程中对重复性的行为、技术要求和物资使用等制定具体的操作流程和管理标准，进而在实践中实施和推广，指导和引领风险识别、风险评估、风险沟通、风险控制等环节，满足提高风险治理能力的需求，取得最佳风险治理工作效果的活动过程。当前，大力推进城市公共安全风险治理标准化，规范风险治理工作的流程和环节，对推进城市安全风险防控能力建设，落实城市"安全发展"理念具有重要的现实价值。

1. 城市公共安全风险治理标准化有利于推进城市公共安全风险治理工作精细化

2015 年中央城市工作会议提出城市管理的"精细化"目标。根据中央城市工作会议精神，在城市公共安全管理中，通过风险治理标准化建设，可以大大推进城市公共安全管理精细化工作。因此，将风险治理的组织机构、内容、方式和流程等风险治理过程的具体环节规范化和程式化，有利于从标准化视角指导和引领风险治理全过程，提高风险治理工作的科学性和规范性，落实城市公共安全管理"精细化"的目标，使风险治理工作有章可循、有据可依，可以更好地促进城市公共安全风险治理工作的有效执行。

2. 城市公共安全风险治理标准化有利于总结风险治理中的经验和做法

在城市公共安全风险治理标准化体系建设过程中，可以将城市安全管理中被实践证明有益的做法和经验加以制度化和规范化，通过标准化流程和规则予以整理和提升，形成对城市公共安全风险管理工作具有指导性的可复制、可推广的系列标准。通过对风险治理中的经验和做法的标准化和规范化，可以大大提高风险治理工作的科学性和有效性。

3. 城市公共安全风险治理标准化有利于全社会对风险治理工作的参与和监督

城市公共安全风险治理工作是一个非常复杂和系统的工作，需要全社会各种主体的共同参与。在风险治理标准化体系建设中，通过标准化体系的设计和运用，有利于引导各类社会主体有针对性地参与风险治理过程，同时也便于广大市民和社会组织根据风险治理的标准体系对城市公共安全风险工作进行监督，推动和促进政府部门重视和落实风险治理工作，为社会各种主体参与和监督政府风险治理工作提供依据和标准。这有利于从源头上消除城市安全运行中的风险和隐患，为城市安全发展提供良好的社会环境。

4. 城市公共安全风险治理标准化有利于推进城市公共安全的文化建设

在风险治理标准化过程中，可以通过开展全方位、多角度、深层次、宽领域的示范、宣传、引导和培训，将风险治理的标准和做法融入城市公共安全管理的全过程，逐步提升全社会公众风险防控的意识和素养，推进城市公共安全文化建设，为城市公共安全风险治理创造良好的文化氛围，推动城市公共安全风险治理工作深入人心，使风险治理与防控工作成为全社会关注的基础性工作。

（二）通过制度设计和流程再造全面推进风险治理标准化建设

城市公共安全管理中的风险治理标准化是长期的过程，不可能一蹴而就，可以从理念、制度、技术、文化等层面推进城市风险治理标准化建设，实现城市公共安全风险管理精细化目标，促进城市安全运行和安全发展。

1. 从理念上看，全面树立"风险治理标准化是城市安全发展的重要抓手"的理念，将风险治理融入城市建设和管理的全过程

城市安全发展是城市建设和管理的底线和红线，没有城市的安全，发展将失去应有的意义。为了保障城市安全发展必须坚持"关口前移、预防为主"，从源头上避免风险和消除隐患，将风险治理工作融入城市规划、建设和

管理工作中，从而消除公共危机事件产生的土壤。为此，在城市公共安全风险治理过程中，应全面树立"风险治理标准化是城市安全发展的重要抓手"的理念，通过标准化建设将城市安全风险治理工作贯穿城市规划、建设和管理全过程，确保城市运行安全有序，实现城市安全目标。

2. 从制度上来看，加大城市公共安全风险治理标准化相关的制度建设，增强风险治理工作的规范性

要深入推进风险治理标准化工作，必须加大相关制度和规范的建设，为风险治理标准化工作提供制度基础。在风险治理标准化体系建设中，通过风险治理过程中的相关制度建设，规范风险治理标准化建设中的具体环节和行为，便于风险治理标准化工作的落地和执行。风险治理标准化建设相关制度主要包括在风险识别、评估、沟通、控制等过程中的一系列保障制度，如与风险识别、风险评估、公众参与、风险沟通、评估结果运用、风险防控、风险治理考核、风险治理责任追究等环节有关的一系列制度规范，通过制度和规范设计保证风险治理标准化工作的落地和运行，为风险治理标准化工作提供权威的指导和示范，便于城市管理者依据明确的制度和规范推进风险治理标准化工作，使风险治理工作有据可依、有章可循，为城市公共安全风险治理工作提供有效指导。

3. 从技术上看，优化风险治理标准化工作技术，发挥大数据和互联网功能，为城市公共安全风险治理提供技术支撑

为了保证风险治理标准化建设的科学性，可以运用最新技术和手段优化风险治理标准化过程，提高风险治理标准化建设的质量和水平。在推进风险治理标准化过程中，首先，提高风险治理标准化建设方法的技术含量，通过科学的定量分析、模型构建与分析等方法，优化治理标准化建设的质量，保证标准化建设过程的科学性和权威性；其次，可引进大数据、云计算或互联网等先进技术，为风险治理标准的确立提供科学数据和技术支持，优化风险治理标准化的流程和方法，提高风险治理标准化过程的科学水平，确保为城市公共安全风险治理工作提供科学而有效的参照和指导。

4. 从文化上看，加大风险治理标准化建设的宣传与教育，形成全社会重视风险治理工作的文化氛围

当前，可以运用多种方法进行风险治理标准化理念的宣传和教育工作，广泛动员全社会重视风险治理工作，让更多的社会主体参与城市风险治理。同时，根据风险治理标准化建设的要求，将风险治理的理念内化为城市管理者的意识，外化为其自觉的行动，为全社会重视风险治理标准化工作创造良好的文化环境。进而，通过风险治理标准化工作普及、推进和落实，将风险治理工作作为城市公共安全管理工作的重要路径和抓手，把城市公共安全融入基层、社区、单位和个人的行为和生活中，从源头上为城市安全风险治理提供保障和指导。

总之，为了贯彻落实中央城市工作会议精神，就要把握好公共安全的底线思维和红线思维，将"风险治理、源头治理"的理念融入城市发展规划、建设和管理全过程，将安全发展放在第一位，把住安全关、质量关，并把安全工作落实到城市工作和城市发展各个环节和各个领域，以人为本，践行国家城市安全发展战略，从而在源头上消除城市安全运行中的重大事故隐患。

三、加强安全管理的精细化，提高公共安全风险治理的水平

从城市安全管理来看，安全管理精细化是从源头上消除安全隐患的重要保证。从身边频繁发生的突发事件可以看出，城市安全管理依然存在诸多的短板和隐患，这就要求我们强化安全管理的精细化，从源头上做好风险排查与隐患治理工作，确保城市持续安全运行。习近平总书记 2017 年 3 月 5 日在参加上海代表团审议时强调，走出一条符合超大城市特点和规律的社会治理新路子，是关系上海发展的大问题。[①] 城市管理应该像绣花一样精细。随着城市化步伐加快和经济社会快速发展，上海成为人流、物流、资金流、信息流、技术流等要素高度汇集的现代化之城，但与此同时，城市越发达、现代化程

---

① 《创新云采编机制，锻造融媒体矩阵》，《新闻战线》2017 年第 4 期。

度越高，城市也变得越脆弱，城市安全成为城市发展的底线和生命线，没有城市运行的安全，其他一切都无从谈起。因而，在超大城市安全治理中，要立足安全管理精细化，绣好超大城市安全运行之花。

要绣好超大城市安全运行之花，必须从"胸中有图"（好愿景）、"眼中有物"（好的针和线）、"手中有活"（绣得好）三个层面着手实行安全管理精细化，促进城市安全运行。

一是"胸中有图"（好愿景）——愿景明确。城市安全精细化管理首先要确立城市安全发展的愿景和蓝图，该愿景和蓝图是指保障城市安全运行，坚持安全是最大的民生，把公共安全产品的供给作为城市管理部门的基本职责和使命，突出对每个市民的生命尊重和人文关怀，让每个市民享受安全的环境和便捷的生活，体现城市发展的"温度"。该愿景和蓝图可通过长远的规划和有效的建设，将安全理念融入城市安全管理的各个环节，具体体现在保障城市交通、生命线工程、企业生产、网络空间、人员密集场所、特种设备、食品药品等与市民生活、工作密切相关的领域安全运行，满足市民的公共安全产品需求。各级政府和部门应将愿景和蓝图结合自身职责细化成具体的工作目标和任务，强化城市管理者的责任和使命，将城市安全工作真正落到实处。

二是"眼中有物"（好的针和线）——资源汇集。要绣好城市安全运行之花应有充足的资源做保障，这要求超大城市安全精细化管理汇集一切可以利用的资源，体现城市安全管理资源的"广度"。第一，安全文化是城市安全运行的内生动力。结合城市管理精细化的要求，加大公共安全教育力度，普及安全文化知识，增强市民和管理者安全意识和责任，敬畏安全的规则和制度，让安全文化和精细化理念渗透到市民行为和管理工作的每个环节，使城市安全成为管理者和参与者共有共享的理念，把城市安全运行作为全社会共同追求的目标和方向，激发管理者和参与者保障城市安全运行的内生动力。第二，多元主体是城市安全运行的智力支持。城市安全运行不仅是城市管理者的任务和责任，还需要市民个体、社会组织和市场主体等多元主体共同参与、共同担当，把安全管理工作细化落实到每个具体环节。广泛动员各种力量积极参与城市安全精细化管理，为城市安全运行提供良好的智力支持。第三，制度体系是城市安全运行的制度保证。城市安全精细化管理是不断追求卓越的过程，必须完善相关的制度对每个环节进行规范和约束，将精细化融入城市安全管理中，确保城市安全运行有章可循、有据可依。这些安全运行制度体系至少包括安全教育、风险治理、信息沟通、公众参与、社会动员、资源整合、协调联动、责任追究等内容，通过制度体系的完善，为城市安全运行提供良好的制度环境和载体，能确保城市安全运行的各个环节、流程的制度化和规范化。第四，先进技术是城市安全运行的技术支撑。随着科学技术的快速发展，互联网、人工智能、网格化、大数据、现代通信等技术手段的普遍运用，为城市安全精细化管理提供了丰富的科技资源和支撑。总之，绣花过程中要做到"眼中有物（好的针和线）"，整合城市安全运行所需的资源，将安全文化、多元主体、制度体系和先进技术等要素有机结合，形成全方位、立体化资源保障体系，全面推进城市安全管理精细化。

三是"手中有活"（绣得好）——路径优化。要想绣好城市安全运行之花，必须要"手中有活"（绣得好），要有真功夫，精确识别城市安全运行中的问题和隐患，力争精准发力防控风险，保证城市安全管理的"精度"。一要精细化。在城市安全管理中应弘扬工匠精神，精益求精、追求卓越，将安全意识和理念嵌入城市的规划、建设和管理全过程，坚持大处着眼、小处着手的精细化工作精神，从源头上为城市安全运行排查风险、消除隐患，提高城市安全风险治理能力。二要标准化。根据超大城市管理精细化要求，确立城市安全运行的标准，建立标准化的流程和规范，构建危机教育与宣传、风险识别和评估、风险排查与控制、信息沟通与传播、预案制定与演练、事件处置与善后、事件调查与问责等环节的标准体系，将标准化要求贯穿城市安全运行全过程，为城市安全运行工作提供规范的依据与指导。三要信息化。在风险识别、隐患排查、预警预测、信息传播、应急响应、事后评估等风险管理和应急处置过程中充分运用"互联网＋"、大数据及网格化管理平台等信息化技术，增强城市安全管理精细化的科技含量，使城市安全运行做到精细、精准和精确，真正像绣花一样提高城市安全管理精细化水平。如运用大数据技术识别和评估城市安全运行中的风险和潜在隐患，预测风险和隐患发展的趋势，根据具体数据选择有效的防控措施，提高城市安全风险管理的精准度。

四要法治化。开展城市安全精细化管理必须树立法治思维和确立法治权威，将精细化要求和安全责任作为城市安全运行工作遵守的准则和规范，提高城市安全运行法治的权威性和可靠性。同时，加大对违反城市安全运行规范行为的惩罚力度，提高违法违规行为的成本和代价，确保城市安全管理在法治框架范围内运行。总之，超大城市安全管理唯有下足"绣花功"，按规划好的安全愿景和蓝图，坚持精细化、标准化、信息化和法治化要求，一针一线、踏踏实实，确保将城市安全运行工作放在心上、扛在肩上、拿在手里、落到实处，形成宜居、和谐和安全的城市生态环境，提升市民的安全度和获得感。

四、大力开发先进的安全技术和设备，从技术上提高公共安全系统的抗逆力

技术装备是企业生产经营过程中"人—机—环境"三要素中的重要因素，也是引发重大事故风险的关键环节。优化生产经营单位的安全技术装备保障，一方面有利于消除"机"中的隐患，另一方面有利于提供优良的工作环境和条件，进而减少"人"的不安全行为。[①] 我国的重大事故频发，固然有风险管理不善的原因，但主要是因为我国的安全生产技术装备落后。显然，优化生产经营单位是提升我国重大事故风险防范的一条重要路径，为此要做好两方面的核心工作：一是推进重大事故风险防范技术的开发与推广，二是规范技术装备的安全性能认定办法。

（一）积极推进重大事故风险防范技术的开发与推广

尽管用于重大事故风险防范的科技研发是促进社会安全生产的基础性保障，但是由于科研投入的直接经济效益不明显，或者至少短期内不明显，以致营利性的生产经营单位缺乏投入的积极性。为此，有必要建立各级财政支持资金保障机制，鼓励和引导企业加大安全生产保障方面的投入。

---

① 王端武：《国家安全生产保障理论及其应用研究》，博士学位论文，辽宁工程技术大学，2005年。

　　重大事故风险防范技术的开发与推广，可以为研发中心建立具体抓手：一方面强化综合性重大事故风险防范技术开发中心的建设，由其编制重大事故风险防范技术发展整体纲要和发展计划，并督促推进实施。另一方面可以根据行业特征，建设若干专业性的重大事故风险防范研发中心，如矿山重大事故风险防范技术研发中心、化学危险品重大事故风险防范技术研发中心等，由其为本行业安全技术标准的制定，安全技术、事故调查分析等方面提供支持。

（二）规范技术装备的安全性能认定

　　安全性能认定是专业性很强的工作，必须由专门的安全性能认证机构以全面的安全技术标准为基础，通过严格的安全检测检验来完成。有效的技术装备安全性能认定有利于从源头上筛除具有事故风险隐患的设施设备流入使用领域，是从源头上防范重大事故风险的主要途径。但是目前我国的装备安全性能认证力量非常薄弱。我国的技术装备安全性能认定一方面受资金紧张、设备落后、技术力量薄弱等客观缺陷的制约，另一方面面临管理混乱的尴尬，整体上削弱了安全性能认证的作用。显然，规范对技术装备的安全性能认定标准是改善我国重大事故风险管理水平的一个重要方面。应急管理部应当致力于技术装备安全性能认证体系的组织管理，不断完善安全性能认定的标准体系、优化安全性能认定的检测检验方法，以提高国家技术装备安全性能认定水平。

五、运用大数据和"互联网＋"技术，提高事故风险的监测与预警水平

　　充分利大数据技术建立风险数据库，提高风险监测预警的准确性和公共安全风险管理水平。通过大数据分析，明确公共安全风险治理中的重点和难点。在生产安全监管过程中，上海为了加强对生产主体的监管，通过大数据技术手段，实现精准化监管。一是实现各大生产主体基础数据和"黑名单"数据全面共享。上海安监局向上海市公共信用信息服务平台提供法人资质类和监管类数据 24 类 28000 余条，自然人资质类数据 2 类 50000 余条。二是实

现信息共享。与公安、人口、环保、交通、银监、保监、海关、检验检疫、上海自贸区等建立了信息共享和交换机制。[①] 促使安全生产的"黑名单"在这些领域内扩展运用。三是强化分类监管。通过信用平台系统的互联，实现对企业静态数据的及时汇集和动态数据的及时更新，自动判定企业安全生产信用等级，动态调整执法计划，完成闭环管理和系统优化升级。[②] 通过这种方式对企业进行监管，制约企业的生产安全管理行为，提升企业的监管效力，试图从源头上治理重大事故风险。

第四节　优化安全环境规划布局，控制自然系统的脆弱性

从系统脆弱性理论可以清晰地看出，除了社会系统、管理系统和技术系统的不利因素和脆弱性以外，事件或事故所处的自然环境或硬件的不利因素会促使事件或事故发生，为此要从源头上治理重大事故风险，必须在规划、设计和建设过程中，考虑自然环境安全因素，将自然环境或硬件的不利因素综合加以考虑，提升系统的抗灾能力。

一、城市建设和发展应考虑安全规划理念和意识

要从源头上控制脆弱性，必须将城市建设的硬件与安全软件综合起来考虑，降低安全系统的暴露度，提高系统面对灾害时的抗逆力。如上海外滩踩踏事件中，陈毅广场通过大阶梯及大坡道连接的黄浦江观景平台，成为外滩风景区最佳观景位置。"观景台本身面积容量有限，西面是中山东一路人流量大。但东面是黄浦江并无出处，这种特殊的地形决定了此地易聚难散，一旦人员聚集过多，易发生人员拥挤、对冲，甚至踩踏等意外事件"。[③] 同时，陈

---

① 上海市安全生产监督管理局：《为危化品贴上信用标签》，《质量与标准化》2015 年第 11 期。
② 上海市安全生产监督管理局：《为危化品贴上信用标签》，《质量与标准化》2015 年第 11 期。
③ 崔亚东：《"12·31"上海外滩陈毅广场拥挤踩踏事件的思考》，《行政管理改革》2016 年第 1 期。

毅广场还设计有大量的上下台阶，确实增强了现场的美观和艺术感，但从安全角度来看，埋下了很多隐患。由于外滩属于开放的空间，特殊地形和美观的设计增加了安全隐患，从自然环境角度来看，其系统的不利因素最终成了外滩踩踏事件的影响因子，增加外滩踩踏事件发生的概率和可能性。

二、基础设施规划布局要综合考虑安全要素

从人员密集场所来看，规划布局一定要考虑周边的自然环境安全因素。其中，包括场所的出入口、紧急出口、公用设施（如厕所、售货店/饭店和酒吧）的位置，场所中不同功能区的布局（如场所中的路径、等候区、售票厅、舞台、商店）；场所的结构和特征（楼体、电梯、坡道、桥、隧道、护栏、匝道、瓶颈、不同区域的梯度）；水电气热的安全检查情况；导向标识系统设置情况等。"在楼梯拐角、光线不良的狭窄通道、拱形桥等复杂地形处最易发生踩踏，在这些地方应积极设置标识牌和部署人员，预防踩踏事件的发生"。[①]这些场所的布局和规划的安全状况直接影响到今后公共场所的风险和隐患，这就需要从源头上消除公共安全系统的脆弱性，才能有效地控制重大事故的风险。

三、基础设施建设要考虑城市所处自然环境的脆弱性

从根本上控制公共安全管理系统运行中的脆弱性，必须考虑城市所处的自然环境，梳理出自然环境的特殊性和脆弱性，根据自然环境建设城市安全系统。比如，2017 年 6 月上海闵行区莲花河畔倒楼事件充分说明了基础设施建设一定要考虑所处的自然环境和气候条件。当时，楼房竣工后，在楼房的前面挖了 4 米多深的基坑，开发商考虑到成本及效率，将大量的泥土堆在大楼的后侧，由于上海地基非常松软，又因为上海 6 月下旬处于梅雨季节，空

---

① 陆峰、李明华、吴德根：《踩踏事故的防、避、救——上海外滩踩踏事件后的思考》，《中华灾害救援医学》2016 年第 4 卷第 2 期。

气和土壤含有大量的水分，导致土壤更加松软，缺乏有效的抵抗力，致使地面加速下沉，形成了水平的侧压力，最后将大楼地下管桩挤断，大楼由于缺乏地下桩基的支撑而出现倒覆，引发了"楼倒倒"事件。这起事故发生的重要原因就是忽视了自然环境的不利因素而引起公共安全系统脆弱性爆发，最终酿成危机。因而，在今后的公共管理系统脆弱性管理中，必须考虑和消除自然系统的不利因素，从源头上治理重大事故的风险和隐患。

四、治理重大事故风险要考虑自然气候的负面影响

不少重大事故案例显示，自然气候条件起到放大事故的作用，使公共安全管理系统脆弱性爆发，打破生产安全运行的系统安全阈值，形成了危机事件。如2010年上海静安胶州路教师公寓引发大火的一个重要因素就是气候，当时上海处于深秋，气温比较低，天气非常干燥，伴随4～5级的偏北风，火灾处于易燃状态。施工中的工人未注意天气干燥和大风的因素，在电焊施工中未采取有效的防护措施，使电焊火花外溅到脚手架上的聚氨酯泡沫材料上，点燃了泡沫材料和非阻燃的安全网，在干燥和大风的气候条件下，大火瞬间吞没了整幢大楼，引起了特别重大火灾，造成了重大人员伤亡和财产损失。这起重大事故与当时的气候条件关联度非常高，即自然系统的脆弱性加剧了事故的发生烈度和程度。另外，自然光线强、气温高、风力强等自然气候因素也是重大事故发生的助力因素。因而在重大事故风险治理中，除了人为因素以外，应重点关注公共安全管理系统所处的自然气候因素的脆弱性，将这些脆弱性控制在安全可控范围内，提高系统的抗逆力，确保重大事故从源头上得到有效治理。

第七章 公共安全管理系统脆弱性控制的具体实践与未来思考

——以特大城市上海城市公共安全风险治理为例

在系统脆弱性理论分析的基础上，探讨了公共安全管理系统脆弱性控制和重大事故风险防控的思路。本章结合特大城市上海在公共安全管理系统脆弱性控制实践中存在的问题，从城市风险治理、基层生产安全风险治理、危化品生产安全、电梯安全、住宅居民楼安全、火灾风险控制、社会防控体系及跨区域应急管理等领域着手，探讨特大城市公共安全管理系统脆弱性的思路和对策，期待为城市公共安全系统脆弱性控制，防止重大事故风险控制提供指导和借鉴，为特大城市安全运行提供保障，促进城市安全和谐，保障人民最大的民生——安全产品的有效供给。

第一节 上海城市风险治理与隐患排查实践与思考

上海特大城市具有体量大、人口多、安全运行难度大等特点，决定了上海城市公共管理系统存在脆弱性，给城市安全运行带来大量的隐患和风险，城市管理者势必要将风险治理和隐患排查工作放在城市管理的重要位置。

一、问题提出：风险治理与隐患排查工作的必要性

2015年12月，中共中央城市工作会议强调要把安全放在第一位，把住安全关、质量关，并把安全工作落实到城市工作和城市发展的各个环节、各

个领域。随着城市的快速发展，人口、信息、物资等要素的高度聚集，城市规模不断拓展，城市安全运行问题显得尤为突出，它成为城市化进程中不可回避的重要问题。近年来，我国特大城市频频出现各种灾难事故或人为事件，如 2014 年 12 月，上海外滩拥挤踩踏事件，导致 36 人遇难；2015 年 8 月，天津滨海新区港口爆炸事故，造成 165 人遇难；2015 年 12 月，深圳光明新区渣土滑坡事故，导致 70 多人遇难等，这些"天灾人祸"类危机事件频发说明城市公共安全形势严峻且挑战巨大，让我们深刻感受到人类社会已经逐步进入"高风险社会"。

一方面，面对越来越复杂和多变的风险社会，人们逐渐将关注的重心从对突发事件的应急处置转移到前端的风险防控和风险治理环节。"在不确定性增强的现代世界，风险治理业已成为多国政府优化施政手段、控制决策失误。维护国家安全稳定的重要方式，推进政府风险治理成为国际社会发展变革趋势"。① 新时期的风险因素具有不确定性和不可预见性，从而使得传统的危机治理无法有效应对新危机，这要求我国传统的应急管理必须主动向风险治理转变。因而，坚持"关口前移，预防为主"的风险治理范式逐渐受到各级城市管理者重视，从这个意义上说，特大城市运行安全能力的提升，不仅需要理论、体制框架的构建，更需要发挥风险治理新模式的功能，实现理念、模式、方式、技术、内容等范式转变。

另一方面，我国有关风险治理理论和知识的积累比较薄弱，而且在实践中缺乏有益经验和有效理论的指导。近年来，特大城市爆发的各种公共安全事件不断提醒我们，提高风险社会理论研究水平应成为应急管理领域理论研究者们的共识，风险治理研究应成为有效应对风险社会挑战的根本性选择。因此，"通过科学的规划、防范与减少各种风险源的产生，可以从根本上减少公共安全事件发生的可能性，减少甚至避免公共安全事件带来的损失"。② 这就要求将应急管理的重心前置、关口前移，即重点放大风险的识别、评估及防控上，改变以前被动应付公共安全事件发生后的应急处置环节。如何进行

---

① 朱正威：《国际风险治理理论、模态与趋势》，《中国行政管理》2014 年第 4 期。
② 薛澜等：《风险治理：完善与提升国家公共安全管理的基石》，《江苏社会科学》2008 年第 6 期。

有效的风险识别和评估？在风险隐患识别过程当中应注意哪些问题？这些都成为城市风险治理领域深入研究的问题。张成福认为，熟练处理和有效应对风险社会中的各类风险，必须学习和掌握专业的管理手段和方式方法，包括如何进行风险的识别、分析、评价、预警、处置和日常监控等，[①]面对特大城市高风险社会的挑战，各级城市管理者如何有效开展风险治理与隐患排查工作，提高风险治理的能力和水平，从源头上防控城市公共安全风险成为各级政府亟须面临的课题。

二、上海城市公共安全风险治理与隐患排查工作的实践

政府作为公权力的行使者自然承担着维系社会公共利益的职责，现代政府在保证维持传统职能发挥的同时，也面临着风险社会带来的新挑战，特别是在人口众多、资源高度聚集的特大城市中，政府安全职能显得尤为突出，能否提供"安全环境"的公共服务产品成为政府城市管理现代化中的优先考虑和重点关切。"公共安全是国家可持续和和谐发展的重要保障，维护公共安全是政府的重要职责和基础性工作；我们要从战略的高度认识风险治理工作，大力提升风险治理在国家公共安全中的战略定位"。[②]上海作为特大型城市对于公共安全问题非常重视，特别是"12·31"拥挤踩踏事件后，将城市运行中的风险识别、隐患排查和治理作为城市公共安全管理工作的重要内容和抓手，并基于风险管理运行流程和环节要求，特别重视风险识别、风险评估及风险控制等基本环节，对城市重点区域、重点工程、重点时段等进行安全隐患大检查、大排查工作，逐步探索建立风险治理与隐患排查的长效机制。

（一）建章立制：为城市风险治理工作提供依据

2015 年下半年，上海市人民政府在前期风险排查的基础上，为了规范城市风险治理工作，提高风险治理工作的有效性，颁布了《关于进一步加强公

---

① 张成福等：《风险社会与风险治理》，《教学与研究》2009 年第 5 期。
② 薛澜等：《风险治理：完善与提升国家公共安全管理的基石》，《江苏社会科学》2008 年第 6 期。

共安全风险管理和隐患排查工作的意见》（以下简称《意见》）文件。该文件明确风险治理指导思想、工作原则、主要内容、排查方法和工作要求。对上海市的风险治理和安全隐患排查工作提出了具体任务和要求，并强调每年6月30日各区县政府、各有关部门要向市政府报备所辖区域内隐患排查的结果，初步形成了区县向市政府办公厅报备、政府办公厅移交市应急办的风险隐患报备管理路径。

（二）健全机制：为城市风险治理工作提供载体

《意见》从不同方面规定了上海风险治理与隐患排查工作的机制和内容。

1. 确立风险等级评估标准

《意见》规定各部门、各地区认真排摸和掌握本区域、本领域、本单位的危险源、危险区域。[①]《意见》规定要求风险等级的确定有行业标准的，从其行业的规定；无行业标准或者相关标准的，按照高、中、低三个等级来确定公共安全管理的风险，如果确定为"高"等级的风险，这就意味着该风险具有现实和重大的威胁或触发条件低，容易引发或诱导重大、特别重大等级的突发事件；如果确定为"中"等级的风险，这就意味着该风险较难控制或具有某种不确定性，容易引发较大类型的突发事件；如果确定为"低"等级的风险，这就意味着该风险具有一定的可控性或可预测性，但在一定条件下，可能引发一般类型突发事件。要求各地区、各级部门可根据不同等级的标准采取不同的风险处理方式。

2. 健全隐患排查机制

《意见》规定各类企业和不同场所经营单位等要落实各自的主体责任，进一步建立健全安全管理制度，从制度设计上为隐患排查工作提供制度保障。要求区县政府、市相关部门强化监督检查，组织开展全面排查、重点抽查、

---

① 《上海市人民政府关于进一步加强公共安全风险管理和隐患排查工作的意见》，《上海市人民政府公报》2015年11月18日。

跟踪复查，要按照"四不两直"要求，创新检查方式，并实行"谁检查，谁签字，谁负责"的原则。全面排查每年不少于一次，重点抽查每季度不少于一次，列为重大安全隐患项目的，要建立台账，持续做好跟踪复查。①

3. 建立风险隐患举报机制

《意见》要求区县政府指导社区和基层单位定期开展风险识别和隐患排查工作，在实际工作中鼓励和引导各种队伍积极参加风险识别和隐患排查工作，如城市网格化管理队伍、社会组织、志愿者队伍和公众等各种基层参与主体。同时，要求建立健全风险隐患"啄木鸟"机制，发挥社会力量的功能，广泛利用各种力量获取风险信息和隐患资料，为风险治理和隐患排查工作提供保障。积极利用城市网格化管理、"12345"市民服务热线以及有关行业热线等，进一步完善风险隐患举报受理制度，畅通风险隐患反映渠道，并做好对所举报风险隐患的核查、评估、整改等工作，做到件件有反馈、件件有落实。对重大风险隐患举报属实的，要按照有关规定给予奖励。②

4. 完善风险隐患信息管理机制

《意见》规定，一方面要求企业或经营场所承担风险治理的责任。企业和场所经营单位要对风险隐患进行"计账式、目录化"管理，特别是易燃易爆物品、危险化学品、放射性物品等，要详细记录各种物品性质、规格等信息，并按照规定到各个部门备案。另一方面明确了区县的具体责任。要求各区县政府、市相关部门要建立健全危险源、危险区域和隐患数据库或台账，做好隐患排查、风险评估和群众反映风险隐患问题的登记备案。③ 这些信息和数据有利于提高风险治理的针对性和有效性。

----

① 《上海市人民政府关于进一步加强公共安全风险管理和隐患排查工作的意见》，《上海市人民政府公报》2015年11月18日。
② 《上海市人民政府关于进一步加强公共安全风险管理和隐患排查工作的意见》，《上海市人民政府公报》2015年11月18日。
③ 《上海市人民政府关于进一步加强公共安全风险管理和隐患排查工作的意见》，《上海市人民政府公报》2015年11月18日。

5. 建立风险应急准备和隐患治理机制

《意见》规定对各类危险源、危险区域，企业和场所经营单位要根据对其评估的风险等级，制定具体的应急响应预案、落实防控措施，做好相应的应急准备。对发现的各类隐患和各种风险，已发生或有征兆表明将危害人身财产安全的，要采取停产、停业等措施，由涉事单位负责迅速整改消除；对一时难以消除的，要列入计划，落实资金和责任，限期整改；对难以协调解决的重大隐患，要向上级部门报告，必要时直接向市、区县政府报告。[①]

（三）多元共治：为城市风险治理工作提供有力的支撑

《意见》明确要求加强组织领导、广泛动员各种主体参与。在风险治理中要求各区县政府、市相关部门、基层应急管理单元牵头单位要按照"统一领导、综合协调、分类管理、分级负责、属地管理为主"的规定，加强风险治理和隐患排查工作的组织领导。[②]《意见》要求市、区县应急办要会同各类灾害和安全主管部门，加强风险治理和隐患排查工作的指导和考核，强化各级政府、相关企业和经营单位重视风险治理和隐患排查工作的责任。鼓励培育保险业在风险治理和隐患排查中的功能作用，逐步探索建立依托相关高校、科研所等科研机构，社会团体、专家团体等第三方主体参与的专业化风险隐患评估机制，提高城市安全风险治理和隐患排查工作的科学性和合理性。

（四）责任追究：为城市风险治理工作提供权威的保障

《意见》规定，对发生突发事件的部门和个人要倒查风险管理和隐患排查工作情况。对未建立风险管理和隐患排查制度，未按照规定开展自查、检查、复查和风险评估，未落实风险应急准备和隐患治理导致突发事件发生或使事

---

①　《上海市人民政府关于进一步加强公共安全风险管理和隐患排查工作的意见》，《上海市人民政府公报》2015 年 11 月 18 日。

②　《上海市人民政府关于进一步加强公共安全风险管理和隐患排查工作的意见》，《上海市人民政府公报》2015 年 11 月 18 日。

态扩大的，要依法依规追究责任。① 将责任追究机制嵌入风险治理全过程，明确各参与主体的责任。

（五）试点探索：为城市风险治理工作积累经验

在风险治理和安全隐患排查试点的实践中，上海市各区县政府也要根据自身实践不断进行创新和探索，以浦东新区为代表的区政府应急管理部门率先出台了《关于加强城市公共安全排查工作的实施意见（试行）》，旨在对指导思想、工作原则、主要内容、排查方法、工作要求发布等五个方面进行总结梳理。第一，按照《突发事件应对法》和《上海市突发事件应对法实施办法》的相关内容，初步对危险源、危险区和安全隐患三个概念做了区分；第二，按照风险隐患突发事件的可能性、危害程度、波及范围、影响大小、人员及财产情况将风险分成高、中、低三级，初步统一了风险等级的分级分类；第三，在风险隐患排查方法方面，将特殊行业、场所的运动式排查和定期的常规检查结合，将主管部门牵头负责和行业主导融合，建立健全隐患排查、举报受理制度，形成了部门主管负责、社会广泛参与的检查排查方法；第四，在工作要求方面，首先落实了工作责任制，在加大排查整治力度、做好排查情况报送、加强监督考核等方面形成了基本的工作制度，同时，通过近两年的实践，为确保排查工作的常态化进行，将安全排查工作纳入监管部门政府年度绩效考核中；第五，在应急管理平台建设方面，除原有的职责模块、预案管理模块及即时模块之外，计划加入安全标准模块，并建立从基层到区政府再到市政府的数据标准化对接模式，依托信息化手段开展安全排查管理工作，定期通过信息系统填报排查数据。

近年来，上海市应急管理部门组织了多次风险隐患大排查、大抽查工作，并接受全市 61 个单位的信息报备，在此基础上收集了大量的相关数据，为上海主要安全隐患的风险识别和风险评估提供了最新的依据，使得应急管理部门对全市公共安全风险状况有了更加清晰的认识。有大量的数据支撑就有了

---

① 《上海市人民政府关于进一步加强公共安全风险管理和隐患排查工作的意见》，《上海市人民政府公报》2015 年 11 月 18 日。

风险处置的依据，各区县根据辖区范围内的风险隐患特点采取有针对性的安全处置，如责任单位落实整改、监察部门监督跟进等措施，重视公共安全风险识别、评估前端管理环节和隐患排查等后续防控工作给上海市公共安全风险治理提供了新的路径，也为今后特大城市风险治理和隐患排查工作提供了丰富经验。

三、上海城市公共安全风险治理与隐患排查工作存在的问题

上海各级政府和部门经过前段时间的实践和试点，逐步发现风险治理与隐患排查工作存在很多问题，直接影响了风险治理与隐患排查工作的进程和成效。

（一）相关概念界定模糊给具体的操作工作带来困难

在具体操作中，目前对于"危险源""危险区域""安全隐患""安全风险"等专业概念没有明确定义，无论是在学理上还是在规范性文件中都缺乏对相关概念的明确界定或表述，这样就给实际操作者带来了困难。上海各区县和部门只有结合自己的实践与理解对相关概念进行界定，如浦东新区在相关文件中尝试性地对此做出界定，认为"安全隐患是指在城市运行过程中，人的活动场所、设备及设施存有的不安全状态，或者由于人的主观因素、不安全行为、管理缺陷及环境的不良可能导致人身伤害或经济损失的不安全事件发生或物的危险状态"。[①] 但是由于对风险、安全隐患、危险区域等相关概念缺乏统一、明确的界定，导致大家对管理对象认知的模糊，这种模糊给上海市安全风险治理和隐患排查实践带来诸多问题和困惑，具体表现在风险识别中就会出现执行无依据、排查混乱、各行其是等混乱局面，从而出现实际汇总的风险排查结果是整体"打包"上报，缺乏有效的分层分类，这给上级政府部门后期的数据分析、评估和监督等带来了很大的困难。

---

① 浦东新区政府：《关于加强城市公共安全排查工作的实施意见（试行）》2015 年。

（二）管理体制上"条"与"块"冲突影响了风险治理与隐患排查的效果

在风险治理与隐患排查中"条"与"块"之间冲突的问题非常明显，体现在"条"与"块"之间的主体监督职责不够明确以及区级政府层面和中央部分企业关系协调难等方面。我国应急管理体制强调"属地管理"为主，注重"条""块"结合，而在应急管理实际运行中，如果"条"线上面的协调工作不到位，"块"上的问题解决就变得复杂困难。如在风险隐患内容排查上报的过程中就出现了很多问题：一方面是交叉问题。"条"和"块"会出现重复性上报隐患信息的情况，这给后期数据分析和处置工作带来了困难；另一方面是空白问题。条线上没有进行汇报，区政府层面也不管理，最后部分地区成了空白的区域。此外，由于条块的主体监督职责不清会陷入相关工作无人牵头的困境，因此造成下级部门工作动力不足甚至出现风险治理工作无人承接的"真空"区域。

另外，区级政府和中央部属企业之间协调难的问题一直存在。在上海各区县都有中央部属企业入驻，大部分是化工、油气类等企业，此类企业本身存在很多的风险隐患点，但是对这类中央企业生产安全监管的职责主要在中央企业总部层面或者市一级层面的安全生产管理局，区级政府并不具有直接监督管理职责，因此在实际的风险隐患排查中，中央企业不执行或者选择性执行的问题非常突出，这种矛盾直接影响了地方政府风险治理与隐患排查的工作效率。

（三）风险隐患的划分等级标准不清晰影响风险隐患等级评定工作

风险隐患或危险源的信息上报需要最终进行分级、分类处置，但是由于没有完整的报备等级体系和具体的等级标准，导致实际隐患排查中信息上报混乱、口径不统一等问题存在。如部分区县将加油站报为风险隐患，且数量巨大，但在后期评估中消防部门认定这些风险源是在可控范围内的，而部分区县在上报风险隐患过程中自行评估、自行主张，本应上报的却确定为"可控"内容而没有上报，以致出现新的隐患和风险。风险隐患等级标准不明确，一方面使区县在排查过程中无据可依，标准不一；另一方面致使过多信息上报加大了上级政府的评估监督工作。此外，不同区县之间的发展状况不一致，不同行业间的安全标准不尽相同且缺乏统一规范的安全等级标准，给一线操作者带来很大的困难，直接影响了不同区县和行业的风险隐患排查和评估工作。

在实践中，除以上比较突出的问题外，还有公众参与度不高、现代技术运用不足、制度落实不力及责任主体不明确等诸多问题，这些问题在某种程度上影响了城市风险治理与隐患排查的工作进程，亟须城市管理者和理论工作者去探索和研究。

四、进一步推进特大城市公共安全风险治理工作的若干思考

综合上海风险治理与隐患排查工作来看，尽管经过一段时间的试点探索，风险治理和隐患排查工作取得了一定的成效，但改变现有"运动式"治理模式，建立长效的风险治理和隐患排查机制仍需要一个长期的过程。这就需要我们深入探索和研究优化特大城市公共安全风险治理的对策和思路。

（一）完善风险治理相关概念体系

对危险源、危险区域及安全隐患等基本概念及适用范围做出科学的、明确的界定是当前风险治理和隐患排查工作首要解决的问题。为此，可由特大城市应急管理部门牵头，区县和行业各主管部门协助，动员专家学者和实践工作者，结合《突发事件应对法》、地方性应急管理法规、安全生产规章等内容，从中梳理出风险治理的相关概念，统一明确和规范风险治理相关领域概念和范式的内涵和范畴，逐步完善风险治理相关的概念体系，为今后各级政府开展风险治理和隐患排查工作提供指导。

（二）明确风险和隐患的等级标准

现实中，不同行业的风险和安全隐患不同，划分等级的标准也不尽相同，

标准的制定也不能搞"一刀切",应该给具体部门留执行的操作空间。首先,对风险隐患进行类别上的划分,可以根据我国《突发事件应对法》规定的自然灾害、重大事故、公共卫生事件和社会安全事件等四大类事件对安全隐患进行分类,并授权给相应部门进行管理,明确风险共担的责任。其次,在事件分类的基础上,对风险隐患根据不同的影响度进行等级划分,一方面是确定风险隐患自身的等级,另一方面是区分市级层面、区县层面以及街镇层面的管理标准。分类分级确立风险隐患排查标准是获得有效信息的前提,能为风险评估和治理提供有效的参照。最后,要制定可定性、可量化的参考标准等级目录。采用固定目录加灵活目录的方式,即4+X样式,将频发的灾害种类以目录形式固定下来,对每一个固定灾害种类的目录进行要素分析,留有补充调整的空间,形成固定与灵活目录结合的形式,最终将风险隐患信息模块化处理,以便在特大城市风险治理中运用最新的互联网技术和大数据技术,提高特大城市风险治理的科技含量和水平。

(三) 建立风险治理大数据体系

风险、安全隐患并不是静态的,会随着时间、人员、区域等因素的不断变化而改变。因此,我们要重视动态的风险识别和治理,关键是对风险、安全隐患的信息识别,即信息的汇总和评估。从上海市风险隐患排查工作的实践来看,上报信息量巨大,普通的管理办法不能有效地加工和利用相关数据,因而可通过对上报的信息进行技术性编码、设定关键词、组建案例库,采用信息技术手段处理相关数据并形成便捷化、高效化运行的风险隐患数据库。针对区县和基层面临的重大风险隐患可建立"风险隐患评估清单",为每一项重要的风险点制定规范的列表,列表中给出结构性要素等相关内容,如风险的种类、触发风险爆发的因素、爆发后造成的人员及财产损失等,这样完整的信息列表相当于每一个风险隐患自带的评估报告,最终便于信息化加工处理,形成具有地方特点、行业特色的数据库,逐步建立起特大城市公共安全风险治理的大数据体系。

（四）健全长效的风险隐患排查机制

以风险隐患排查工作为抓手来推进特大城市风险治理体系建设，从应急管理走向风险治理是上海市近年来城市应急管理工作实践的有力抓手。为此，不断健全和完善风险治理和隐患排查长效机制是未来特大城市风险治理的一个重要的努力方向。首先，做到专业分工，在风险识别的信息搜集过程中，应以条线上行业排查为主，综合汇集到块上的主管部门，然后进行数据的分析和评估，形成地区和行业风险评估报告；其次，市一级政府层面可以建立专业性的城市公共安全风险隐患防控协调机构，从条线专业部门抽调工作人员，形成日常的跟进检查模式；最后，完善工作流程，规范安全风险排查行为，优化信息上报流程，健全跟进监督的规程等，突出专业条线部门和协调机构的职责定位，进一步规范和完善风险治理和隐患排查机制。

（五）培育多元化的风险治理主体

面对当今复杂的社会环境，"单一的政府管理"模式逐渐过时，"政府与社会主体的共治模式"逐渐成为社会管理中最优化的路径依赖。"要改变以往那种以政府或国家为中心的治理模式，建立起包括政府、企业、非营利组织、专家、公众等社会多元主体在内的风险治理体制，形成各方面管理各自风险、政府管理公共风险，保险业参与风险共担的风险治理新格局"。[①] 在今后特大城市风险治理中，政府是主导部门，要发挥好指挥协调作用；社区是贴近人民群众的组织，扎根基层是其最大的优势，要发挥好宣传教育、培训指导、监测预警等作用，成为基层有效风险治理的力量；社会组织也是风险治理当中重要的资源，其灵活性、创新性和专业性相互结合，能够弥补政府公共组织风险治理中的不足之处；风险治理最终离不开公众这一重要参与主体，只有通过风险隐患排查等具体的实际行动来提升公民的风险识别、防范能力，才能筑牢整个城市社会的公共安全基础。

---

① 张成福等：《风险社会与风险治理》，《教学与研究》2009 年第 5 期。

第二节 基层安全生产与重大事故风险治理实践与思考

综观北京、上海、天津等大城市的"十三五"规划，都不同程度地指出将打造安全城市、提高市民的安全感作为城市发展的重要目标和任务，进一步强化城市公共安全防御体系和编织城市公共安全网，提升城市公共安全风险监测、识别、评估等风险治理能力和应急处置能力。根据大城市安全运行和安全生产的要求，基于现实调研情况分析，发现基层在安全生产风险治理中存在很多隐患和风险，亟须提高基层安全生产风险治理的能力。

一、基层安全生产与重大事故风险治理中的突出问题和主要短板

1. 部分企业主体责任缺失，"五落实五到位"工作流于形式

安全生产的第一责任人是企业，对企业而言就是抓好主体责任的"五落实五到位"（落实"党政同责"、落实"一岗双责"、落实安全生产组织领导机构、落实安全管理力量、落实安全生产报告制度；必须做到安全责任到位、安全投入到位、安全培训到位、安全管理到位、应急救援到位）。但在调研走访中发现，部分企业，特别是一些微小企业对主体责任的落实毫不在乎，违法经营、违规作业比比皆是，有的顶风作案，非法储存危险品化学品等。2015年，在天津港"8·12"瑞海公司危险品仓库爆炸事故发生后，上海电视台连续曝光了上海市几个区存在危化品非法储存经营的问题就说明了这一点，反映了一些企业在安全生产中主体责任的缺失和不作为。

2. 一些企业从业人员的风险意识较差和风险辨识能力不足

根据事故资料及实地调研发现，部分企业的领导和从业人员风险意识较差，安全制度不落实、措施不到位，尤其是一些一线从业人员对生产中的隐患和风险见怪不怪，缺乏基本的安全常识，对潜在的风险普遍存在侥幸心理。

同时对企业生产中的风险认识不足，辨识风险能力较差。例如，危化品生产、运输企业，粉尘涉爆企业及周边人员对身边的危险源视若无睹；还有的对乱拉电线、超高堆物、高空作业等现象不以为然，从业人员根本没意识到自身存在的问题。

3. 基层安全生产监管人员队伍缺乏、能力不足

基层安全监管队伍业务素养不高，实践经验缺乏，流动性较强，在实际监管中安全监管人员缺乏主动发现问题、评估问题及指导改进监管问题的能力，导致基层一系列监管活动的科学性和有效性大打折扣，大大影响基层监管的能力和水平。调研中发现基层最大的问题是人少事多，有些基层干部身兼数职，除了安全监管、巡防治安，还要兼顾社区应急管理等工作，导致工作范围过宽、工作内容过多、人手不足等，使很多基层干部疲于应付，无法胜任基层安全监管的专业性工作。

4. 缺乏有效的信息共享和沟通机制，使企业监管部门之间存在"信息壁垒"及监管信息"不对称"现象

由于当前互联互通工作没有完全到位，不同监管主体横向上缺乏信息共享和沟通协调机制，造成基层生产安全监管工作容易出现"盲点"和"三不管地带"。如异地经营的监管问题，个别危化品生产企业在甲区注册和登记，却在乙区生产，造成企业所在地监管部门对企业监管信息存在盲区，属地监管的责任无法落实，影响所在地对企业安全生产监管的有效性。

5. 基层安全生产监管中社会力量动员不足，导致政府监管工作疲于应付

由于制度设计的不足和习惯性思维的障碍，基层公众、社会组织等参与安全生产监管的制度和路径不完善。市场、社会组织、公众等社会力量未得到充分动员，容易出现政府唱"独角戏"的被动局面，导致在监管中把所有压力都集中到政府管理者身上，经常出现政府层层加压、一级一级向下传导压力的现象，越到基层压力越大。由于资源、队伍等条件限制及基层企业的数量巨大，使得基层对企业监管力不从心，而社会力量参与监管又缺乏有效

路径。

二、优化基层公共安全与重大事故风险的治理对策和建议

基于基层安全生产监管中存在的"短板",进一步探索补"短板"的思路和方式,从企业生产安全的源头治理、严格执法、广泛动员社会力量等方面,编织企业安全生产监管网,夯实基础,关口前移,提高安全生产前端发现、综合监管的能力。

1. 树立"源头管控、严格执法、社会动员、齐抓共管"的安全风险治理理念,形成全社会的企业安全生产风险监管网络

大城市可借鉴上海 2016 年春节期间成功管控烟花爆竹燃放的治理经验,即依法治理、源头管控、动员民众等,重点明确企业生产安全源头管理的方向,加大对企业生产安全风险管控不足的惩罚力度,广泛动员社会主体参与企业生产安全监管,形成全社会高度重视生产安全风险治理的全方位、立体化安全网,强化生产隐患前端发现,为城市基层企业安全生产风险治理工作保驾护航。

2. 深化大联动大联勤模式,充分整合各类管理主体资源,解决基层安全生产风险监管队伍不足的问题

今后,可考虑全面推广城市管理大联动大联勤模式和城市智慧网格化平台的做法,探索"大联动机制＋安全生产监管"和"城市大脑＋安全生产监管"的运行机制和管理模式,把企业安全生产监管纳入区、街镇、村居三级大联动大联勤工作网格和基层"社区大脑"管理的平台上,确保管理重心下移、力量下沉,将企业安全生产中的隐患排查、源头治理嵌入大联动大联勤综合管理机制和城市智慧网格管理体系中,发挥大联动大联勤机制和基层"社区大脑"的功能,确保更多的人力资源加入基层安全监管队伍,力争建立区域内无盲区的前端发现机制,从源头上防范化解安全生产事故的风险,从而控制基层的安全生产事故发生概率。同时,可以参照和借鉴基层社会治安

综合治理的经验，探索招聘和发展一批针对性强、专业化程度高的安全生产监管社工专业队伍，指导基层开展识别危险源和风险评估的工作，增强基层生产安全监管人员的风险排查和管控能力，提高安全生产事故治理的能力。

3. 市区两级政府设立专项资金，加强基层企业安全生产监管软硬件配置，打造市区两级的重点高风险企业安全监管网

将高风险、影响大的重点企业全部纳入安全监管网，实现监管部门间横向对接，系统内纵向衔接的格局，实时上传空间地理、安全设施、物品储存、救援力量、处置方案等数据信息，互通互联，打造全市统一的安全生产数据库，实现对全市危险化学品等重点企业24小时视频监控，实现对全市危化品等重点企业在线监测和预警，从源头上提高风险治理能力。

4. 广泛动员社会力量，提高社会协同能力，创建多元共治的安全监管体系，实现参与式安全生产监管模式

在基层安全生产监管体系建设中，应充分发挥社会力量的功能：第一，可以尝试社会保险机构间接参与安全监管的方式，督促企业购买保险方式引入市场保险机制，通过专业保险机构监督企业安全生产工作，形成企业安全生产风险治理由企业与保险机构共同分担的机制；第二，积极鼓励公众参与安全监督，广泛发动传统媒体和现代媒体参加安全生产监督，形成安全生产监管合力。在实践中可借鉴食品药品监管的成功做法，探索建立企业安全生产监管"深喉"制度，加大对安全生产风险举报人的奖励力度，鼓励企业内部或风险相关的人员举报企业安全生产中的隐患和违法违规行为，提高对基层安全风险的识别和管控能力；第三，进一步完善政府购买服务制度，引入社会专业组织监管力量。通过民事合同契约的形式或服务协议等市场委托的方式，引入第三方监管力量，通过第三方专业化的风险辨识和评估，弥补政府监管专业性和有效性不足的问题，创新企业安全生产监管新方式，提高安全生产监管的能力和效度。

5. 依法厘清基层安全生产风险治理中的主体责任、监管责任和属地责任，严格落实安全责任，解决基层安全生产监管执行中"最后一公里"的困境

在基层生产安全监管中，充分发挥法律和制度的作用，从制度、法制上依法明确企业安全生产主体责任，督促企业积极落实安全生产的主体责任，严格落实政府主管部门监管责任和地方政府的属地责任，全面落实"党政同责、一岗双责"和"管行业必须管安全、管业务必须管安全、管生产经营必须管安全"的基本要求，把安全生产责任落实到各个环节、岗位和个人，基本做到人人有责、人人尽责的安全氛围。同时可以引入社会监督机制，鼓励社会公众、专业人员、社会组织及新闻媒体等各类主体监督安全生产行为，保障基层安全生产监管工作落到实处。

第三节 郊区危化品安全生产风险治理实践与思考

2016 年 1 月以来，郊区各级政府按照上海市委一号课题精神开展区域环境综合整治"补短板"行动，重点进行"五违"整治。部分区县政府在区域环境综合整治中，发现危化品安全生产形势依然不容乐观，存在诸多"短板"，如不具备安全运输条件，无证无照经营，物流单位违法托运、承运、储存危险化学品等违法行为。这些违法行为都发生在天津危化品仓库爆炸及"两高司法解释"出台后，反映了郊区在危化品安全生产风险治理中依然存在意识不强等突出问题。

一、郊区危化品安全生产风险治理中存在"短板"

1. 一些企业从业人员无视安全法规、铤而走险，安全制度不落实，安全措施不到位

一是违规经营。一些企业不具有危化品储存资质，却违规储存危化品，并隐瞒不报。二是严重违反《危险化学品安全管理条例》第24条。按条例规定，危化品应储存在专用仓库内，但现实中不少企业将危化品储存在违规建筑内。三是顶风作案。天津发生危化品爆炸事件和"两高司法解释"出台后，安全生产隐患整治力度进一步加大，但一些企业仍不收手，继续违法储存危化品，性质十分恶劣。如2015年9月6日，上海电视台新闻综合频道根据举报，对位于闵行区浦江镇的上海颖川化学有限公司非法存储危险化学品的情况进行了曝光。经调查，这是一起经营者租借村里土地后擅自进行违法搭建，并改变土地用途违法储存危险化学品的严重事件。这些危化品储存于居民密集区，严重危害民众的生命财产安全。一些一线从业人员对生产中的隐患视若无睹，风险意识较差，缺乏基本的安全常识，对潜在的风险存在侥幸心理，对企业生产中的风险认识不足，辨识风险能力较差。

2. 物流运输行业的无序管理和低价运输恶性竞争导致危化品运输行业乱象丛生

一些不具有资质的物流企业在普通货物中夹带运输危化品，而其隐蔽性和停留的短暂性又使监管比较困难。同时，运输车辆进入物流行业门槛低、层层转包和专线运输的特性又促使违法运输现象普遍存在，有的甚至直接无证无照经营。

3. 企业所属地基层干部对安全工作疏忽

近年来，尽管上海市对危化品非法储存经营和运输行为的整治一直保持着高压态势，但一些基层干部到企业去检查，却对进进出出的危化品车辆视若无睹，对刺鼻性气味闻而不问，明知是违章建筑内储存危化品，却容许其长期存在、隐瞒不报、逃避整治，视安全为儿戏。

4. 缺乏有效的信息共享和沟通机制，使企业与监管部门之间存在"信息壁垒"及监管信息"不对称"现象

由于当前互联互通工作没有完全到位，不同监管主体横向上缺乏信息共享和沟通协调机制，造成基层企业生产安全监管工作容易出现"盲点"和"三不管地带"。如异地经营的监管问题，个别危化品生产企业在甲区注册和登记，却在乙区生产，造成企业所在地监管部门对企业监管存在盲区，属地监管的责任无法落实，影响监管部门对企业安全生产监管的有效性。

5. 基层企业安全生产监管中社会力量动员不足，往往导致政府监管工作疲于应付

由于制度设计的不足和习惯性思维的障碍，基层公众、社会组织等参与安全生产监管的制度和路径不完善。市场、社会组织、公众等社会力量未得到充分调动，容易出现政府唱"独角戏"的被动局面，导致在监管中把所有压力都集中到政府管理者身上，出现政府层层加压，一级一级向下传导的现象，越到基层压力越大。

二、弥补危化品安全生产风险治理中的"短板"思路

针对郊区危化品安全生产风险治理中存在的问题，着重弥补危化品安全生产风险治理中的"短板"，从企业安全生产的源头治理、严格执法、广泛动员社会力量等方面着手，编织企业安全生产监管网，夯实基础，关口前移，提高安全生产前端发现、联动处置、综合监管的能力。

1. 通过区域环境综合整治，弥补郊区危化品安全生产风险治理中的"短板"

今后，可将郊区危化品安全生产风险治理与区域环境整治有机结合起来，

通过加大"五违"整治力度，从源头上梳理郊区危化品企业安全生产的风险和隐患，补好危化品企业安全生产风险治理的"短板"。重点明确危化品企业安全生产源头治理方向，加大对危化品企业安全生产风险管控工作不到位的惩罚力度，广泛动员社会主体参与企业安全生产监管，形成全社会高度重视生产安全风险治理的全方位、立体化安全网，强化生产隐患的前端发现，为郊区危化品企业安全生产风险治理工作保驾护航。

2. 深化大联动大联勤模式，充分整合各类管理主体资源，解决基层风险监管队伍不足的问题

当前，可推广部分区县深化大联动大联勤模式的做法，实现"大联动＋安全生产监管"的运行模式。把危化品企业安全生产监管纳入区、街镇、村居大联动大联勤工作网格中，将企业安全生产的苗头性问题发现和源头治理叠加在大联动大联勤综合管理机制中，保障更多的基层人力资源加入安全监管队伍，力争建立区域内无盲区的前端发现机制。如闵行区推进"大联动＋安全生产监管"后，赋予网格员安全生产隐患前端发现和报告的职责，将区、街镇、村居大联动安全网格员力量全部发动起来，使得监管人员数量相当于原本监管力量的几十倍，弥补了全区基层安监人员不足的问题。同时，可以参照社会治安综合治理的经验，招聘一些针对性强、专业化程度高的安全生产监管社工队伍，补充到街镇、村居，指导基层开展识别危险源和风险研判的工作，增强危化品企业安全生产管理人员的风险排查和管控能力。

3. 市区两级政府设立专项资金，加强危化品企业安全生产监管软硬件配置，打造市区两级的重点高风险企业安全监管网

将高风险、影响大的重点危化品企业全部纳入安全监管网，实现监管部门间横向对接，系统内纵向衔接，实时上传空间地理、安全设施、物品储存、救援力量、处置方案等数据信息，互通互联，打造全市统一的安全生产数据库，实现对全市危化品等重点企业在线监测和预警，从源头上提高源头风险治理能力。

4. 广泛动员社会力量，提高社会协同能力，创建多元共治的安全监管体系，实现参与式安全生产监管模式

一是要积极培育和扶持第三方服务，尝试社会保险机构间接参与安全监管。在危化品企业安全生产监管中，引入市场保险机制，通过专业保险机构监督企业安全生产工作，实现企业安全生产风险由企业与保险机构共同分担的机制。二是鼓励社会公众参与安全监督，发挥社会媒体的舆论监督作用，形成安全生产监管合力。可借鉴食品药品监管的成功做法，探索建立安全生产监管"深喉"制度，加大对危化品企业安全生产风险举报人的激励力度，鼓励企业内部或风险相关人员积极举报企业安全隐患和违法违规行为，提高对危化品安全生产风险的识别能力。三是完善政府购买服务制度，引入社会专业组织监管力量。并通过协商民事合同或者第三方协议等市场委托的方式，引进第三方监管力量，通过第三方专业化的风险评估，弥补政府监管的专业性和有效性不足的问题，创新企业安全生产监管新方式。

5. 依法厘清危化品企业安全生产风险治理中的主体责任、监管责任和属地责任，严格落实安全责任，化解危化品安全生产监管执行中"最后一公里"的困境

从制度、法制上依法明确企业安全生产主体责任，强化新安法和"两高司法解释"的宣传，督促企业自觉落实安全生产的主体责任。严格落实政府部门监管责任和区县、街镇属地责任，全面落实"党政同责，一岗双责"和"管行业必须管安全、管业务必须管安全、管生产经营必须管安全"的要求，把安全责任落实到各个环节、岗位和个人，同时引入社会监督机制，鼓励社会公众、专业人员、社会组织及新闻媒体等主体监督政府的监管工作，保障基层危化品企业安全生产监管工作落到实处。

第四节　住宅小区电梯安全风险治理实践与思考

一、问题提出：电梯运行安全事故频发

高楼林立的都市中，电梯已成为人们日常生活中必不可少的工具。然而，电梯困人、伤人事故也时有发生。截至 2016 年年底，我国电梯总量达 493.69 万台。电梯作为涉及公共安全的特种设备，其结构复杂、应用广泛和运行强度大等特征，都使安全问题容不得一丝马虎。

二、主要原因：电梯运行安全系统的脆弱性

根据脆弱性理论范式的基本原理，住宅小区电梯安全事故不是偶然的，而是电梯安全运行系统脆弱性在外在致灾因子的作用下超过了特定的安全阈值，是各种脆弱性综合作用的结果。住宅小区电梯安全运行系统脆弱性主要体现如下：

一是居民对电梯安全使用意识薄弱和知识缺乏。部分居民对电梯存在的风险认识不足，常常会出现超载、人为损坏电梯、违规使用电梯等不正确现象，人为制造了电梯不安全运行的风险，为安全事故埋下了诸多隐患。

二是电梯安全使用年限缺乏制度性规定。部分大城市 20 世纪 90 年代建设并投入使用的各种电梯相继进入生命"大限"，由于法律上没有权威性规定电梯报废的准确年限，使得电梯制度化更新缺乏有效而权威的依据，"超期服役"现象普遍存在，增加了电梯安全运行系统的脆弱性。

三是电梯维修保养单位和人员素质参差不齐。由于电梯行业发展太快，电梯安全运行的各个环节存在脱节现象，最薄弱的是维保，尤其是维保单位参差不齐、人员素质堪忧，为电梯安全事故埋下诸多隐患。如深圳电梯伤人事故中维保人员涉嫌违规使用润滑油，缺乏有效监督，导致电梯制动功能失

灵，酿成重大事故。另外，大量电梯业主通过市场机制，选择第三方维保商对电梯运行进行日常维护和检修，而不是由电梯制造企业的专业工作人员或专业的维修人员进行保养，这么做虽然节省成本，但是保养的质量得不到有效保证。这些脆弱性的存在为电梯安全运行埋下了隐患。

四是电梯维修保养资金缺乏有效保障。小区住宅电梯维修保养由于手续繁杂、多元利益主体难以协调，导致房屋公共维修资金提取困难，维修费用难以落实，维保环节往往因缺乏资金保障，出现敷衍了事走过场的现象。很多城市小区使用房屋维修资金的申请程序比较严格，先是业主委员会、物业服务企业或业主代表提出维修方案，然后经占建筑总面积 2/3 以上的业主签名同意并经两次公示后，才能进行审批。由于缺乏权威性的制度规定，使得住宅小区电梯维修保养或更换资金难以落实，导致小区电梯常规的维修和保养得不到保障，严重影响了电梯的安全运行。

五是政府主管部门对电梯安全监督管理力量有限。随着电梯超常规速度发展，政府安全监管力量远远满足不了电梯安全监管的需要，在监管中出现了力不从心的状态，影响了对电梯安全监管的效度，为电梯安全使用留下了很多监管的盲区。

六是电梯安全责任分担缺乏市场主体参与。电梯运行本身是有风险的，目前承担风险主体的力量有限，大部分风险由政府、业主等主体承担，市场保险主体、社会组织等主体介入不够，使得责任分担的主体过于单一，没有有效调动市场、社会资源共同分担电梯运行安全风险。

当公共安全体系的多个方面都存在明显脆弱性表现并严重影响安全能力时，即出现系统脆弱性。正是以上住宅小区存在的这种系统综合脆弱性，常年积累的风险打乱了系统间的平衡结构，使系统脆弱性超过特定的安全阈值，在外在致灾因素扰动下，使得住宅小区电梯安全事故频繁发生。

三、治理对策：提高电梯安全运行系统脆弱性的抗逆力

要从源头上治理城市公共危机事件，保障城市公共安全运行，关键在于从自然系统、社会系统、技术系统、管理系统等多个方面梳理出影响公共安

全治理系统脆弱性的因素，确定脆弱性对扰动因素的暴露程度，增强脆弱性的敏感度，系统地提高公共安全系统对扰动因素的抗逆力和恢复力，适应系统多重扰动因素影响，保障公共安全系统稳定和平衡，从源头上治理危机事件风险生成的条件，平衡脆弱性与压力系统之间的关系，防止脆弱性在致灾因子扰动下突破安全阈值演变成危机事件。针对以上住宅小区电梯安全系统脆弱性，可采取以下具体措施，治理系统的脆弱性，控制电梯安全运行的风险，保障住宅小区电梯使用的安全。

第一，加大电梯安全使用的知识宣传和教育，普及电梯使用常识，动员居民积极参与电梯安全管理。通过学校和社区的教育平台，借助各种教育的形式和工具，宣传电梯安全使用的知识和遇到危险时安全逃生的技巧，增强居民使用电梯的风险意识，养成居民安全使用电梯的习惯，提升居民遇险时的自救能力。同时，动员居民积极参与电梯安全运行管理，引导居民及时发现和报告电梯安全运行中存在的问题，从源头上杜绝电梯安全运行的隐患。

第二，在电梯设计和生产技术方面，提高电梯安全的技术标准。电梯设计和使用可考虑特大城市人口多、流量大、使用频率高的特点，增加电梯自动监测报警装置，提高电梯预告预警的灵敏度和电梯系统的抗逆力，为减小安全风险提供技术保障。

第三，在电梯使用和维修管理上，加大许可证管理力度，制定电梯维保行业的标准和规范，提高维保行业的质量和水平。可以制定相关的规定和法规，健全电梯维保单位和人员准入、淘汰机制，建立黑名单制度，加大对违规维保单位的监管和惩戒力度，提高企业和人员的违规成本。政府定期开展专业执法监督，定期公布电梯生产公司和维保单位的信息，接受公众的广泛监督，提高政府对电梯行业的监管水平。为了缓解监管部门人力不足的困境，还可以发挥电梯行业协会等第三方力量的作用，确立行业标准和门槛，规范电梯生产、维修过程中的行为，加强对电梯生产、维保机构的长效监督。

第四，主动引入市场主体介入电梯安全监管领域，尤其是引入保险公司资源，发挥第三方对电梯维保行为的监理，提高监管的效率和水平。当前可借鉴建筑工程领域引入保险公司对施工方监理的思路，将维修基金里的一部分资金用于购买保险，利用保险公司监督维保公司和电梯使用单位，解决监管部门力量薄弱的问题。同时，利用维修资金购买公共保险，转移电梯安全事故的风险成本，减少电梯事故给民众身体和生命造成的损害，让市场主体分担事故责任，保障居民的合法权益。

第五，制定住宅小区电梯维修资金使用制度，简化电梯维修资金使用程序，提高维修保障资金利用效率。针对住宅小区电梯维保的特殊性，电梯安全主管部门联合住宅管理等部门优化电梯维修资金使用的制度设计，在维修基金中设立电梯更新维护专项经费，确保电梯维修费用专款专用，简化电梯维修资金使用程序，提高维修保障资金利用效率，降低因资金不到位而造成电梯安全事故的风险。

第六，加大电梯安全管理的信息数据库建设，提高安全管理的信息化水平。主管部门有计划地分类、分批对住宅小区电梯进行安全评估，全面摸排电梯的生产时间、使用时间、存在的安全隐患等信息，建立电梯安全运行信息数据库，预测预警电梯安全中存在的隐患和风险，坐实电梯安全运行的预警预测工作，加强对电梯安全的日常监管，提高电梯安全使用、维保的信息化水平，便于及时做好日常管理、维护等工作。

第七，完善电梯运行中突发事件应急预案，加强预案演练，为降低电梯事故带来的损失做好准备。完善电梯事故救援预案，确保电梯事故发生时，能及时反应、快速应对，提高相关部门的应急救援能力，有效降低电梯事故带来的风险和损失。这也是提高系统恢复力的重要表现。

第五节　居民住宅楼安全风险治理实践与思考

近年来，我国不少地区连续发生居民楼坍塌事件，导致多名人员伤亡及财产损失，给城市安全管理带来了巨大威胁。一些原本规定70年产权的住宅，20年左右就坍塌了，出现了"未老先衰"的现象。如何从源头上避免"楼脆脆"悲剧事件重演成为各级政府必须面对的课题。

一、老式居民住宅楼隐藏着巨大风险

综观上海市 20 世纪八九十年代大面积建起来的居民楼，其中隐藏的风险也不容乐观：一是当时居民楼建设存在"重速度、轻质量"的现象。20 世纪末，上海处于"一年一变样，三年大变样"的快速发展阶段且居民对改善居住条件愿望非常迫切，住宅建设过程中难免会出现"重速度、轻质量"的现象，给居民楼留下了不同程度的安全隐患。二是居民楼质量监管体系未完善，导致工程质量参差不齐。当时，市场经济刚刚起步，规范标准体系跟不上建设的速度，刚刚进入市场的建筑工人来不及学习建筑常识，有的从田地出来直接走上脚手架，而工作质量监管体系未完善，存在"重建设、轻管理"的现象，导致工程质量参差不齐。三是由于房地产市场的快速发展，老旧小区居民楼交易频繁，部分新住户常常擅自改变原有的房屋结构进行装修，破坏了住宅本身的安全平衡。四是大规模城市基础设施建设，也给老旧居民楼安全留下诸多隐患。由于大规模基础设施建设及地下空间开挖，不同程度地损坏了原有的地下结构，给周边老旧居民楼安全留下隐患。五是老旧居民楼房屋大部分是砖混结构，本身安全系数比较低，长期受自然因素影响抗风险能力比较差。经历了 20～30 年自然因素的影响，尤其是台风、暴雨等侵蚀，砖混结构居民楼变得更加脆弱，抗风险能力下降。以上风险和隐患的存在给城市管理者提出了新挑战和新要求。从源头上防控老旧居民楼"坍塌"风险成为各级政府部门刻不容缓的任务。

二、发挥多元主体作用，协同做好风险治理和排查隐患工作

德国"海恩法则"显示，每起严重事故背后，必然有 29 起轻微事故，300 起未遂先兆以及 1000 起事故隐患。这就说明每次大的事故都是由一系列苗头和隐患积累而成的，这就需要任何事故防范都要从源头做起。要从源头上防控老旧居民楼坍塌的风险，充分发挥政府、市场、社会等各方面主体作用，共同形成安全防范的合力，从城市常态管理中不断发现其中的风险并及

时排查隐患，积极采取有效的干预措施，防患于未然。

一要树立风险意识，将危楼管理纳入社区管理的范畴，切实履行保障居民安全责任。现阶段各级领导务必树立风险意识，要充分认识到老旧居民楼内在的脆弱性和风险。在城市运行安全管理中，将老旧居民楼安全风险作为重要内容去监管，把危楼管理纳入社区管理的范畴，建立长效的管控机制，从常态管理中及时发现风险和排查隐患，将风险控制在萌芽状态，避免居民楼坍塌事件的发生。

二要完善老旧居民楼建设过程档案，强化开发商和监理方的主体责任。制定开发商和监理方的安全质量责任终身制，避免出现因为时间推移、开发商或监理方变更而无法承担责任的现象，确保开发商和监理方能承担其应有的责任。

三要建立老旧居民楼的信息数据库，逐步完善老旧居民楼使用档案，提高对老旧居民楼的科学化监测和预警水平。当前老旧居民楼的数量大，风险多，仅靠传统的技术和手段是无法实行有效监控的，这就需要打破各部门、各区域之间老旧居民楼信息数据的壁垒，共同搭建居民楼信息平台，逐步完善老旧居民楼使用档案，坚持居民楼属地化管理，实现各部门信息共享，发挥社区物业、业主等社区主体的作用，提高对老旧居民楼的风险监测和预警水平，确保老旧居民楼风险沟通和风险评估制度化。

四要利用政策推行"强制验楼"计划，培育和利用专业化的市场力量，对现有老旧居民楼进行检测和评估。可借鉴我国香港特别行政区实施的强制验楼制度，利用政策推行"强制验楼"计划，界定私人业主和政府监督责任，发挥专业化市场力量的作用，加强专业监测机构对老旧居民楼进行安全监测和评估，同时约定检测机构的责任和义务，规范其检测行为，避免检测机构走过场而留下隐患。将权威检测的结论作为政府监管、居民监督及房产商维修的依据。

五要广泛动员社区居民的力量，积极参与老旧居民楼的安全监督和管理。加强对居民的宣传和教育，增强居民安全意识和敏锐性，培养居民"第一时间"发现居民楼安全隐患的能力，动员居民及时向政府及相关部门报告隐患和风险信息，便于快速采取有效防控措施，从源头上防控风险。

六要设立老旧居民楼保险基金，由政府、市场主体及居民共同分担老旧居民楼的风险成本。逐步建立老旧居民楼的保险基金，政府可以通过政策引导和扶持，由居民和市场主体适当投入保险，借助保险市场的力量，降低居民楼坍塌给政府、居民及市场主体带来的损失。

七要及时将危险系数高的老旧居民楼纳入拆迁计划，彻底消除危房的隐患。对没有维修价值，或者影响城市规划和建设的危楼，政府可以启动旧区改造计划，拆除危房，根除危房坍塌的风险。

第六节　住宅小区火灾安全风险治理实践与思考

一、"小火亡人"问题亟待解决

"小火亡人"现象往往过火面积较小，在火灾初期因烟熏致死的比例高，受害者多为行动能力和自救能力较差的老人、小孩等弱势群体，往往是在小范围、短时间内致人死亡，几乎没有等待救援的时间，这给消防安全管理带来巨大挑战。主要特征如下：

1. 发生频率高

2014—2016 年，上海市共发生火灾 14917 起，死亡 115 人。其中，过火面积 20 平方米以下的小型火灾达到 13822 起，死亡 89 人，分别占到总数的92.7％和77.4％。可见，"小火亡人"问题已经成为上海市主要的消防安全隐患之一。

2. 死亡比例高

2011 年以来，上海市居民家庭火灾累计造成 241 人死亡，占火灾亡人总数（334 人）的72.2％。2016 年，上海市全年造成人员死亡的火灾 36 起，其中过火面积小于 20 平方米的"小火亡人"事件有 27 起，占比为75％。

2017 年一季度，"小火亡人"事件在上海市共造成近 20 人死亡。"小火亡人"事件造成的死亡人数和比例居各类火灾之首。

3. 治理难度大

目前，为治理"小火亡人"问题，各级政府从人防、技防、物防等各方面做了大量工作，但结果并不理想。上海老旧小区多，外来人口多，人口老龄化程度高；存在大量生产、经营、仓储、居住等"三合一"场所，火灾隐患突出，治理难度很大。又因为第一现场、第一责任人自救能力和应对能力不足，最终往往是小火酿成大灾。

二、"小火亡人"问题难以治理的深层原因

1. 老旧建筑和违章建筑大量存在

上海市现有老旧小区 1200 多万平方米，居住人口约 300 万。老旧建筑多为砖木结构，耐火等级低，电线裸露、私拉乱设，电动车违规停放充电，楼道杂物堆积等现象突出。且通道狭窄，部分小区消防通道难以畅通，防火分割不到位，消防基础设施严重不足，给救援带来很大难度。上海市存在大量违章建筑，特别是在市郊及城乡接合部，很多违章建筑使用彩钢板或泡沫夹芯板，这类建材不仅防火性能差，而且几乎没有消防设施，居住人员非常危险，整治工作难度较大。

2. 居民对新燃料、新材料使用的安全风险认识不足

清洁能源改造后，部分居民对新能源的使用方法不专业，使用新能源的相关经验不足、安全意识不高，导致泄漏、爆燃事故增加。在装修过程中，电器线路隐蔽，且大量使用油漆、塑料、阻燃性差的新材料。这类材料不仅可燃性高，而且极易产生有毒烟气，大大增加了人员受伤和死亡的风险。

3. 火灾易发区域与老百姓生活场所息息相关

上海市存在大量沿街商铺，特别是小酒馆、小网吧、小餐馆，数量庞大。这类沿街商铺的部分商户违规用电，消防安全理念缺乏；另外，存在大量生活与生产经营"三合一"的场所，底楼是商铺，人员住在隔间，空间狭小，一旦发生火灾，人员逃生非常困难。

4. 基层和居民的消防安全意识不高，自救能力弱

"小火亡人"事件中死亡的人员，大多是老弱病残等弱势群体，他们接触消防安全教育的机会比较少，消防安全意识不足，缺乏必要的应急知识和逃生能力。社区、物业和居委会的消防基础设施不足，基层的救援能力和应急处置能力薄弱。

三、进一步化解"小火亡人"问题及控制风险的对策建议

1. 全面普及安装独立火灾烟雾报警器，提高建筑物消防安全系数

据统计，安装火灾报警探测器的死亡人数比没有安装报警探测器的死亡人数低 2.5 倍。今后，全面普及安装独立火灾烟雾报警器，率先在公共场所、幼儿园、养老院、宿舍、小旅馆、娱乐场所等"小火亡人"易发场所统一安装或强制安装独立火灾烟雾报警器，并逐步向居民家中延伸；可以将推广火灾报警器纳入棚户区改造和养老、助残等为民办实事项目；落实专项资金，通过政府购买服务方式为老式居民区或弱势家庭免费安装、维护；还可以积极动员社会力量，拓宽资金来源，引导福利彩票公益金、物业维修基金、老旧小区应急维修基金等采购安装；同时，完善制度引导或强制各类小型生产、经营单位自主安装；加强物联网建设，将居民小区和公共场所内的火警装置联通社区网格化中心和当地消防部门。

2. 树立全警消防的理念，明确基层派出所在社区消防治理中的功能和责任

根据新时期基层社区火灾风险高发的特征，可以树立全警消防的理念，夯实基层消防安全管理的队伍和力量，明确派出所在社区消防中的责任，专门明确社区民警的职责，将社区民警功能从单纯的治安工作向社区消防安全治理延伸，充实基层和社区一线消防风险防控的力量；消防、公安、街镇平安办等单位加强基层火灾风险信息互通共享，开展联合监管和执法，进行"楼道清洁"专项整治行动和小区消防通道疏通工作，集中清理乱堆乱放、乱拉电线、楼道内充电、堵塞消防通道等现象，确保楼道和消防通道畅通等。

3. 借鉴驾驶证积分制管理模式落实物业公司的消防安全责任，强化消防"最后一公里"建设

当前，消防可联合住房管理、工商管理等部门，借鉴机动车驾驶证积分制的管理模式，将物业公司的经营资质与其消防安全管理工作挂钩，把物业公司基层消防管理工作（保安消防训练、楼道风险排查、消防通道管理、微型消防站建设等）纳入对物业公司考核和监管的内容，根据其消防日常工作确定其管理加、减分，如果消防工作未到位或发生重要责任火灾的，扣其资质分，直至吊销其经营资质，强化物业公司的消防责任，激发物业公司从源头上重视小区消防安全工作的动力；街镇社区、居委会、物业公司、派出所等可建立社区老弱病残家庭人员数据库，重点摸排居民小区或敏感区域火灾隐患和薄弱环节，加强老弱病残家庭的重点监管。加强微型消防站建设，在装备、制度和人员保障方面加大投入，加大小区消防人员的训练力度，提升基层灭火战斗力。

4. 推行社区综合保险制度，动员市场专业主体力量，提高社区居民抵抗火灾风险的能力

一方面，可以借鉴黄浦区推行的社区综合保险制度，鼓励和资助居民购买家庭财产火灾的公共责任险，利用保险公司资源化解火灾可能造成的损失，

减轻政府与居民的负担；另一方面，可以发挥消防安全第三方专业评估机构的优势，引入第三方专业机构定期或不定期对基层或敏感单位进行全面消防风险检测，形成独立的评估报告，使评估报告成为消防部门后续跟踪和监管的依据，及时从源头上消除火灾安全隐患。

5. 动员基层和社区志愿者的力量，夯实基层社区消防风险防控的基础

加强与团委、民政部门合作，组建社区消防志愿者组织和队伍，将社区消防志愿者服务纳入全市志愿者管理的框架，制定社区消防志愿者队伍发展和培训规划，提高基层和社区志愿者的隐患识别和应急响应能力，为基层消防安全风险治理夯实基础。

6. 加强"第一响应者"能力建设，提升居民消防意识和自救能力

加大消防宣传教育力度，将消防安全教育纳入义务教育必修内容，以点带面，提高宣传教育的有效性；充分发挥电视台、广播，特别是网络媒体、自媒体的作用，加大基层消防安全知识宣传平台建设，提升安全知识推广的知晓度；消防培训和教育可引入市场机制和市场主体，主管部门制定消防教育和培训的标准，指导市场培训主体开展常态化的、公益性的消防实操和体验项目，提高消防安全教育的效度。

第七节 基层社会治安防控体系建设的实践与思考

2015 年，中共中央办公厅、国务院办公厅印发了《关于加强社会治安防控体系建设的意见》，从加强社会治安防控网建设、提高社会治安防控体系建设科技水平、完善社会治安防控运行机制、运用法治思维和法治方式推进社会治安防控体系建设、建立健全社会治安防控体系建设工作格局等五大方面

提出了具体措施，描绘了当前和未来我国立体化社会治安防控网的构建图。①
然而，当前地方政府在创新立体化社会治安防控体系中面临着一系列的问题，
严重影响了社会治安防控体系的建设与创新。为此，可结合地方政府的实践，
基于理论研究，在深入分析问题的基础上，提出相关政策建议，完善社会治
安防控体系，提高平安建设现代化水平，提升人民群众安全感和满意度。社
会防控体系的建设，编织全社会公共安全网，有利于从源头上梳理公共安全
系统的脆弱性，为重大事故风险治理创立大公共安全的环境，将公共安全管
理系统脆弱性防控纳入社会治安防控体系建设过程中，提高防控系统脆弱性
的能力。

一、地方各级政府立体化社会治安防控体系建设面临的"瓶颈"问题

1. 对立体化社会治安防控体系新格局认识不够统一

部分地方政府的专业部门比较习惯单一的社会管理或管控，对"社会治
理""多主体参与"的意识稍显淡薄，缺乏社会综合治理意识，影响了"部门
协同、社会参与"的立体化格局的形成。

2. 顶层设计和总体部署仍须加强

在顶层设计和总体部署上，尤其是在改革创新的重点项目、技术标准、
推进要求等方面存在不足。社会治安防控在资源配置和平台建设方面，存在
重"控"轻"防"，防控依赖处置体系，对防范和化解社会问题的体制机制建
设着力不够。②

3. 政策法规体系有待完善

当前，政策法规体系建设存在"瓶颈"：一是平安建设和立体化社会治安

---

① 中共中央办公厅、国务院办公厅：《关于加强社会治安防控体系建设的意见》，见 http：//www. gov. cn/xinwen/2015－04/13/content_ 2846013. htm。

② 史亚杰：《信息化背景下立体化社会治安防控处体系建设研究》，《边疆经济与文化》2016 年第 7 期。

防控体系建设中的一些关键要素的落实缺乏法治保障。二是包括各级政府部门、企事业单位、居委会、社区以及公民在内的多种社会主体的社会治安防控责任制度尚不健全，不利于从制度层面形成齐抓共管的局面。三是各前端管理部门没有充分认识到相关工作（譬如规划、建设、环境、卫生等）同立体化社会治安防控体系建设的关系，导致部门职责落实不到位，出现"综合不起来"的现象。

4.综合协调部门和平台的核心职责、关键作用受到限制

在综治平台建设中，各方都将"综治办"这个党委部门看成一个政府职能部门，承担很多政府管理工作和行政任务，淡化了基层社会综合治理组织协调的工作。同时，在实践中，"综治"成了一个"筐"，任何琐碎疑难问题都往里面装，承担了大量具体的事务，冲淡了综治办及其平台的核心职责和关键作用。

5.在立体化社会治安防控的资源配置上存在不足

一是在人防层面，存在人员短缺和结构不合理的问题。譬如，基层社保队员就存在总体技能不高、年龄结构不合理、任务重、待遇差等问题。二是在技防层面，视频探头等技防建设不平衡，城乡接合部地区、郊区或农村地区技防投入不足，存在视频覆盖盲区等问题。三是在物防层面，地方政府在社区防控体系的配备上没有统一的标准，各种主体各自为政，浪费了大量的资源。

6.基础数据平台比较薄弱，存在数据共享程度低、准确性存疑以及数据挖掘应用水平不高等问题

首先，数据共享的问题。地方政府各委办局和各区县政府部门都存在数据资源开放不够、共享不足的现象，导致很多数据不能共享和共同使用。其次，由于技术、数据录入、历史原因或人口流动等因素，个人信息的可靠性、准确性存在缺陷。最后，在数据挖掘应用上，尚未形成强大的基础数据平台，难以对各个系统形成的大数据进行整合并予以充分挖掘利用，从而影响数据

在防控体系运行中的功能。

二、完善地方政府社会治安防控体系的对策与思路

第一，统一思想、形成共识，为稳步推进立体化社会治安防控体系建设创造良好氛围。平安建设和立体化社会治安防控体系建设需要在思想认识层面高度重视。一要各级党委政府高度重视，列入重要议事日程，作为重点工作，抓紧研究，细致规划，加紧部署，强化推进，狠抓落实；二要加强对防控体系相关专业主体的培训和教育，明确体系建设中的协同主体职责，进一步加强思想和认识层面的统一性；三要加强社会宣传教育，增强市民、村民、企业等主体的社会治安防控意识，承担其应有的责任，为社会治安防控体系建设创造良好的环境。

第二，加强顶层设计，有规划有步骤地推进立体化社会治安防控体系建设。当前，建议由地方各级党委、政府和相关职能部门联合制定创新完善立体化社会治安防控体系的总体规划、重点项目和技术标准，明确顶层设计需要解决的问题和所要达到的主要目标，使规划和标准成为各类联动主体参与社会治安防控的行动准则和指南。

第三，健全完善立法工作，为立体化社会治安防控体系建设提供法治保障。建议立法机关或法制部门根据社会治安防控体系建设的需要起草相关的法规、规章，明确防控主体各自的职责，使防控行为不能超越法律的框架。从法治的高度规范各主体的社会治安防控责任，以法律纽带为主，以感情纽带为辅，实现各级政府、各个部门之间积极配合，形成社会治安防控的合力。

第四，创新基础综合治理平台和运用大数据分析问题技术，推动社会治安防控风险的预警、研判机制建设。在搭建数据平台中，须强化部门责任（包括条与块）的落实，通过法律的方式推动数据向防控职能部门开放和共享，力争达到资源共享、信息共用。同时，综治平台搭建需发挥大数据技术的作用，服务于社会治安防控数据信息挖掘、分析与应用。当前，应避免停留在条块数据的物理集中上，而以数据流、业务流为准绳，整合跨警种、跨平台、跨部门之间的数据；将重点放在跨区域、跨部门的信息分析上，为科

学决策提供依据。还应加强违法犯罪信息的整合工作，注重个人、企业信用管理体系建设，提高个人、企业等主体的违法成本。

第五，顺应基层街镇体制变革的新趋势，通过重心下移夯实基层立体化社会治安防控基础。一是主动适应地方政府基层街镇体制机制变革的新趋势，加强社会治安防控的体制机制改革创新；二是进一步加强社区等基层警务建设，推进网格化管理，提高基层立体化社会治安防控的能力与水平；三是充分发挥基层网络健全责任机制和广泛的社会力量的优势，积极引导，抓紧形成广泛动员的长效机制，打造群防群治的社会基础。由综治办牵头会同各相关职能部门和社会组织，将社工、志愿者组织起来作为综治防控的触角，扩大立体化社会治安防控体系的群众基础和基层力量。

第六，健全完善责任制度和配套机制，从制度层面推进社会治安防控责任落实。一是健全完善立体化社会治安防控的领导责任制和综合治理责任制，按照分工协作、责任明确、权责一致的要求，狠抓各个条块部门的责任落实；二是用制度保障和捍卫公安机关的执法权威，建立起社会治安事件处置中的"容错机制"，充分发挥公安的牵头作用；三是"党政领导"应着重抓社会参与，既要设计明确的激励机制，激发社会力量参与社会治安防控体系建设的积极性，又要用法律的手段明确企业等社会主体的社会治安维护责任，强化个人、企业等社会主体履行一定的社会治安防护责任。

通过社会治安防控体系建设，实现城市安全风险治理全覆盖，将风险识别和评估工作纳入基层公共安全管理体系建设的重要内容，从源头上消除公共安全的风险和隐患，提高城市公共安全风险治理的能力和水平。

第八节 跨区域公共安全风险治理合作的实践与思考

2013年年初，大量的死猪从浙江方向漂浮到黄浦江水域，截至2013年3月19日上海市累计打捞的死猪近万头，给上海黄浦江水源区域带来了很大的威胁。该事件通过各大媒体和网络迅速传播，引起民众广泛关注，尤其是上海市民对水源安全的忧虑和担心，也给政府相关部门应急管理工作带来严峻的考验和挑战。

一、黄浦江死猪漂浮事件反映跨区域应急管理合作势在必行

上海市、区两级政府高度重视事件处置，快速反应，采取了一系列有效措施：首先，动员大量人力和物力将死猪尸体尽快打捞上岸并做无害化处理，最大限度地减少对水源地取水口的威胁；其次，派员赴浙江查找上游死猪尸体的来源，并与浙江协调共同从源头堵截尸体污染；再次，上海市动物疫病预防控制中心对死猪尸体进行化验检测，确定死猪尸体的病原，消除民众对死猪尸体危害的担忧；最后，水务局加强水质监测，并与新闻单位多次联合发布水质未受到污染及死猪尸体来源的消息，力争消除民众对于水质的疑虑。黄浦江及其上游水域出现大量漂浮死猪事件发生后，农业农村部立即派出两批督导组带着任务赴浙江、上海调查了解具体情况，开展督导、督察和具体协调应急处置工作。经过一个月的治理，黄浦江上游原水水质较为稳定，所检测的水质指标与往年同期相似，供水企业的出厂水符合国家生活饮用水卫生标准。这说明以上一系列应急措施取得了阶段性成果。此次事件说明应急管理跨区域合作势在必行，建立灾害事件跨区域联防联控机制是应急管理工作者必须面对的现实课题。现在的突发事件常常是不受时空限制的，产生的负面影响是跨行政区域的，如果还以行政区划的传统思维来布置应急管理工作，往往事倍功半，效果大打折扣。由此可见，跨区域应急管理是现代应急管理发展的必然趋势。

二、地方政府跨区域应急管理合作的若干思路

要避免此类事件再次发生，必须提高地方政府跨区域应急管理的能力。为此，一要强化领导干部跨区域（尤其是省际）应急管理合作意识，提高跨区域应急管理联动能力。上海的特殊地理位置决定了政府在考虑应急管理工作时，必须跳出上海行政区域看应急管理工作，应基于长三角区域合作战略高度谋划应急管理框架，强化区域合作意识，提高跨区域应急管理联动能力，

为上海应急管理工作创造良好的行政生态。

二要制定跨区域应急管理合作的规范和制度，明确跨区域合作主体的职责和联动行为。当前，可借鉴长三角区域一体化的合作模式，确立跨区域应急管理工作联席会议制度，明确跨区域应急管理的协调和联动机制，搭建跨区域应急管理工作可持续的合作平台，为跨区域应急管理合作工作提供有效的载体。

三要建立畅通的信息沟通机制，定期互通相关事件风险隐患信息，增强应急管理者掌控事件的主动权。通过跨区域应急管理联席会议的平台，定期和不定期互通相关突发事件的信息，尤其是事件发生后，为了防止次生灾害产生，及时做出灾情预警，使可能受影响的地区尽早做好充分的准备，掌控事件处置的主动权，最大限度地控制事件的负面影响。

四要建立常规的跨区域预案演练和合作培训制度，提高跨区域应急管理联动中的实战能力。预案是应急管理的地图，它明确了突发事件应对中各部门、各地区的职责和工作流程。预案的熟练程度直接影响了应急管理效果和应急管理能力。可以借鉴英国、美国、日本等发达国家大城市群的应急管理合作和协同的经验，定期或不定期举行跨区域的应急预案演练，扎实做好应急管理准备工作，提高跨区域政府应急管理的实战能力。同时，可以设计和完善相关培训制度，以培训项目为载体，对跨区域应急管理干部进行有针对性和实效性的培训，增强应急管理干部的合作和联动意识，提高应急管理人员的跨区域合作能力。

五要确立定期会商和交流机制，分享跨区域政府之间事件防范和应对的经验和教训。可以借助专题研讨会或工作总结会的形式，将各区域应急管理领导干部召集起来，共同梳理突发事件的风险源和事件处置的经验和教训，共享跨区域应急管理的经验和做法，为跨区域应急管理合作工作积累经验理论，提高大城市群之间区域应急管理的能力和水平。

六要完善跨区域应急物资储备制度，为跨区域应急管理合作提供物资保障。

当前可以逐步建立有利于互通有无、分工协作的应急物资储备体系，构建跨区域应急物资储备信息共享平台，为跨区域突发事件应急处置提供物资支撑，有利于共同提高跨区域应急管理能力。

通过对特大城市上海公共安全系统脆弱性控制实践工作的回顾，发现特大城市公共安全管理系统中脆弱性主要体现在企业生产安全风险、危化品生产和运输安全风险、居民楼等基础设施风险、社会防控风险、消防火灾隐患等方面，上海市针对以上安全隐患和风险大力推进公共安全风险治理和隐患排查工作，至少从目前来看，该项工作取得了阶段性成果。脆弱性在很多高风险和隐患明显的领域得到有效控制，为重大事故风险控制创造了很好的条件。但隐患排查和风险治理工作是一项很复杂的工作，需要长期探索，这就需要政府重视、企业担当、社会参与和公众监督，同时，加强跨区域风险治理和应急响应合作，共同推进全社会关注公共安全系统脆弱性控制，通过制度设计和机制完善，凝聚共识，广泛动员各种资源，形成合力，创新各种安全技术手段和方法，为重大事故的风险治理创造良好的政治和社会生态，以及美好的公共安全环境，提高人民工作和生活的安全感，实现人民对美好生活的愿景。

附　　录

附录一：中华人民共和国突发事件应对法

（2007 年 8 月 30 日第十届全国人民代表大会
常务委员会第二十九次会议通过）

第一章　总则

第一条　为了预防和减少突发事件的发生，控制、减轻和消除突发事件引起的严重社会危害，规范突发事件应对活动，保护人民生命财产安全，维护国家安全、公共安全、环境安全和社会秩序，制定本法。

第二条　突发事件的预防与应急准备、监测与预警、应急处置与救援、事后恢复与重建等应对活动，适用本法。

第三条　本法所称突发事件，是指突然发生，造成或者可能造成严重社会危害，需要采取应急处置措施予以应对的自然灾害、事故灾难、公共卫生事件和社会安全事件。

按照社会危害程度、影响范围等因素，自然灾害、事故灾难、公共卫生事件分为特别重大、重大、较大和一般四级。法律、行政法规或者国务院另有规定的，从其规定。

突发事件的分级标准由国务院或者国务院确定的部门制定。

第四条　国家建立统一领导、综合协调、分类管理、分级负责、属地管理为主的应急管理体制。

第五条　突发事件应对工作实行预防为主、预防与应急相结合的原则。

国家建立重大突发事件风险评估体系，对可能发生的突发事件进行综合性评估，减少重大突发事件的发生，最大限度地减轻重大突发事件的影响。

第六条　国家建立有效的社会动员机制，增强全民的公共安全和防范风险的意识，提高全社会的避险救助能力。

第七条　县级人民政府对本行政区域内突发事件的应对工作负责；涉及两个以上行政区域的，由有关行政区域共同的上一级人民政府负责，或者由各有关行政区域的上一级人民政府共同负责。

突发事件发生后，发生地县级人民政府应当立即采取措施控制事态发展，组织开展应急救援和处置工作，并立即向上一级人民政府报告，必要时可以越级上报。

突发事件发生地县级人民政府不能消除或者不能有效控制突发事件引起的严重社会危害的，应当及时向上级人民政府报告。上级人民政府应当及时采取措施，统一领导应急处置工作。

法律、行政法规规定由国务院有关部门对突发事件的应对工作负责的，从其规定；地方人民政府应当积极配合并提供必要的支持。

第八条　国务院在总理领导下研究、决定和部署特别重大突发事件的应对工作；根据实际需要，设立国家突发事件应急指挥机构，负责突发事件应对工作；必要时，国务院可以派出工作组指导有关工作。

县级以上地方各级人民政府设立由本级人民政府主要负责人、相关部门负责人、驻当地中国人民解放军和中国人民武装警察部队有关负责人组成的突发事件应急指挥机构，统一领导、协调本级人民政府各有关部门和下级人民政府开展突发事件应对工作；根据实际需要，设立相关类别突发事件应急指挥机构，组织、协调、指挥突发事件应对工作。

上级人民政府主管部门应当在各自职责范围内，指导、协助下级人民政府及其相应部门做好有关突发事件的应对工作。

第九条　国务院和县级以上地方各级人民政府是突发事件应对工作的行政领导机关，其办事机构及具体职责由国务院规定。

第十条　有关人民政府及其部门作出的应对突发事件的决定、命令，应当及时公布。

第十一条　有关人民政府及其部门采取的应对突发事件的措施，应当与突发事件可能造成的社会危害的性质、程度和范围相适应；有多种措施可供选择的，应当选择有利于最大程度地保护公民、法人和其他组织权益的措施。

公民、法人和其他组织有义务参与突发事件应对工作。

第十二条　有关人民政府及其部门为应对突发事件，可以征用单位和个人的财产。被征用的财产在使用完毕或者突发事件应急处置工作结束后，应当及时返还。财产被征用或者征用后毁损、灭失的，应当给予补偿。

第十三条　因采取突发事件应对措施，诉讼、行政复议、仲裁活动不能正常进行的，适用有关时效中止和程序中止的规定，但法律另有规定的除外。

第十四条　中国人民解放军、中国人民武装警察部队和民兵组织依照本法和其他有关法律、行政法规、军事法规的规定以及国务院、中央军事委员会的命令，参加突发事件的应急救援和处置工作。

第十五条　中华人民共和国政府在突发事件的预防、监测与预警、应急处置与救援、事后恢复与重建等方面，同外国政府和有关国际组织开展合作与交流。

第十六条　县级以上人民政府作出应对突发事件的决定、命令，应当报本级人民代表大会常务委员会备案；突发事件应急处置工作结束后，应当向本级人民代表大会常务委员会作出专项工作报告。

第二章　预防与应急准备

第十七条　国家建立健全突发事件应急预案体系。

国务院制定国家突发事件总体应急预案，组织制定国家突发事件专项应急预案；国务院有关部门根据各自的职责和国务院相关应急预案，制定国家突发事件部门应急预案。

地方各级人民政府和县级以上地方各级人民政府有关部门根据有关法律、法规、规章、上级人民政府及其有关部门的应急预案以及本地区的实际情况，制定相应的突发事件应急预案。

应急预案制定机关应当根据实际需要和情势变化，适时修订应急预案。应急预案的制定、修订程序由国务院规定。

第十八条　应急预案应当根据本法和其他有关法律、法规的规定，针对突发事件的性质、特点和可能造成的社会危害，具体规定突发事件应急管理工作的组织指挥体系与职责和突发事件的预防与预警机制、处置程序、应急保障措施以及事后恢复与重建措施等内容。

第十九条　城乡规划应当符合预防、处置突发事件的需要，统筹安排应对突发事件所必需的设备和基础设施建设，合理确定应急避难场所。

第二十条　县级人民政府应当对本行政区域内容易引发自然灾害、事故灾难和公共卫生事件的危险源、危险区域进行调查、登记、风险评估，定期进行检查、监控，并责令有关单位采取安全防范措施。

省级和设区的市级人民政府应当对本行政区域内容易引发特别重大、重大突发事件的危险源、危险区域进行调查、登记、风险评估，组织进行检查、监控，并责令有关单位采取安全防范措施。

县级以上地方各级人民政府按照本法规定登记的危险源、危险区域，应当按照国家规定及时向社会公布。

第二十一条　县级人民政府及其有关部门、乡级人民政府、街道办事处、居民委员会、村民委员会应当及时调解处理可能引发社会安全事件的矛盾纠纷。

第二十二条　所有单位应当建立健全安全管理制度，定期检查本单位各项安全防范措施的落实情况，及时消除事故隐患；掌握并及时处理本单位存在的可能引发社会安全事件的问题，防止矛盾激化和事态扩大；对本单位可能发生的突发事件和采取安全防范措施的情况，应当按照规定及时向所在地人民政府或者人民政府有关部门报告。

第二十三条　矿山、建筑施工单位和易燃易爆物品、危险化学品、放射性物品等危险物品的生产、经营、储运、使用单位，应当制定具体应急预案，并对生产经营场所、有危险物品的建筑物、构筑物及周边环境开展隐患排查，及时采取措施消除隐患，防止发生突发事件。

第二十四条　公共交通工具、公共场所和其他人员密集场所的经营单位或者管理单位应当制定具体应急预案，为交通工具和有关场所配备报警装置和必要的应急救援设备、设施，注明其使用方法，并显著标明安全撤离的通道、路线，保证安全通道、出口的畅通。

有关单位应当定期检测、维护其报警装置和应急救援设备、设施，使其处于良好状态，确保正常使用。

第二十五条　县级以上人民政府应当建立健全突发事件应急管理培训制度，对人民政府及其有关部门负有处置突发事件职责的工作人员定期进行培训。

第二十六条　县级以上人民政府应当整合应急资源，建立或者确定综合性应急救援队伍。人民政府有关部门可以根据实际需要设立专业应急救援队伍。

县级以上人民政府及其有关部门可以建立由成年志愿者组成的应急救援队伍。单位应当建立由本单位职工组成的专职或者兼职应急救援队伍。

县级以上人民政府应当加强专业应急救援队伍与非专业应急救援队伍的合作，联合培训、联合演练，提高合成应急、协同应急的能力。

第二十七条　国务院有关部门、县级以上地方各级人民政府及其有关部门、有关单位应当为专业应急救援人员购买人身意外伤害保险，配备必要的防护装备和器材，减少应急救援人员的人身风险。

第二十八条　中国人民解放军、中国人民武装警察部队和民兵组织应当有计划地组织开展应急救援的专门训练。

第二十九条　县级人民政府及其有关部门、乡级人民政府、街道办事处应当组织开展应急知识的宣传普及活动和必要的应急演练。

居民委员会、村民委员会、企业事业单位应当根据所在地人民政府的要求，结合各自的实际情况，开展有关突发事件应急知识的宣传普及活动和必要的应急演练。

新闻媒体应当无偿开展突发事件预防与应急、自救与互救知识的公益宣传。

第三十条　各级各类学校应当把应急知识教育纳入教学内容，对学生进行应急知识教育，培养学生的安全意识和自救与互救能力。

教育主管部门应当对学校开展应急知识教育进行指导和监督。

第三十一条　国务院和县级以上地方各级人民政府应当采取财政措施，保障突发事件应对工作所需经费。

第三十二条　国家建立健全应急物资储备保障制度，完善重要应急物资的监管、生产、储备、调拨和紧急配送体系。

设区的市级以上人民政府和突发事件易发、多发地区的县级人民政府应当建立应急救援物资、生活必需品和应急处置装备的储备制度。

县级以上地方各级人民政府应当根据本地区的实际情况，与有关企业签订协议，保障应急救援物资、生活必需品和应急处置装备的生产、供给。

第三十三条　国家建立健全应急通信保障体系，完善公用通信网，建立有线与无线相结合、基础电信网络与机动通信系统相配套的应急通信系统，确保突发事件应对工作的通信畅通。

第三十四条　国家鼓励公民、法人和其他组织为人民政府应对突发事件工作提供物资、资金、技术支持和捐赠。

第三十五条　国家发展保险事业，建立国家财政支持的巨灾风险保险体系，并鼓励单位和公民参加保险。

第三十六条　国家鼓励、扶持具备相应条件的教学科研机构培养应急管理专门人才，鼓励、扶持教学科研机构和有关企业研究开发用于突发事件预防、监测、预警、应急处置与救援的新技术、新设备和新工具。

第三章　监测与预警

第三十七条　国务院建立全国统一的突发事件信息系统。

县级以上地方各级人民政府应当建立或者确定本地区统一的突发事件信息系统，汇集、储存、分析、传输有关突发事件的信息，并与上级人民政府及其有关部门、下级人民政府及其有关部门、专业机构和监测网点的突发事件信息系统实现互联互通，加强跨部门、跨地区的信息交流与情报合作。

第三十八条　县级以上人民政府及其有关部门、专业机构应当通过多种途径收集突发事件信息。

县级人民政府应当在居民委员会、村民委员会和有关单位建立专职或者兼职信息报告员制度。

获悉突发事件信息的公民、法人或者其他组织，应当立即向所在地人民政府、有关主管部门或者指定的专业机构报告。

第三十九条　地方各级人民政府应当按照国家有关规定向上级人民政府

报送突发事件信息。县级以上人民政府有关主管部门应当向本级人民政府相关部门通报突发事件信息。专业机构、监测网点和信息报告员应当及时向所在地人民政府及其有关主管部门报告突发事件信息。

有关单位和人员报送、报告突发事件信息，应当做到及时、客观、真实，不得迟报、谎报、瞒报、漏报。

第四十条　县级以上地方各级人民政府应当及时汇总分析突发事件隐患和预警信息，必要时组织相关部门、专业技术人员、专家学者进行会商，对发生突发事件的可能性及其可能造成的影响进行评估；认为可能发生重大或者特别重大突发事件的，应当立即向上级人民政府报告，并向上级人民政府有关部门、当地驻军和可能受到危害的毗邻或者相关地区的人民政府通报。

第四十一条　国家建立健全突发事件监测制度。

县级以上人民政府及其有关部门应当根据自然灾害、事故灾难和公共卫生事件的种类和特点，建立健全基础信息数据库，完善监测网络，划分监测区域，确定监测点，明确监测项目，提供必要的设备、设施，配备专职或者兼职人员，对可能发生的突发事件进行监测。

第四十二条　国家建立健全突发事件预警制度。

可以预警的自然灾害、事故灾难和公共卫生事件的预警级别，按照突发事件发生的紧急程度、发展势态和可能造成的危害程度分为一级、二级、三级和四级，分别用红色、橙色、黄色和蓝色标示，一级为最高级别。

预警级别的划分标准由国务院或者国务院确定的部门制定。

第四十三条　可以预警的自然灾害、事故灾难或者公共卫生事件即将发生或者发生的可能性增大时，县级以上地方各级人民政府应当根据有关法律、行政法规和国务院规定的权限和程序，发布相应级别的警报，决定并宣布有关地区进入预警期，同时向上一级人民政府报告，必要时可以越级上报，并向当地驻军和可能受到危害的毗邻或者相关地区的人民政府通报。

第四十四条　发布三级、四级警报，宣布进入预警期后，县级以上地方各级人民政府应当根据即将发生的突发事件的特点和可能造成的危害，采取下列措施：

（一）启动应急预案；

（二）责令有关部门、专业机构、监测网点和负有特定职责的人员及时收集、报告有关信息，向社会公布反映突发事件信息的渠道，加强对突发事件发生、发展情况的监测、预报和预警工作；

（三）组织有关部门和机构、专业技术人员、有关专家学者，随时对突发事件信息进行分析评估，预测发生突发事件可能性的大小、影响范围和强度以及可能发生的突发事件的级别；

（四）定时向社会发布与公众有关的突发事件预测信息和分析评估结果，并对相关信息的报道工作进行管理；

（五）及时按照有关规定向社会发布可能受到突发事件危害的警告，宣传避免、减轻危害的常识，公布咨询电话。

第四十五条　发布一级、二级警报，宣布进入预警期后，县级以上地方各级人民政府除采取本法第四十四条规定的措施外，还应当针对即将发生的突发事件的特点和可能造成的危害，采取下列一项或者多项措施：

（一）责令应急救援队伍、负有特定职责的人员进入待命状态，并动员后备人员做好参加应急救援和处置工作的准备；

（二）调集应急救援所需物资、设备、工具，准备应急设施和避难场所，并确保其处于良好状态、随时可以投入正常使用；

（三）加强对重点单位、重要部位和重要基础设施的安全保卫，维护社会治安秩序；

（四）采取必要措施，确保交通、通信、供水、排水、供电、供气、供热等公共设施的安全和正常运行；

（五）及时向社会发布有关采取特定措施避免或者减轻危害的建议、劝告；

（六）转移、疏散或者撤离易受突发事件危害的人员并予以妥善安置，转移重要财产；

（七）关闭或者限制使用易受突发事件危害的场所，控制或者限制容易导致危害扩大的公共场所的活动；

（八）法律、法规、规章规定的其他必要的防范性、保护性措施。

第四十六条　对即将发生或者已经发生的社会安全事件，县级以上地方各级人民政府及其有关主管部门应当按照规定向上一级人民政府及其有关主管部门报告，必要时可以越级上报。

第四十七条　发布突发事件警报的人民政府应当根据事态的发展，按照有关规定适时调整预警级别并重新发布。

有事实证明不可能发生突发事件或者危险已经解除的，发布警报的人民政府应当立即宣布解除警报，终止预警期，并解除已经采取的有关措施。

第四章　应急处置与救援

第四十八条　突发事件发生后，履行统一领导职责或者组织处置突发事件的人民政府应当针对其性质、特点和危害程度，立即组织有关部门，调动应急救援队伍和社会力量，依照本章的规定和有关法律、法规、规章的规定采取应急处置措施。

第四十九条　自然灾害、事故灾难或者公共卫生事件发生后，履行统一领导职责的人民政府可以采取下列一项或者多项应急处置措施：

（一）组织营救和救治受害人员，疏散、撤离并妥善安置受到威胁的人员以及采取其他救助措施；

（二）迅速控制危险源，标明危险区域，封锁危险场所，划定警戒区，实行交通管制以及其他控制措施；

（三）立即抢修被损坏的交通、通信、供水、排水、供电、供气、供热等公共设施，向受到危害的人员提供避难场所和生活必需品，实施医疗救护和卫生防疫以及其他保障措施；

（四）禁止或者限制使用有关设备、设施，关闭或者限制使用有关场所，中止人员密集的活动或者可能导致危害扩大的生产经营活动以及采取其他保护措施；

（五）启用本级人民政府设置的财政预备费和储备的应急救援物资，必要时调用其他急需物资、设备、设施、工具；

（六）组织公民参加应急救援和处置工作，要求具有特定专长的人员提供服务；

（七）保障食品、饮用水、燃料等基本生活必需品的供应；

（八）依法从严惩处囤积居奇、哄抬物价、制假售假等扰乱市场秩序的行为，稳定市场价格，维护市场秩序；

（九）依法从严惩处哄抢财物、干扰破坏应急处置工作等扰乱社会秩序的行为，维护社会治安；

（十）采取防止发生次生、衍生事件的必要措施。

第五十条 社会安全事件发生后，组织处置工作的人民政府应当立即组织有关部门并由公安机关针对事件的性质和特点，依照有关法律、行政法规和国家其他有关规定，采取下列一项或者多项应急处置措施：

（一）强制隔离使用器械相互对抗或者以暴力行为参与冲突的当事人，妥善解决现场纠纷和争端，控制事态发展；

（二）对特定区域内的建筑物、交通工具、设备、设施以及燃料、燃气、电力、水的供应进行控制；

（三）封锁有关场所、道路，查验现场人员的身份证件，限制有关公共场所内的活动；

（四）加强对易受冲击的核心机关和单位的警卫，在国家机关、军事机关、国家通讯社、广播电台、电视台、外国驻华使领馆等单位附近设置临时警戒线；

（五）法律、行政法规和国务院规定的其他必要措施。

严重危害社会治安秩序的事件发生时，公安机关应当立即依法出动警力，根据现场情况依法采取相应的强制性措施，尽快使社会秩序恢复正常。

第五十一条 发生突发事件，严重影响国民经济正常运行时，国务院或者国务院授权的有关主管部门可以采取保障、控制等必要的应急措施，保障人民群众的基本生活需要，最大限度地减轻突发事件的影响。

第五十二条 履行统一领导职责或者组织处置突发事件的人民政府，必要时可以向单位和个人征用应急救援所需设备、设施、场地、交通工具和其他物资，请求其他地方人民政府提供人力、物力、财力或者技术支援，要求生产、供应生活必需品和应急救援物资的企业组织生产、保证供给，要求提供医疗、交通等公共服务的组织提供相应的服务。

履行统一领导职责或者组织处置突发事件的人民政府，应当组织协调运输经营单位，优先运送处置突发事件所需物资、设备、工具、应急救援人员和受到突发事件危害的人员。

第五十三条　履行统一领导职责或者组织处置突发事件的人民政府，应当按照有关规定统一、准确、及时发布有关突发事件事态发展和应急处置工作的信息。

第五十四条　任何单位和个人不得编造、传播有关突发事件事态发展或者应急处置工作的虚假信息。

第五十五条　突发事件发生地的居民委员会、村民委员会和其他组织应当按照当地人民政府的决定、命令，进行宣传动员，组织群众开展自救和互救，协助维护社会秩序。

第五十六条　受到自然灾害危害或者发生事故灾难、公共卫生事件的单位，应当立即组织本单位应急救援队伍和工作人员营救受害人员，疏散、撤离、安置受到威胁的人员，控制危险源，标明危险区域，封锁危险场所，并采取其他防止危害扩大的必要措施，同时向所在地县级人民政府报告；对因本单位的问题引发的或者主体是本单位人员的社会安全事件，有关单位应当按照规定上报情况，并迅速派出负责人赶赴现场开展劝解、疏导工作。

突发事件发生地的其他单位应当服从人民政府发布的决定、命令，配合人民政府采取的应急处置措施，做好本单位的应急救援工作，并积极组织人员参加所在地的应急救援和处置工作。

第五十七条　突发事件发生地的公民应当服从人民政府、居民委员会、村民委员会或者所属单位的指挥和安排，配合人民政府采取的应急处置措施，积极参加应急救援工作，协助维护社会秩序。

第五章　事后恢复与重建

第五十八条　突发事件的威胁和危害得到控制或者消除后，履行统一领导职责或者组织处置突发事件的人民政府应当停止执行依照本法规定采取的应急处置措施，同时采取或者继续实施必要措施，防止发生自然灾害、事故灾难、公共卫生事件的次生、衍生事件或者重新引发社会安全事件。

第五十九条　突发事件应急处置工作结束后，履行统一领导职责的人民政府应当立即组织对突发事件造成的损失进行评估，组织受影响地区尽快恢复生产、生活、工作和社会秩序，制定恢复重建计划，并向上一级人民政府报告。

受突发事件影响地区的人民政府应当及时组织和协调公安、交通、铁路、民航、邮电、建设等有关部门恢复社会治安秩序，尽快修复被损坏的交通、通信、供水、排水、供电、供气、供热等公共设施。

第六十条　受突发事件影响地区的人民政府开展恢复重建工作需要上一级人民政府支持的，可以向上一级人民政府提出请求。上一级人民政府应当根据受影响地区遭受的损失和实际情况，提供资金、物资支持和技术指导，组织其他地区提供资金、物资和人力支援。

第六十一条　国务院根据受突发事件影响地区遭受损失的情况，制定扶持该地区有关行业发展的优惠政策。

受突发事件影响地区的人民政府应当根据本地区遭受损失的情况，制定救助、补偿、抚慰、抚恤、安置等善后工作计划并组织实施，妥善解决因处置突发事件引发的矛盾和纠纷。

公民参加应急救援工作或者协助维护社会秩序期间，其在本单位的工资待遇和福利不变；表现突出、成绩显著的，由县级以上人民政府给予表彰或者奖励。

县级以上人民政府对在应急救援工作中伤亡的人员依法给予抚恤。

第六十二条　履行统一领导职责的人民政府应当及时查明突发事件的发生经过和原因，总结突发事件应急处置工作的经验教训，制定改进措施，并向上一级人民政府提出报告。

第六章　法律责任

第六十三条　地方各级人民政府和县级以上各级人民政府有关部门违反本法规定，不履行法定职责的，由其上级行政机关或者监察机关责令改正；有下列情形之一的，根据情节对直接负责的主管人员和其他直接责任人员依法给予处分：

（一）未按规定采取预防措施，导致发生突发事件，或者未采取必要的防范措施，导致发生次生、衍生事件的；

（二）迟报、谎报、瞒报、漏报有关突发事件的信息，或者通报、报送、公布虚假信息，造成后果的；

（三）未按规定及时发布突发事件警报、采取预警期的措施，导致损害发生的；

（四）未按规定及时采取措施处置突发事件或者处置不当，造成后果的；

（五）不服从上级人民政府对突发事件应急处置工作的统一领导、指挥和协调的；

（六）未及时组织开展生产自救、恢复重建等善后工作的；

（七）截留、挪用、私分或者变相私分应急救援资金、物资的；

（八）不及时归还征用的单位和个人的财产，或者对被征用财产的单位和个人不按规定给予补偿的。

第六十四条　有关单位有下列情形之一的，由所在地履行统一领导职责的人民政府责令停产停业，暂扣或者吊销许可证或者营业执照，并处五万元以上二十万元以下的罚款；构成违反治安管理行为的，由公安机关依法给予处罚：

（一）未按规定采取预防措施，导致发生严重突发事件的；

（二）未及时消除已发现的可能引发突发事件的隐患，导致发生严重突发事件的；

（三）未做好应急设备、设施日常维护、检测工作，导致发生严重突发事件或者突发事件危害扩大的；

（四）突发事件发生后，不及时组织开展应急救援工作，造成严重后果的。

前款规定的行为，其他法律、行政法规规定由人民政府有关部门依法决定处罚的，从其规定。

第六十五条　违反本法规定，编造并传播有关突发事件事态发展或者应急处置工作的虚假信息，或者明知是有关突发事件事态发展或者应急处置工作的虚假信息而进行传播的，责令改正，给予警告；造成严重后果的，依法暂停其业务活动或者吊销其执业许可证；负有直接责任的人员是国家工作人员的，还应当对其依法给予处分；构成违反治安管理行为的，由公安机关依法给予处罚。

第六十六条　单位或者个人违反本法规定，不服从所在地人民政府及其有关部门发布的决定、命令或者不配合其依法采取的措施，构成违反治安管理行为的，由公安机关依法给予处罚。

第六十七条　单位或者个人违反本法规定，导致突发事件发生或者危害扩大，给他人人身、财产造成损害的，应当依法承担民事责任。

第六十八条　违反本法规定，构成犯罪的，依法追究刑事责任。

第七章　附　　则

第六十九条　发生特别重大突发事件，对人民生命财产安全、国家安全、公共安全、环境安全或者社会秩序构成重大威胁，采取本法和其他有关法律、法规、规章规定的应急处置措施不能消除或者有效控制、减轻其严重社会危害，需要进入紧急状态的，由全国人民代表大会常务委员会或者国务院依照宪法和其他有关法律规定的权限和程序决定。

紧急状态期间采取的非常措施，依照有关法律规定执行或者由全国人民代表大会常务委员会另行规定。

第七十条　本法自 2007 年 11 月 1 日起施行。

附录二：突发事件应急预案管理办法

（国务院办公厅 2013 年 11 月 8 日）

第一章　总　则

第一条　为规范突发事件应急预案（以下简称应急预案）管理，增强应急预案的针对性、实用性和可操作性，依据《中华人民共和国突发事件应对法》等法律、行政法规，制订本办法。

第二条　本办法所称应急预案，是指各级人民政府及其部门、基层组织、企事业单位、社会团体等为依法、迅速、科学、有序应对突发事件，最大程度减少突发事件及其造成的损害而预先制定的工作方案。

第三条　应急预案的规划、编制、审批、发布、备案、演练、修订、培训、宣传教育等工作，适用本办法。

第四条　应急预案管理遵循统一规划、分类指导、分级负责、动态管理的原则。

第五条　应急预案编制要依据有关法律、行政法规和制度，紧密结合实际，合理确定内容，切实提高针对性、实用性和可操作性。

第二章　分类和内容

第六条　应急预案按照制定主体划分，分为政府及其部门应急预案、单位和基层组织应急预案两大类。

第七条　政府及其部门应急预案由各级人民政府及其部门制定，包括总体应急预案、专项应急预案、部门应急预案等。

总体应急预案是应急预案体系的总纲，是政府组织应对突发事件的总体制度安排，由县级以上各级人民政府制定。

专项应急预案是政府为应对某一类型或某几种类型突发事件，或者针对重要目标物保护、重大活动保障、应急资源保障等重要专项工作而预先制定的涉及多个部门职责的工作方案，由有关部门牵头制订，报本级人民政府批准后印发实施。

部门应急预案是政府有关部门根据总体应急预案、专项应急预案和部门职责，为应对本部门（行业、领域）突发事件，或者针对重要目标物保护、重大活动保障、应急资源保障等涉及部门工作而预先制定的工作方案，由各级政府有关部门制定。

鼓励相邻、相近的地方人民政府及其有关部门联合制定应对区域性、流域性突发事件的联合应急预案。

第八条　总体应急预案主要规定突发事件应对的基本原则、组织体系、运行机制，以及应急保障的总体安排等，明确相关各方的职责和任务。

针对突发事件应对的专项和部门应急预案，不同层级的预案内容各有所侧重。国家层面专项和部门应急预案侧重明确突发事件的应对原则、组织指挥机制、预警分级和事件分级标准、信息报告要求、分级响应及响应行动、应急保障措施等，重点规范国家层面应对行动，同时体现政策性和指导性；省级专项和部门应急预案侧重明确突发事件的组织指挥机制、信息报告要求、分级响应及响应行动、队伍物资保障及调动程序、市县级政府职责等，重点规范省级层面应对行动，同时体现指导性；市县级专项和部门应急预案侧重明确突发事件的组织指挥机制、风险评估、监测预警、信息报告、应急处置措施、队伍物资保障及调动程序等内容，重点规范市（地）级和县级层面应对行动，体现应急处置的主体职能；乡镇街道专项和部门应急预案侧重明确突发事件的预警信息传播、组织先期处置和自救互救、信息收集报告、人员临时安置等内容，重点规范乡镇层面应对行动，体现先期处置特点。

针对重要基础设施、生命线工程等重要目标物保护的专项和部门应急预案，侧重明确风险隐患及防范措施、监测预警、信息报告、应急处置和紧急恢复等内容。

针对重大活动保障制定的专项和部门应急预案，侧重明确活动安全风险隐患及防范措施、监测预警、信息报告、应急处置、人员疏散撤离组织和路线等内容。

针对为突发事件应对工作提供队伍、物资、装备、资金等资源保障的专项和部门应急预案，侧重明确组织指挥机制、资源布局、不同种类和级别突发事件发生后的资源调用程序等内容。

联合应急预案侧重明确相邻、相近地方人民政府及其部门间信息通报、处置措施衔接、应急资源共享等应急联动机制。

第九条　单位和基层组织应急预案由机关、企业、事业单位、社会团体和居委会、村委会等法人和基层组织制定，侧重明确应急响应责任人、风险隐患监测、信息报告、预警响应、应急处置、人员疏散撤离组织和路线、可调用或可请求援助的应急资源情况及如何实施等，体现自救互救、信息报告和先期处置特点。

大型企业集团可根据相关标准规范和实际工作需要，参照国际惯例，建立本集团应急预案体系。

第十条　政府及其部门、有关单位和基层组织可根据应急预案，并针对突发事件现场处置工作灵活制定现场工作方案，侧重明确现场组织指挥机制、应急队伍分工、不同情况下的应对措施、应急装备保障和自我保障等内容。

第十一条　政府及其部门、有关单位和基层组织可结合本地区、本部门和本单位具体情况，编制应急预案操作手册，内容一般包括风险隐患分析、处置工作程序、响应措施、应急队伍和装备物资情况，以及相关单位联络人员和电话等。

第十二条　对预案应急响应是否分级、如何分级、如何界定分级响应措施等，由预案制定单位根据本地区、本部门和本单位的实际情况确定。

第三章　预案编制

第十三条　各级人民政府应当针对本行政区域多发易发突发事件、主要风险等，制定本级政府及其部门应急预案编制规划，并根据实际情况变化适时修订完善。

单位和基层组织可根据应对突发事件需要，制定本单位、本基层组织应急预案编制计划。

第十四条　应急预案编制部门和单位应组成预案编制工作小组，吸收预案涉及主要部门和单位业务相关人员、有关专家及有现场处置经验的人员参加。编制工作小组组长由应急预案编制部门或单位有关负责人担任。

第十五条　编制应急预案应当在开展风险评估和应急资源调查的基础上进行。

（一）风险评估。针对突发事件特点，识别事件的危害因素，分析事件可能产生的直接后果以及次生、衍生后果，评估各种后果的危害程度，提出控制风险、治理隐患的措施。

（二）应急资源调查。全面调查本地区、本单位第一时间可调用的应急队伍、装备、物资、场所等应急资源状况和合作区域内可请求援助的应急资源状况，必要时对本地居民应急资源情况进行调查，为制定应急响应措施提供依据。

第十六条　政府及其部门应急预案编制过程中应当广泛听取有关部门、单位和专家的意见，与相关的预案作好衔接。涉及其他单位职责的，应当书面征求相关单位意见。必要时，向社会公开征求意见。

单位和基层组织应急预案编制过程中，应根据法律、行政法规要求或实际需要，征求相关公民、法人或其他组织的意见。

第四章　审批、备案和公布

第十七条　预案编制工作小组或牵头单位应当将预案送审稿及各有关单位复函和意见采纳情况说明、编制工作说明等有关材料报送应急预案审批单位。因保密等原因需要发布应急预案简本的，应当将应急预案简本一起报送审批。

第十八条　应急预案审核内容主要包括预案是否符合有关法律、行政法规，是否与有关应急预案进行了衔接，各方面意见是否一致，主体内容是否完备，责任分工是否合理明确，应急响应级别设计是否合理，应对措施是否具体简明、管用可行等。必要时，应急预案审批单位可组织有关专家对应急预案进行评审。

第十九条　国家总体应急预案报国务院审批，以国务院名义印发；专项应急预案报国务院审批，以国务院办公厅名义印发；部门应急预案由部门有关会议审议决定，以部门名义印发，必要时，可以由国务院办公厅转发。

地方各级人民政府总体应急预案应当经本级人民政府常务会议审议，以本级人民政府名义印发；专项应急预案应当经本级人民政府审批，必要时经本级人民政府常务会议或专题会议审议，以本级人民政府办公厅（室）名义印发；部门应急预案应当经部门有关会议审议，以部门名义印发，必要时，可以由本级人民政府办公厅（室）转发。

单位和基层组织应急预案须经本单位或基层组织主要负责人或分管负责人签发，审批方式根据实际情况确定。

第二十条 应急预案审批单位应当在应急预案印发后的 20 个工作日内依照下列规定向有关单位备案：

（一）地方人民政府总体应急预案报送上一级人民政府备案。

（二）地方人民政府专项应急预案抄送上一级人民政府有关主管部门备案。

（三）部门应急预案报送本级人民政府备案。

（四）涉及需要与所在地政府联合应急处置的中央单位应急预案，应当向所在地县级人民政府备案。

法律、行政法规另有规定的从其规定。

第二十一条 自然灾害、事故灾难、公共卫生类政府及其部门应急预案，应向社会公布。对确需保密的应急预案，按有关规定执行。

第五章 应急演练

第二十二条 应急预案编制单位应当建立应急演练制度，根据实际情况采取实战演练、桌面推演等方式，组织开展人员广泛参与、处置联动性强、形式多样、节约高效的应急演练。

专项应急预案、部门应急预案至少每 3 年进行一次应急演练。

地震、台风、洪涝、滑坡、山洪泥石流等自然灾害易发区域所在地政府，重要基础设施和城市供水、供电、供气、供热等生命线工程经营管理单位，矿山、建筑施工单位和易燃易爆物品、危险化学品、放射性物品等危险物品生产、经营、储运、使用单位，公共交通工具、公共场所和医院、学校等人员密集场所的经营单位或者管理单位等，应当有针对性地经常组织开展应急演练。

第二十三条 应急演练组织单位应当组织演练评估。评估的主要内容包括：演练的执行情况，预案的合理性与可操作性，指挥协调和应急联动情况，应急人员的处置情况，演练所用设备装备的适用性，对完善预案、应急准备、应急机制、应急措施等方面的意见和建议等。

鼓励委托第三方进行演练评估。

第六章　评估和修订

第二十四条　应急预案编制单位应当建立定期评估制度，分析评价预案内容的针对性、实用性和可操作性，实现应急预案的动态优化和科学规范管理。

第二十五条　有下列情形之一的，应当及时修订应急预案：

（一）有关法律、行政法规、规章、标准、上位预案中的有关规定发生变化的；

（二）应急指挥机构及其职责发生重大调整的；

（三）面临的风险发生重大变化的；

（四）重要应急资源发生重大变化的；

（五）预案中的其他重要信息发生变化的；

（六）在突发事件实际应对和应急演练中发现问题需要作出重大调整的；

（七）应急预案制定单位认为应当修订的其他情况。

第二十六条　应急预案修订涉及组织指挥体系与职责、应急处置程序、主要处置措施、突发事件分级标准等重要内容的，修订工作应参照本办法规定的预案编制、审批、备案、公布程序组织进行。仅涉及其他内容的，修订程序可根据情况适当简化。

第二十七条　各级政府及其部门、企事业单位、社会团体、公民等，可以向有关预案编制单位提出修订建议。

第七章　培训和宣传教育

第二十八条　应急预案编制单位应当通过编发培训材料、举办培训班、开展工作研讨等方式，对与应急预案实施密切相关的管理人员和专业救援人员等组织开展应急预案培训。

各级政府及其有关部门应将应急预案培训作为应急管理培训的重要内容，纳入领导干部培训、公务员培训、应急管理干部日常培训内容。

第二十九条　对需要公众广泛参与的非涉密的应急预案，编制单位应当充分利用互联网、广播、电视、报刊等多种媒体广泛宣传，制作通俗易懂、好记管用的宣传普及材料，向公众免费发放。

第八章　组织保障

第三十条　各级政府及其有关部门应对本行政区域、本行业（领域）应急预案管理工作加强指导和监督。国务院有关部门可根据需要编写应急预案编制指南，指导本行业（领域）应急预案编制工作。

第三十一条　各级政府及其有关部门、各有关单位要指定专门机构和人员负责相关具体工作，将应急预案规划、编制、审批、发布、演练、修订、培训、宣传教育等工作所需经费纳入预算统筹安排。

第九章　附　　则

第三十二条　国务院有关部门、地方各级人民政府及其有关部门、大型企业集团等可根据实际情况，制定相关实施办法。

第三十三条　本办法由国务院办公厅负责解释。

第三十四条　本办法自印发之日起施行。

附录三：上海市实施《中华人民共和国突发事件应对法》办法

（2012年12月26日上海市第十三届人民代表大会
常务委员会第三十八次会议通过）

第一章　总　　则

第一条　根据《中华人民共和国突发事件应对法》，结合本市实际情况，制定本办法。

第二条　本市行政区域内突发事件的应急准备、值守与预警、应急联动与处置、善后与恢复重建等活动，适用本办法。气象、防汛、防震减灾、安全生产、消防、交通、环境保护、传染病防治、治安管理等法律、法规对突发事件应对活动另有规定的，适用其规定。

第三条　本办法所称突发事件，是指突然发生，造成或者可能造成严重社会危害，需要采取应急处置措施予以应对的自然灾害、事故灾难、公共卫生事件和社会安全事件。突发事件分为特别重大、重大、较大和一般四级。具体分级标准按照国家有关规定执行。

第四条　市和区、县人民政府是突发事件应对工作的行政领导机关，履行下列职责：

（一）将突发事件应急体系建设规划纳入国民经济和社会发展规划，保障突发事件应对工作所需的经费；

（二）统一领导本行政区域内突发事件应对工作，发布应对突发事件的命令、决定；

（三）建立和完善突发事件应对工作责任制，加强监督检查和评估考核；

（四）其他依法应当履行的职责。

第五条　市和区、县设立的由本级人民政府主要负责人、相关部门负责人、驻地中国人民解放军和中国人民武装警察部队有关负责人组成的突发公共事件应急管理委员会，在同级人民政府领导下，负责本行政区域内突发事件应急体系的建设和管理，决定和部署突发事件的应对工作。市和区、县突发公共事件应急管理委员会办公室设在本级人民政府办公厅（室），负责委员会的日常工作，配备专职工作人员，履行值守应急、信息汇总、综合协调和督查指导等职责。

市和区、县人民政府有关部门应当按照各自职责，设立或者明确工作机构，做好突发事件应对工作。

乡、镇人民政府和街道办事处应当按照区、县人民政府的要求，明确工作机构，做好本辖区内突发事件应对工作。

第六条　市人民政府设立上海市应急联动中心（以下简称市应急联动中心），受理本市突发事件的报警，组织开展应急联动处置工作。

第七条　本市充分发挥公民、法人和其他组织在突发事件应对中的作用，增强公民的公共安全、防范风险和社会责任的意识，提高避险、自救、互救等能力。法人和社会组织等应当在所在地人民政府的领导下开展突发事件应对工作，结合实际情况开展宣传教育、应急演练和救护救助等活动。

居民委员会、村民委员会应当按照所在地人民政府的决定和要求，结合实际情况开展应急知识宣传和应急演练；在突发事件发生时，组织、动员居（村）民，开展自救和互救，协助维护社会秩序，配合人民政府开展突发事件应对工作。

鼓励志愿者组织参与突发事件应对工作，组织志愿者根据其自身能力，参加科普宣传、应急演练、秩序维护、心理疏导、医疗救助等活动。

第八条　市和区、县人民政府及其部门应当建立健全突发事件信息公开制度，按照国家和本市有关规定，完善突发事件的预警信息发布机制、舆情的收集和回应机制、灾情损失的统计公布机制，统一、准确、及时地公布突发事件信息，并根据事态发展及时更新。

新闻媒体应当准确、客观地报道突发事件信息。

任何单位和个人不得编造、传播有关突发事件的虚假信息。

各级人民政府及有关部门发现影响或者可能影响社会稳定、扰乱社会管理秩序的虚假或者不完整的突发事件信息的，应当在其职责范围内发布准确的信息，并依法采取处置措施。

第九条　市和区、县人民政府应当加强与驻地中国人民解放军、中国人民武装警察部队在应对突发事件中的联系，建立健全突发事件信息共享、协同处置等机制。

第二章　应急准备

第十条　市人民政府组织制定本市突发事件总体应急预案和专项应急预案。市人民政府有关部门根据各自职责和相关应急预案，制定突发事件部门应急预案。

区、县人民政府及其部门，乡、镇人民政府应当结合实际，制定相应的突发事件应急预案。

应急预案的编制、批准、备案、公开、演练、评估、修订等，按照国家和本市有关规定执行。

第十一条　下列单位应当制定具体应急预案：

（一）轨道交通、铁路、航空、水陆客运等公共交通运营单位；

（二）学校、医院、商场、宾馆、大中型企业、大型超市、幼托机构、养老机构、旅游景区、文化体育场馆等场所的经营、管理单位；

（三）建筑施工单位以及易燃易爆物品、危险化学品、危险废物、放射性物品、病源微生物等危险物品的生产、经营、储运、使用单位；

（四）供（排）水、发（供）电、供油、供气、通信、广播电视、防汛等公共设施的经营、管理单位；

（五）其他人员密集的高层建筑、地下空间等场所的经营、管理单位；

（六）市人民政府规定的其他单位。

第十二条　各级国家机关、企事业单位和其他组织等应当建立健全安全管理制度，组织制定本单位安全管理规章制度和操作规程；组织开展风险隐患排查工作，并及时处理本单位存在的可能引发社会安全事件的问题；对本单位可能发生的突发事件和采取安全防范措施的情况，应当按照规定向所在地人民政府或者人民政府有关部门报告。

区、县人民政府及其有关部门，乡、镇人民政府和街道办事处，居民委员会和村民委员会应当及时调解处理可能引发社会安全事件的矛盾纠纷。

第十三条　市和区、县人民政府应当组织有关部门对本行政区域内容易引发自然灾害、事故灾难和公共卫生事件的危险源、危险区域进行调查、登记、风险评估，定期进行检查、监控，并责令有关单位采取安全防范措施，相关单位应当予以配合。按照本办法规定登记的危险源、危险区域，应当按照国家规定及时向社会公布。

区、县人民政府应当定期将本区域内的危险源、危险区域的风险隐患排查结果报市人民政府备案。

第十四条　市突发公共事件应急管理委员会办公室应当加强对本市单元化应急管理工作的指导，健全单元化应急管理相关制度。

前款所称的单元化应急管理，是指由市突发公共事件应急管理委员会在化工区、保税港区、大型交通枢纽等特定区域，指定牵头单位统筹协调该区域内突发事件应对工作的管理模式。

第十五条　实行单元化应急管理区域的牵头单位应当根据本区域突发事件应对工作的特点，组织开展下列工作：

（一）编制应急预案，定期进行应急演练；

（二）建立健全突发事件应对的协作机制；

（三）整合、储备本单元区域内的应急资源；

（四）开展风险隐患的排查、整治；

（五）完善与所在地区、县人民政府的合作机制。

实行单元化应急管理区域的相关单位应当配合做好本区域的突发事件应对工作。

第十六条　市和区、县人民政府应当建立健全突发事件应急管理培训制度，将突发事件应急管理知识纳入有关领导干部和公务员培训内容。

第十七条　市和区、县综合性应急救援队伍，应当根据国家和本市有关规定，承担以抢救人员生命为主的应急救援工作。

市和区、县人民政府相关部门和企事业单位，可以根据防汛防台、抗震救灾、工程抢险、安全生产、环境保护、海底管线保护、水上搜救、公共卫生、医疗急救、民防特救、公用事业保障等实际情况，建立相应的专职或者兼职专业性应急救援队伍。

乡、镇人民政府和街道办事处可以组织民兵预备役人员、基层警务人员、医务人员以及其他应急力量，建立基层应急救援队伍。

市和区、县人民政府及其相关部门、有关单位应当加强对应急救援队伍职业技能的培训，为应急救援队伍配备必要的防护装备和器材，为专业救援人员购买人身意外伤害保险，提高救援人员的抢险救援和安全防护能力。

第十八条　市人民政府应当建立健全专家咨询制度，建立突发事件应对专业人才库，根据需要聘请有关专家组成专家组，为突发事件应对工作提供决策建议。

第十九条　市和区、县人民政府应当按照预防、处置突发事件的需要，组织制定应急避难场所布局规划，合理确定应急避难场所。

市和区、县人民政府应当组织规划土地、建设交通、地震、民防、消防、绿化、教育、卫生等部门根据应急避难场所布局规划，利用广场、绿地、操场、公园、体育场（馆）、大型停车场等建设应急避难场所，完善相配套的交通、供水、供电、排污等基础设施，储备必要的物资，提供必要的医疗条件，设置应急疏散通道和统一的标志标识，并向社会公布。

市和区、县民防部门负责统筹协调应急避难场所的建设与管理。

应急避难场所的管理单位应当加强维护和管理，保障其正常使用。

第二十条　区、县人民政府及其有关部门，乡、镇人民政府和街道办事处，机关、企事业单位以及其他组织，应当组织社会公众或者本单位人员开展应急疏散、紧急避险和自救互救等应急知识的宣传教育和应急演练。公民应当参加人民政府和本单位组织的应急演练。

教育部门应当指导、督促各级各类学校将应急知识教育纳入学生素质教育教学内容，培养学生的安全意识和自救与互救能力。

本办法第十一条规定的单位，每年至少组织开展一次应急演练。

新闻媒体应当通过公益广告、专题栏目等形式，无偿开展预防与应急、自救与互救知识的公益宣传。

第二十一条　市和区、县人民政府应当建立应急救援物资、生活必需品和应急处置装备的储备制度，完善重要应急物资的监管、生产、储备、调拨和紧急配送体系。市人民政府有关部门和区、县人民政府的应急物资储备情况应当报市突发公共事件应急管理委员会办公室备案，并纳入统一的数据库管理。

第二十二条　鼓励保险企业根据本市实际，开展与突发事件应对相关的保险业务。

公民、法人或者其他组织可以根据需要，参加人身伤害、火灾、环境污染等商业保险，提高突发事件风险防范能力。

第三章　值守与预警

第二十三条　各级人民政府、街道办事处以及承担突发事件处置职能的政府部门和单位，应当建立二十四小时值守应急制度。

居民委员会、村民委员会以及物业服务企业应当加强值班工作。

第二十四条　获悉突发事件信息的行政机关，除国家另有规定的外，应当逐级进行突发事件信息的报告，并做好相关单位的信息通报；法定节假日及重要会议和重大活动等特殊时段，实行每日报告制度。

第二十五条　获悉突发事件信息的公民、法人或者其他组织，应当立即通过"110"或者其他紧急求助电话号码向市应急联动中心报告，或者通过其他途径向所在地人民政府、有关主管部门或者指定的专业机构报告。

第二十六条　市和区、县人民政府应当建立或者确定本行政区域内统一的突发事件信息系统，汇集、存储、分析、传输和发布突发事件信息。

第二十七条　市和区、县人民政府或者市人民政府授权的部门，应当加强突发事件预警信息发布制度建设，按照规定的权限、程序等及时发布预警信息，并根据事态发展适时进行调整、更新，有事实证明不可能发生突发事件或者危险已经解除的，应当宣布终止预警。

预警信息的发布应当根据实际情况，通过广播、电视、报刊、互联网、微博、手机短信、电子显示屏、宣传车、警报器、高音喇叭或者组织人员逐户通知等方式进行，对老、幼、病、残等特殊人群以及学校、医院、养老院、通信盲区等特殊场所应当采取针对性的公告方式。广播、电视、报刊等新闻媒体和互联网新闻信息服务单位、电信运营企业、公共场所电子显示屏管理单位，应当配合做好预警信息的发布工作。

第二十八条　宣布进入预警期后，市和区、县人民政府及其有关部门，承担突发事件处置任务的单位，应当及时向公众发布有关建议、劝告，采取应对措施，避免或者减轻突发事件可能造成的危害；承担突发事件处置的领导和指挥责任人员不得擅离职守。

突发事件可能对公众生命财产安全和社会公共秩序造成严重影响时，根据国家和本市有关规定，市人民政府及其授权的部门和区、县人民政府可以采取临时停课、停产、停业等必要的防范性、保护性措施。

公民、法人或者其他组织根据市和区、县人民政府及其有关部门发布的建议、劝告，采取防灾避险措施。

第四章　应急联动与处置

第二十九条　本市建立突发事件应急处置工作联动机制。

市应急联动中心通过"110"以及其他紧急求助电话号码，统一受理公民、法人或者其他组织的突发事件报警，组织、指挥、调度、协调应急联动单位开展应急联动处置工作。

海上搜救及船舶污染事故的应急联动处置工作，由上海海上搜救中心负责组织、指挥、调度和协调，市应急联动中心负责组织相关应急联动单位予以配合。

第三十条　市应急联动中心接警后，应当立即予以核实。需要应急联动处置的，应当及时向应急联动单位下达处置指令，将有关情况按照规定予以上报，并做好相关单位的情况通报工作。

应急联动单位接到市应急联动中心指令后，应当按照职责分工和应急预案的要求，组织调度应急队伍、专家、物资、装备等开展应急处置，并及时向市应急联动中心反馈处置情况。

根据突发事件的事态发展和应急处置情况，市应急联动中心可以报请市突发公共事件应急管理委员会成立市应急处置指挥部，明确应急响应的等级和范围，统一组织开展应急处置工作。

第三十一条　承担突发事件处置职责的部门和单位，接到超出处置能力范围的突发事件的紧急求助，应当迅速记录、核实，及时将求助信息报送市应急联动中心或者直接转送有关部门处置，不得搁置、延误。

其他单位、成年人对他人在受到突发事件影响时的紧急求助，应当在力所能及的范围内予以必要的帮助。

第三十二条　市和区、县人民政府可以根据突发事件处置的需要，设立现场指挥机构，确定现场指挥长，统一开展现场应急指挥工作。现场指挥长有权决定现场处置方案，调度现场应急救援力量，协调有关单位开展现场应急处置工作。

重大灾害事故和其他以抢救人员生命为主的应急救援现场，由综合性应急救援队伍统一实施救援指挥。

第三十三条　突发事件应急处置应当坚持人员安全优先。

承担突发事件处置职责的部门和单位在制订现场处置方案时，应当优先考虑对受突发事件危害人员的救助，并注意保障参与应急救援人员的生命安全。

人员密集场所发生火灾等突发事件后，经营、管理单位应当立即组织人员疏散，不得延误。

第三十四条　突发事件应对过程中，需要疏散、撤离人员的，市和区、县人民政府应当组织开展人员的有序疏散、撤离；必要时引导其到应急避难场所避险。

市和区、县人民政府可以根据突发事件应急处置的需要，指定有关的设施、场地作为临时应急避难场所；有关单位应当按照要求，及时开放被指定的设施、场地。

第三十五条　市和区、县人民政府及其有关部门为应对突发事件依法征用单位或者个人财产的，应当向被征用财产的单位或者个人发出应急征用凭证。紧急情况下无法当场签发凭证的，应当在应急处置结束后补发凭证。

应急征用凭证应当载明应急征用的依据、事由、被征用财产的名称及数量、被征用财产者的单位名称或者姓名、实施征用单位的名称及联系方式等要素。

实施应急征用的单位在使用完毕或者突发事件处置工作结束后，应当及时返还被征用的财产；征用财产或者财产征用后毁损、灭失的，应当依法予以补偿。

第三十六条　重大和特别重大突发事件发生后，需要立即动用财政预备经费的，市和区、县财政部门应当按照规定安排落实；紧急情况下，可以简化相关资金的审批和划拨程序。

第三十七条 公安、交通港口、海事、道路等管理部门应当根据应急处置工作的需要，开辟专用通道，保障运输经营单位优先运送处置突发事件所需物资、设备、工具、应急救援人员和受到突发事件危害的人员。

高速公路经营管理单位应当根据突发事件避险、救援的需要，配合公安机关交通管理部门采取发布信息、限速通行、临时封闭等措施，对车辆进行引导、疏散。必要时，道路管理部门可以协调有关单位暂停公路道口的收费。

第三十八条 通信管理部门应当组织、协调电信运营企业保障应急处置通信畅通。无线电管理部门应当保障突发事件应对的专用频率和电磁环境，提供必要的技术条件。

第五章 善后与恢复重建

第三十九条 市和区、县人民政府应当加强对受突发事件影响地区善后工作的领导，根据本地区遭受损失的情况，制定救助、补偿、抚慰、抚恤、安置等工作计划并组织实施，妥善解决因处置突发事件引发的矛盾和纠纷，提供信息咨询、帮助查找失踪人员和心理疏导等服务。

对在应急救援工作中伤亡的人员，市和区、县人民政府应当依法给予抚恤。

第四十条 市和区、县人民政府应当及时组织对突发事件造成的损失进行评估，组织受影响地区尽快恢复正常的生产、生活、工作和社会秩序，制定恢复重建计划，并向上一级人民政府报告。

市和区、县人民政府应当及时组织和协调有关部门恢复社会治安秩序，尽快修复被损坏的公共设施。

第四十一条 价格管理部门在突发事件发生后，应当加强价格监管，从严惩处囤积居奇、哄抬物价和捏造散布涨价信息等扰乱市场秩序的行为，稳定市场价格，维护市场秩序。

第四十二条 公民参与突发事件应急救援工作或者协助维护社会秩序期间，其在本单位的工资待遇和福利不变；表现突出、成绩显著的，市和区、县人民政府给予表彰或者奖励。

第六章 法律责任

第四十三条 违反本办法规定的行为，法律、法规已有处罚规定的，从其规定。

第四十四条　单位违反本办法，有下列行为之一的，由所在地区、县人民政府责令其限期改正，逾期不改正的，依法给予警告：

（一）违反本办法第十一条，未按照要求制定具体应急预案的；

（二）违反本办法第二十条第三款，未按照要求开展应急演练的；

（三）违反本办法第三十四条第二款，拒绝开放有关设施、场地作为临时应急避难场所的。

第四十五条　行政机关及其工作人员有下列情形之一的，由其上级机关或者监察机关责令改正，并根据情节对直接负责的主管人员和其他直接责任人员依法给予警告、记过等行政处分：

（一）未按照规定公布突发事件相关信息的；

（二）未按照规定履行应急联动处置职责的；

（三）不服从现场指挥长的指挥、调度的；

（四）未按照规定对超出其处置能力范围的突发事件紧急求助信息进行登记转送的；

（五）违反规定程序实施突发事件应急征用的。

第七章　附　　则

第四十六条　本办法自 2013 年 5 月 1 日起施行。

附录四：生产安全事故报告和调查处理条例

第一章　总　　则

第一条　为了规范生产安全事故的报告和调查处理，落实生产安全事故责任追究制度，防止和减少生产安全事故，根据《中华人民共和国安全生产法》和有关法律，制定本条例。

第二条　生产经营活动中发生的造成人身伤亡或者直接经济损失的生产安全事故的报告和调查处理，适用本条例；环境污染事故、核设施事故、国防科研生产事故的报告和调查处理不适用本条例。

第三条　根据生产安全事故（以下简称事故）造成的人员伤亡或者直接经济损失，事故一般分为以下等级：

（一）特别重大事故，是指造成30人以上死亡，或者100人以上重伤（包括急性工业中毒，下同），或者1亿元以上直接经济损失的事故；

（二）重大事故，是指造成10人以上30人以下死亡，或者50人以上100人以下重伤，或者5000万元以上1亿元以下直接经济损失的事故；

（三）较大事故，是指造成3人以上10人以下死亡，或者10人以上50人以下重伤，或者1000万元以上5000万元以下直接经济损失的事故；

（四）一般事故，是指造成3人以下死亡，或者10人以下重伤，或者1000万元以下直接经济损失的事故。

国务院安全生产监督管理部门可以会同国务院有关部门，制定事故等级划分的补充性规定。

本条第一款所称的"以上"包括本数，所称的"以下"不包括本数。

第四条　事故报告应当及时、准确、完整，任何单位和个人对事故不得迟报、漏报、谎报或者瞒报。

事故调查处理应当坚持实事求是、尊重科学的原则，及时、准确地查清事故经过、事故原因和事故损失，查明事故性质，认定事故责任，总结事故教训，提出整改措施，并对事故责任者依法追究责任。

第五条　县级以上人民政府应当依照本条例的规定，严格履行职责，及时、准确地完成事故调查处理工作。

事故发生地有关地方人民政府应当支持、配合上级人民政府或者有关部门的事故调查处理工作，并提供必要的便利条件。

参加事故调查处理的部门和单位应当互相配合，提高事故调查处理工作的效率。

第六条　工会依法参加事故调查处理，有权向有关部门提出处理意见。

第七条　任何单位和个人不得阻挠和干涉对事故的报告和依法调查处理。

第八条　对事故报告和调查处理中的违法行为，任何单位和个人有权向安全生产监督管理部门、监察机关或者其他有关部门举报，接到举报的部门应当依法及时处理。

第二章　事故报告

第九条　事故发生后，事故现场有关人员应当立即向本单位负责人报告；单位负责人接到报告后，应当于1小时内向事故发生地县级以上人民政府安全生产监督管理部门和负有安全生产监督管理职责的有关部门报告。

情况紧急时，事故现场有关人员可以直接向事故发生地县级以上人民政府安全生产监督管理部门和负有安全生产监督管理职责的有关部门报告

第十条　安全生产监督管理部门和负有安全生产监督管理职责的有关部门接到事故报告后，应当依照下列规定上报事故情况，并通知公安机关、劳动保障行政部门、工会和人民检察院：

（一）特别重大事故、重大事故逐级上报至国务院安全生产监督管理部门和负有安全生产监督管理职责的有关部门；

（二）较大事故逐级上报至省、自治区、直辖市人民政府安全生产监督管理部门和负有安全生产监督管理职责的有关部门；

（三）一般事故上报至设区的市级人民政府安全生产监督管理部门和负有安全生产监督管理职责的有关部门。

安全生产监督管理部门和负有安全生产监督管理职责的有关部门依照前款规定上报事故情况，应当同时报告本级人民政府。国务院安全生产监督管理部门和负有安全生产监督管理职责的有关部门以及省级人民政府接到发生

特别重大事故、重大事故的报告后，应当立即报告国务院。

必要时，安全生产监督管理部门和负有安全生产监督管理职责的有关部门可以越级上报事故情况。

第十一条　安全生产监督管理部门和负有安全生产监督管理职责的有关部门逐级上报事故情况，每级上报的时间不得超过 2 小时。

第十二条　报告事故应当包括下列内容：

（一）事故发生单位概况；

（二）事故发生的时间、地点以及事故现场情况；

（三）事故的简要经过；

（四）事故已经造成或者可能造成的伤亡人数（包括下落不明的人数）和初步估计的直接经济损失；

（五）已经采取的措施；

（六）其他应当报告的情况。

第十三条　事故报告后出现新情况的，应当及时补报。

自事故发生之日起 30 日内，事故造成的伤亡人数发生变化的，应当及时补报。道路交通事故、火灾事故自发生之日起 7 日内，事故造成的伤亡人数发生变化的，应当及时补报。

第十四条　事故发生单位负责人接到事故报告后，应当立即启动事故相应应急预案，或者采取有效措施，组织抢救，防止事故扩大，减少人员伤亡和财产损失。

第十五条　事故发生地有关地方人民政府、安全生产监督管理部门和负有安全生产监督管理职责的有关部门接到事故报告后，其负责人应当立即赶赴事故现场，组织事故救援。

第十六条　事故发生后，有关单位和人员应当妥善保护事故现场以及相关证据，任何单位和个人不得破坏事故现场、毁灭相关证据。

因抢救人员、防止事故扩大以及疏通交通等原因，需要移动事故现场物件的，应当做出标志，绘制现场简图并做出书面记录，妥善保存现场重要痕迹、物证。

第十七条　事故发生地公安机关根据事故的情况，对涉嫌犯罪的，应当依法立案侦查，采取强制措施和侦查措施。犯罪嫌疑人逃匿的，公安机关应当迅速追捕归案。

第十八条　安全生产监督管理部门和负有安全生产监督管理职责的有关部门应当建立值班制度，并向社会公布值班电话，受理事故报告和举报。

第三章　事故调查

第十九条　特别重大事故由国务院或者国务院授权有关部门组织事故调查组进行调查。

重大事故、较大事故、一般事故分别由事故发生地省级人民政府、设区的市级人民政府、县级人民政府负责调查。省级人民政府、设区的市级人民政府、县级人民政府可以直接组织事故调查组进行调查，也可以授权或者委托有关部门组织事故调查组进行调查。

未造成人员伤亡的一般事故，县级人民政府也可以委托事故发生单位组织事故调查组进行调查。

第二十条　上级人民政府认为必要时，可以调查由下级人民政府负责调查的事故。

自事故发生之日起 30 日内（道路交通事故、火灾事故自发生之日起 7 日内），因事故伤亡人数变化导致事故等级发生变化，依照本条例规定应当由上级人民政府负责调查的，上级人民政府可以另行组织事故调查组进行调查。

第二十一条　特别重大事故以下等级事故，事故发生地与事故发生单位不在同一个县级以上行政区域的，由事故发生地人民政府负责调查，事故发生单位所在地人民政府应当派人参加。

第二十二条　事故调查组的组成应当遵循精简、效能的原则。

根据事故的具体情况，事故调查组由有关人民政府、安全生产监督管理部门、负有安全生产监督管理职责的有关部门、监察机关、公安机关以及工会派人组成，并应当邀请人民检察院派人参加。

事故调查组可以聘请有关专家参与调查。

第二十三条　事故调查组成员应当具有事故调查所需要的知识和专长，并与所调查的事故没有直接利害关系。

第二十四条　事故调查组组长由负责事故调查的人民政府指定。事故调查组组长主持事故调查组的工作。

第二十五条　事故调查组履行下列职责：

（一）查明事故发生的经过、原因、人员伤亡情况及直接经济损失；

（二）认定事故的性质和事故责任；

（三）提出对事故责任者的处理建议；

（四）总结事故教训，提出防范和整改措施；

（五）提交事故调查报告。

第二十六条　事故调查组有权向有关单位和个人了解与事故有关的情况，并要求其提供相关文件、资料，有关单位和个人不得拒绝。

事故发生单位的负责人和有关人员在事故调查期间不得擅离职守，并应当随时接受事故调查组的询问，如实提供有关情况。

事故调查中发现涉嫌犯罪的，事故调查组应当及时将有关材料或者其复印件移交司法机关处理。

第二十七条　事故调查中需要进行技术鉴定的，事故调查组应当委托具有国家规定资质的单位进行技术鉴定。必要时，事故调查组可以直接组织专家进行技术鉴定。技术鉴定所需时间不计入事故调查期限。

第二十八条　事故调查组成员在事故调查工作中应当诚信公正、恪尽职守，遵守事故调查组的纪律，保守事故调查的秘密。

未经事故调查组组长允许，事故调查组成员不得擅自发布有关事故的信息。

第二十九条　事故调查组应当自事故发生之日起 60 日内提交事故调查报告；特殊情况下，经负责事故调查的人民政府批准，提交事故调查报告的期限可以适当延长，但延长的期限最长不超过 60 日。

第三十条　事故调查报告应当包括下列内容：

（一）事故发生单位概况；

（二）事故发生经过和事故救援情况；

（三）事故造成的人员伤亡和直接经济损失；

（四）事故发生的原因和事故性质；

（五）事故责任的认定以及对事故责任者的处理建议；

（六）事故防范和整改措施。

事故调查报告应当附具有关证据材料。事故调查组成员应当在事故调查报告上签名。

第三十一条　事故调查报告报送负责事故调查的人民政府后，事故调查工作即告结束。事故调查的有关资料应当归档保存。

第四章　事故处理

第三十二条　重大事故、较大事故、一般事故，负责事故调查的人民政府应当自收到事故调查报告之日起 15 日内做出批复；特别重大事故，30 日内做出批复，特殊情况下，批复时间可以适当延长，但延长的时间最长不超过 30 日。

有关机关应当按照人民政府的批复，依照法律、行政法规规定的权限和程序，对事故发生单位和有关人员进行行政处罚，对负有事故责任的国家工作人员进行处分。

事故发生单位应当按照负责事故调查的人民政府的批复，对本单位负有事故责任的人员进行处理。负有事故责任的人员涉嫌犯罪的，依法追究刑事责任。

第三十三条　事故发生单位应当认真吸取事故教训，落实防范和整改措施，防止事故再次发生。防范和整改措施的落实情况应当接受工会和职工的监督。

安全生产监督管理部门和负有安全生产监督管理职责的有关部门应当对事故发生单位落实防范和整改措施的情况进行监督检查。

第三十四条　事故处理的情况由负责事故调查的人民政府或者其授权的有关部门、机构向社会公布，依法应当保密的除外。

第五章　法律责任

第三十五条　事故发生单位主要负责人有下列行为之一的，处上一年年收入 40％至 80％的罚款；属于国家工作人员的，并依法给予处分；构成犯罪的，依法追究刑事责任：

（一）不立即组织事故抢救的；

（二）迟报或者漏报事故的；

（三）在事故调查处理期间擅离职守的。

第三十六条　事故发生单位及其有关人员有下列行为之一的，对事故发生单位处 100 万元以上 500 万元以下的罚款；对主要负责人、直接负责的主管人员和其他直接责任人员处上一年年收入 60％至 100％的罚款；属于国家工作人员的，并依法给予处分；构成违反治安管理行为的，由公安机关依法给予治安管理处罚；构成犯罪的，依法追究刑事责任：

（一）谎报或者瞒报事故的；

（二）伪造或者故意破坏事故现场的；

（三）转移、隐匿资金、财产，或者销毁有关证据、资料的；

（四）拒绝接受调查或者拒绝提供有关情况和资料的；

（五）在事故调查中作伪证或者指使他人作伪证的；

（六）事故发生后逃匿的。

第三十七条　事故发生单位对事故发生负有责任的，依照下列规定处以罚款：

（一）发生一般事故的，处 10 万元以上 20 万元以下的罚款；

（二）发生较大事故的，处 20 万元以上 50 万元以下的罚款；

（三）发生重大事故的，处 50 万元以上 200 万元以下的罚款；

（四）发生特别重大事故的，处 200 万元以上 500 万元以下的罚款。

第三十八条　事故发生单位主要负责人未依法履行安全生产管理职责，导致事故发生的，依照下列规定处以罚款；属于国家工作人员的，并依法给予处分；构成犯罪的，依法追究刑事责任：

（一）发生一般事故的，处上一年年收入 30％的罚款；

（二）发生较大事故的，处上一年年收入 40％的罚款；

（三）发生重大事故的，处上一年年收入 60％的罚款；

（四）发生特别重大事故的，处上一年年收入 80％的罚款。

第三十九条　有关地方人民政府、安全生产监督管理部门和负有安全生产监督管理职责的有关部门有下列行为之一的，对直接负责的主管人员和其他直接责任人员依法给予处分；构成犯罪的，依法追究刑事责任：

（一）不立即组织事故抢救的；

（二）迟报、漏报、谎报或者瞒报事故的；

（三）阻碍、干涉事故调查工作的；

（四）在事故调查中作伪证或者指使他人作伪证的。

第四十条　事故发生单位对事故发生负有责任的，由有关部门依法暂扣或者吊销其有关证照；对事故发生单位负有事故责任的有关人员，依法暂停或者撤销其与安全生产有关的执业资格、岗位证书；事故发生单位主要负责人受到刑事处罚或者撤职处分的，自刑罚执行完毕或者受处分之日起，5年内不得担任任何生产经营单位的主要负责人。

为发生事故的单位提供虚假证明的中介机构，由有关部门依法暂扣或者吊销其有关证照及其相关人员的执业资格；构成犯罪的，依法追究刑事责任。

第四十一条　参与事故调查的人员在事故调查中有下列行为之一的，依法给予处分；构成犯罪的，依法追究刑事责任：

（一）对事故调查工作不负责任，致使事故调查工作有重大疏漏的；

（二）包庇、袒护负有事故责任的人员或者借机打击报复的。

第四十二条　违反本条例规定，有关地方人民政府或者有关部门故意拖延或者拒绝落实经批复的对事故责任人的处理意见的，由监察机关对有关责任人员依法给予处分。

第四十三条　本条例规定的罚款的行政处罚，由安全生产监督管理部门决定。法律、行政法规对行政处罚的种类、幅度和决定机关另有规定的，依照其规定。

第六章　附　　则

第四十四条　没有造成人员伤亡，但是社会影响恶劣的事故，国务院或者有关地方人民政府认为需要调查处理的，依照本条例的有关规定执行。

国家机关、事业单位、人民团体发生的事故的报告和调查处理，参照本条例的规定执行。

第四十五条　特别重大事故以下等级事故的报告和调查处理，有关法律、行政法规或者国务院另有规定的，依照其规定。

第四十六条　本条例自2007年6月1日起施行。国务院1989年3月29日公布的《特别重大事故调查程序暂行规定》和1991年2月22日公布的《企业职工伤亡事故报告和处理规定》同时废止。

附录五：上海市安全生产事故隐患排查治理办法

（2012 年 11 月 20 日上海市人民政府令第 91 号公布）

第一章　总　　则

第一条（目的和依据）

为了建立健全安全生产事故隐患排查治理机制，落实生产经营单位的安全生产主体责任，防范和减少事故发生，保障人民群众生命财产安全，根据《中华人民共和国安全生产法》、《上海市安全生产条例》等法律、法规，制定本办法。

第二条（适用范围）

本市行政区域内生产经营单位安全生产事故隐患的排查治理及其监督管理工作，适用本办法。

法律、法规、规章对消防、道路交通、铁路交通、水上交通、民用航空等安全生产事故隐患的排查治理及其监督管理另有规定的，适用其规定。

第三条（含义）

本办法所称的安全生产事故隐患（以下简称"事故隐患"），是指从事生产经营活动的企业、个体工商户以及其他能够独立承担民事责任的经营性组织（以下统称"生产经营单位"）违反安全生产法律、法规、规章、标准、规程和管理制度的规定或者因其他因素在生产经营活动中存在可能导致事故发生的物的危险状态、人的不安全行为和管理上的缺陷。

第四条（责任主体）

生产经营单位是事故隐患排查治理的责任主体。

生产经营单位法定代表人和实际负有本单位生产经营最高管理权限的人员（以下统称"主要负责人"）是本单位事故隐患排查治理的第一责任人，对本单位事故隐患排查治理工作全面负责，应当履行下列职责：

（一）组织制定事故隐患排查治理的各项规章制度；

（二）建立健全安全生产责任制；

（三）保障事故隐患排查治理的相关资金投入；

（四）定期组织全面的事故隐患排查；

（五）督促检查安全生产工作，及时消除事故隐患。

第五条（政府职责）

市和区县人民政府应当加强对本行政区域内事故隐患排查治理工作的领导。

市和区县人民政府的安全生产委员会及其办公室负责统筹、协调事故隐患排查治理工作中的重大问题。

乡镇人民政府、街道办事处、产业园区管理机构应当依法做好本辖区内事故隐患排查治理的相关工作。

第六条（部门分工）

安全生产监管、公安、建设、质量技术监督、交通港口、经济信息化、水务、农业、环保等依法对涉及安全生产的事项负有审批、处罚等监督管理职责的部门（以下统称"负有安全生产监管职责的部门"），依照法律、法规、规章和本市安全生产委员会成员单位安全生产工作职责的规定，对其职责范围内的事故隐患排查治理实施监管。

安全生产监管部门除承担本条第一款规定职责外，还负责指导、协调、监督同级人民政府有关部门和下级人民政府对事故隐患排查治理实施监管。

发展改革、财政、国有资产管理等其他有关部门按照本市安全生产委员会成员单位安全生产工作职责规定，协同实施事故隐患排查治理监管的相关工作。

第七条（层级分工）

市级负有安全生产监管职责的部门应当确定由其监管的生产经营单位的范围；区县负有安全生产监管职责的部门负责对本行政区域内其他生产经营单位实施监管。

第八条（举报和奖励）

任何单位和个人发现事故隐患的，有权向负有安全生产监管职责的部门举报。负有安全生产监管职责的部门接到事故隐患举报后，应当按照职责分工，立即组织核实处理。属于其他部门职责范围的，应当立即移送有管辖权的部门核实处理。

举报生产经营单位存在事故隐患排查治理相关违法行为，经核实的，由负有安全生产监管职责的部门按照规定给予奖励。负有安全生产监管职责的部门应当为举报者保密。

第二章　生产经营单位的事故隐患排查治理责任

第九条（事故隐患排查治理制度）

生产经营单位应当按照有关安全生产法律、法规、规章、标准、规程，建立事故隐患排查、登记、报告、整改等安全管理规章制度，明确单位负责人、部门（车间）负责人、班组负责人和具体岗位从业人员的事故隐患排查治理责任范围，并予以落实。

第十条（教育培训）

生产经营单位应当加强对从业人员开展安全教育培训，保证其熟悉安全管理规章制度，具备与岗位职责相适应的技术能力和安全作业知识。

第十一条（事故隐患日常排查）

安全生产管理人员、其他从业人员应当根据其岗位职责，开展经常性的安全生产检查，及时发现工艺系统、基础设施、技术装备、防（监）控设施等方面存在的危险状态以及落实安全生产责任、执行劳动纪律、实施现场管理等方面存在的缺陷。

安全生产管理人员、其他从业人员发现事故隐患，应当报告直接负责人并及时处理；发现直接危及人身安全的紧急情况，有权停止作业或者采取可能的应急措施后撤离作业场所。

第十二条（事故隐患定期排查）

生产经营单位主要负责人和分管负责人应当定期组织安全生产管理人员、专业技术人员和其他相关人员进行全面的事故隐患排查，主要包括：

（一）安全生产法律、法规、规章、标准、规程的贯彻执行情况，安全生产责任制、安全管理规章制度、岗位操作规范的建立落实情况；

（二）应急（救援）预案制定、演练，应急救援物资、设备的配备及维护情况；

（三）设施、设备、装置、工具的状况和日常维护、保养、检验、检测情况；

（四）爆破、大型设备（构件）吊装、危险装置设备试生产、危险场所动火作业、有毒有害及受限空间作业、重大危险源作业等危险作业的现场安全管理情况；

（五）重大危险源普查建档、风险辨识、监控预警制度的建设及措施落实情况；

（六）劳动防护用品的配备、发放和佩戴使用情况，以及从业人员的身体、精神状况；

（七）从业人员接受安全教育培训、掌握安全知识和操作技能情况，特种作业人员、特种设备作业人员培训考核和持证上岗情况。

第十三条（事故隐患定级）

生产经营单位发现事故隐患后，应当启动相应的应急预案，采取措施保证安全，并组织专业技术人员、专家或者具有相应资质的专业机构分析确定事故隐患级别。

事故隐患按照危害程度和整改难度，分为以下三个级别：

（一）危害和整改难度较小，发现后能够在 3 日内排除，或者无需停止使用相关设施设备、停产停业即可排除的隐患，为三级事故隐患。

（二）危害和整改难度较大，需要 4 日以上且停止使用相关设施设备，或者需要 4 至 6 日且停产停业方可排除的隐患，为二级事故隐患。

（三）危害和整改难度极大，需要 7 日以上且停产停业方可排除的隐患，或者因非生产经营单位原因造成且生产经营单位自身无法排除的隐患，为一级事故隐患。

市级负有安全生产监管职责的部门可以根据需要，对本条第二款规定的事故隐患分级予以细化、补充。

第十四条（事故隐患处理）

对三级事故隐患，生产经营单位应当在保证安全的前提下，采取措施予以排除。

对一级、二级事故隐患，生产经营单位应当按照以下规定处理：

（一）根据需要停止使用相关设施、设备，局部停产停业或者全部停产停业。

（二）组织专业技术人员、专家或者具有相应资质的专业机构进行风险评估，明确事故隐患的现状、产生原因、危害程度、整改难易程度。

（三）根据风险评估结果制定治理方案，明确治理目标、治理措施、责任人员、所需经费和物资条件、时间节点、监控保障和应急措施。

（四）落实治理方案，排除事故隐患。

对确定为一级事故隐患的，生产经营单位应当立即向负有安全生产监管职责的部门报告事故隐患的现状，并及时报送风险评估结果和治理方案。

第十五条（监控保障）

生产经营单位在事故隐患治理过程中，应当采取必要的监控保障措施。事故隐患排除前或者排除过程中无法保证安全的，应当从危险区域内撤出作业人员，疏散可能危及的其他人员，并设置警示标志，必要时应当派员值守。

第十六条（信息档案）

生产经营单位应当建立事故隐患排查治理信息档案，对隐患排查治理情况进行详细记录。

事故隐患排查治理信息档案应当包括以下内容：

（一）事故隐患排查时间；

（二）事故隐患排查的具体部位或者场所；

（三）发现事故隐患的数量、级别和具体情况；

（四）参加隐患排查的人员及其签字；

（五）事故隐患治理情况、复查情况、复查时间、复查人员及其签字。

事故隐患排查治理信息档案应当保存 2 年以上。

第十七条（月度报表）

下列生产经营单位应当每月对本单位事故隐患排查治理情况进行汇总分析，并向负有安全生产监管职责的部门报送月度报表：

（一）属于矿山、建设施工以及危险物品生产、经营等高度危险性行业以及危险物品使用、储存、运输、处置单位；

（二）属于金属冶炼、船舶修造、电力、装卸、道路交通运输等较大危险性行业；

（三）市级负有安全生产监管职责的部门确定的其他生产经营单位。

月度报表的格式，由市安全生产监管部门会同各负有安全生产监管职责的部门确定。

第十八条（承包承租管理）

生产经营单位将生产经营项目、场所发包、租赁给其他单位的，应当对承包、承租单位的事故隐患排查治理负有统一协调和管理的责任；发现承包、承租单位存在事故隐患的，应当及时督促其开展治理。

承包、承租单位应当服从生产经营单位对其事故隐患排查治理工作的统一协调、管理。

第十九条（奖惩制度）

生产经营单位应当建立事故隐患排查治理的奖惩制度，鼓励从业人员发现和排除事故隐患，对发现、排除事故隐患的有功人员给予奖励和表彰，对瞒报事故隐患或者排查治理不力的人员按照有关规定予以处理。

第二十条（资金保障）

生产经营单位应当保障事故隐患排查治理所需的资金，在年度安全生产资金中列支，并专款专用；事故隐患治理资金需求超出年度安全生产资金使用计划的，应当及时调整资金使用计划。

第三章　监督管理

第二十一条（年度监督检查计划的制定及执行）

负有安全生产监管职责的部门应当制定年度监督检查计划，明确监督检查的频次、方式、重点行业和重点内容，并建立相应的监督检查记录。监督检查中发现事故隐患的，负有安全生产监管职责的部门应当责令立即或者限期治理，并及时组织复查。

第二十二条（街镇园区的日常监督检查）

乡镇人民政府、街道办事处、产业园区管理机构依法开展安全生产日常监督检查时，发现事故隐患的，应当责令生产经营单位立即排除或者限期治理，并报告负有安全生产监管职责的部门。

第二十三条（一级事故隐患的核查）

对一级事故隐患，负有安全生产监管职责的部门接到生产经营单位的报告后，应当根据需要，进行现场核查，督促生产经营单位按照治理方案排除事故隐患，防止事故发生；必要时，可以要求生产经营单位采取停产停业、设置安全警示标志等应急措施。

第二十四条（移送）

负有安全生产监管职责的部门发现属于其他部门职责范围的事故隐患，应当及时将有关资料移送有管辖权的部门，并记录备查。

第二十五条（监督检查信息汇总和分析）

本市建立事故隐患排查治理信息系统，由市安全生产监管部门负责日常运行管理，接受、汇总、分析、通报事故隐患排查治理信息。

区县负有安全生产监管职责的部门应当按月汇总整理监督检查记录、生产经营单位上报的月度报表等信息，并报送上级负有安全生产监管职责的部门和同级安全生产监管部门。

市级负有安全生产监管职责的部门和区县安全生产监管部门应当按月汇总整理监督检查记录、生产经营单位上报的月度报表等信息，并报送市安全生产监管部门。

第二十六条（年度督办计划的编制）

市和区县安全生产监管部门应当分别组织编制事故隐患治理年度督办计划（以下简称"年度督办计划"），报同级人民政府批准后实施。

年度督办计划应当明确督办项目、督办部门、承担治理责任的生产经营单位（以下称"治理单位"）以及治理目标、措施、时限等事项。涉及多个部门督办的，由安全生产监管部门报请同级人民政府指定牵头督办部门和配合督办部门。

年度督办计划涉及重大问题的，由市和区县政府的安全生产委员会及其办公室统筹、协调。

第二十七条（督办项目的报送和确定）

对需要列入本区县下一年度督办计划的项目，区县负有安全生产监管职责的部门应当于每年9月底前，报同级安全生产监管部门。对需要列入市下一年度督办计划的项目，市级负有安全生产监管职责的部门应当于每年10月底前，报同级安全生产监管部门。

区县负有安全生产监管职责的部门认为项目督办涉及多个区县或者需要市有关部门协调处理的，应当报市级负有安全生产监管职责的部门，并由其提请市安全生产监管部门列入市下一年度督办计划。

市和区县安全生产监管部门应当会同同级负有安全生产监管职责的部门综合考虑事故隐患的现状、产生原因、危害程度、整改治理难度等情况，确定列入年度督办计划的项目。

第二十八条（年度督办计划的实施）

治理单位应当按照年度督办计划确定的目标、措施和时限，实施事故隐患治理。

督办部门应当每月至少进行一次进展情况检查，每季度至少召开一次推进会议，指导、协调解决治理过程中遇到的问题，并对因非生产经营单位原因造成且治理单位自身难以排除的事故隐患的治理提供技术支持。

治理项目基本完成的，治理单位应当组织专业技术人员、专家或者委托具有相应资质的专业机构进行治理评估。经评估达到治理目标的，由督办部门组织有关专业技术人员、专家进行现场核查。经核查，达到治理目标的，应当解除督办并通报安全生产监管部门；未达到治理目标的，督办部门应当依法责令改正或者下达停产整改指令。

未经解除督办，治理单位不得擅自恢复生产经营。治理单位应当执行督办部门下达的改正或者整改指令。

由于客观原因无法按期完成治理目标的，治理单位应当向督办部门说明理由和调整后的治理计划。督办部门经核查后同意延期的，应当报安全生产监管部门备案。

第二十九条（专业力量参与监督管理）

负有安全生产监管职责的部门、乡镇人民政府、街道办事处、产业园区管理机构可以根据实际需要，邀请专业技术人员、专家学者参与监督管理，听取对专业技术问题的意见。

第三十条（信用信息记录和通报）

安全生产监管部门应当定期向社会公布年度督办计划进展的有关情况。

生产经营单位对事故隐患治理不力且负有责任的，负有安全生产监管职责的部门应当按照规定记入该单位及其主要负责人的信用信息记录，向工商、发展改革、国土资源、建设交通、金融监管等部门通报有关情况，并通过政府网站或者新闻媒体向社会公布。

第四章　法律责任

第三十一条（生产经营单位违法行为处罚一）

生产经营单位有下列行为之一的，由负有安全生产监管职责的部门责令改正，并可以处 5000 元以上 3 万元以下的罚款，同时可对该单位主要负责人处 1000 元以上 1 万元以下的罚款：

（一）违反本办法第九条的规定，未建立事故隐患排查、登记、报告、整改等安全管理规章制度的；

（二）违反本办法第十六条的规定，未建立事故隐患排查治理信息档案的；

（三）违反本办法第十七条的规定，未报送月度报表的。

第三十二条（生产经营单位违法行为处罚二）

生产经营单位有下列行为之一的，由负有安全生产监管职责的部门责令改正，并可以处 1 万元以上 5 万元以下的罚款，同时可对该单位主要负责人处 2000 元以上 5000 元以下的罚款；情节严重的，处 5 万元以上 10 万元以下的罚款，并对该单位主要负责人处 5000 元以上 1 万元以下的罚款：

（一）违反本办法第十四条第二款的规定，对确定为二级事故隐患或者一级事故隐患的，未根据需要停止使用相关设施设备、局部停产停业或者全部停产停业，未进行风险评估，或者未制定并落实治理方案的；

（二）违反本办法第十四条第三款的规定，存在一级事故隐患的生产经营单位未报告事故隐患的现状、报送风险评估结果和治理方案的；

（三）违反本办法第十五条的规定，在事故隐患治理过程中未采取必要的监控保障措施的。

第三十三条（年度督办计划项目治理单位违法行为的处罚）

治理单位违反本办法第二十八条第一款的规定，未根据年度督办计划确定的目标、措施和时限实施事故隐患治理的，由督办部门责令改正，并处 3 万元以上 10 万元以下的罚款，同时可对该单位主要负责人处 5000 元以上 3

万元以下的罚款。

治理单位违反本办法第二十八条第四款的规定，拒不改正、拒不执行整改指令，或者未经解除督办擅自恢复生产经营的，由督办部门处3万元以上10万元以下的罚款，并对该单位主要负责人处5000元以上3万元以下的罚款；不具备安全生产条件的，由督办部门依法提请市或者区县人民政府按照国务院规定的权限予以关闭。

第三十四条（监管部门的法律责任）

负有安全生产监管职责的部门的工作人员有下列情形之一的，依法给予行政处分；构成犯罪的，依法追究刑事责任：

（一）接到事故隐患举报，未按照规定处理的；

（二）未按照本办法规定，对生产经营单位安全生产事故隐患排查治理情况履行监督检查职责，造成后果的；

（三）发现生产经营单位存在安全生产事故隐患排查治理的违法行为，不及时查处，或者有包庇、纵容违法行为，造成后果的；

（四）违法实施行政处罚的；

（五）其他玩忽职守、滥用职权、徇私舞弊的行为。

第五章　附　　则

第三十五条（实施日期）

本办法自2013年1月1日起施行。

参考文献

一、著作类

1. ［德］乌尔里希·贝克：《风险社会》，何博闻译，译林出版社2004年版。

2. ［美］B. 盖伊·彼得斯：《政府未来的治理模式》，中国人民大学出版社2001年版。

3. ［德］H. 哈肯：《系统科学》，上海人民出版社1987年版。

4. ［英］K. J. 巴顿：《城市经济学——理论与政策》，商务印书馆1984年版。

5. ［美］F. E. 卡斯特、J. E. 罗森威：《组织与管理》，中国社会科学出版社1985年版。

6. ［美］简·E. 芳汀：《构建虚拟政府：信启、技术与制度创新》，邵国松译，中国人民大学出版社2004年版。

7. ［美］戴维·奥斯本、特德·盖布勒：《改革政府：企业精神如何改革着公营部门》，周敦仁等译，上海译文出版社1996年版。

8. ［英］马丁·冯、彼得·杨：《公共部门风险管理》，陈通、梁浚洁等译，天津大学出版社2003年版。

9. 诸大建：《管理城市发展：探讨可持续发展的城市管理模式》，同济大学出版社2004年版。

10. 全球治理委员会：《我们的全球伙伴关系》，牛津大学出版社1995年版。

11. 俞可平：《治理与善治》，社会科学文献出版社2000年版。

12．刘铁民：《中国安全生产若干科学问题》，科学出版社2009年版。

13．李秀彬：《脆弱性生态环境与可持续发展》，商务印书馆2001年版。

14．陈平：《网格化——城市管理新模式》，北京大学出版社2006年版。

15．池忠仁、王浣尘：《网格化管理和信息距离理论》，上海交通大学出版社2008年版。

16．龚鹰：《社会管理模式的创新》，知识产权出版社2012年版。

17．刘杰、彭宗政：《社区信息化理论与实务》，清华大学出版社2005年版。

18．丁茂战：《我国城市社区管理体制改革研究》，中国经济出版社2009年版。

19．杨雪冬：《风险社会与秩序重建》，社会科学文献出版社2006年版。

20．邓淑明、胡思仁：《地理信息网络服务与应用》，科学出版社2004年版。

21．童星等：《中国转型期的社会风险及识别——理论探讨与经验研究》，南京大学出版社2007年版。

22．窦元辰：《大客流状态下地铁脆弱性中暴露度研究》，硕士学位论文，北京交通大学，2015年。

23．计雷、池宏、陈安等：《突发事件应急管理》，高等教育出版社2006年版。

24．罗云、吕海燕等：《事故分析预测与事故管理》，化学工业出版社2006年版。

25．粟镇宇：《工艺安全管理与事故预防》，中国石化出版社2007年版。

26．罗云：《安全生产指标管理》，煤炭工业出版社2007年版。

27．刘铁民：《应急体系建设和应急预案编制》，企业管理出版社2004年版。

28．隋鹏程、陈宝智等：《安全原理》，化学工业出版社2005年版。

29．宋明哲：《现代风险管理》，中国纺织出版社2003年版。

30．张平宇等：《矿业城市人地系统脆弱性——理论方法实证》，科学出版社2011年版。

二、论文类

(一) 中文类

1. 朱正威：《国际风险治理理论、模态与趋势》，《中国行政管理》2014年第4期。

2. 何小勇：《风险、现代性与当代社会发展——当代西方风险理论主要流派评析》，《内蒙古社会科学》2007年第11期。

3. 张成福：《风险社会与风险治理》，《教学与研究》2009年第5期。

4. 薛澜：《风险治理，完善与提升国家公共安全管理的基石》，《江苏社会科学》2008年第6期。

5. 张成福、谢一帆：《风险社会及其有效治理的战略》，《中国人民大学学报》2009年第5期。

6. 中国人民大学课题组：《我国社会风险治理的现状与分析》，《中国机构改革与管理》2014年第15期。

7. 刘泽照、朱正威：《公共管理视域下风险及治理研究图谱与主题脉络——基于国际SSCI的计量分析（1965—2013）》，《公共管理学报》2014年第7期。

8. 黎桃桃、陈良敏：《公共危机管理中预防准备的中日比较与启示——以汶川大地震和日本大地震为例》，《怀化学院学报》2013年第7期。

9. 王德迅：《日本危机管理体制的演进及其特点》，《国际经济评论》2007年第3期。

10. 姚国章：《典型国家突发公共事件应急管理体系及其借鉴》，《南京审计学院学报》2006年第5期。

11. 张维平：《对美国、日本和中国预警机制现状的评述》，《防灾科技学院学报》2006年第9期。

12. 刘鹏：《发达国家公共危机预警机制的特征》，《经济纵横》2007年第7期。

13. 尚春明：《发达国家应急管理特点研究》，《城市综合减灾》2005年第6期。

14. 刘文光：《国外政府危机管理的基本经验及其启示》，《中共云南省委党校学报》2004 年第 3 期。

15. 筱雪：《日本应急管理的最新进展研究》，《中国软科学增刊》（下）2009 年。

16. 淳于淼泠：《日本政府危机管理的演变》，《当代亚太》2004 年第 7 期。

17. 顾林生：《日本大城市防灾应急管理体系及其政府能力建设——以东京的城市危机管理体系为例》，《减灾论坛》2004 年第 6 期。

18. 史培军、郭卫平、李保俊等：《减灾与可持续发展模式——从第二次世界减灾大会看中国减灾战略的调整》，《自然灾害学报》2005 年第 14 期。

19. 周丽敏：《社会脆弱性：灾害社会学研究的新范式》，《南京师大学报》2012 年第 4 期。

20. 贾增科、邱菀华、郭章林：《基于脆弱性的突发事件风险分析》，《兵工学报》2009 年第 3 期。

21. 石勇、许世远、石纯、孙阿丽、赵庆良：《自然灾害脆弱性研究进展》，《自然灾害学报》2011 年第 2 期。

22. 李鹤：《东北地区矿业城市脆弱性特征与对策研究》，《地域研究与开发》2011 年第 5 期。

23. 彭宗超、钟开斌：《非典危机中的民众脆弱性分析》，《清华大学学报》2003 年第 4 期。

24. 喻小红、夏安桃、刘盈军：《城市脆弱性的表现及对策》，《湖南城市学院学报》2007 年第 3 期。

25. 程林、修春亮、张哲：《市的脆弱性及其规避措施》，《城市问题》2011 年第 4 期。

26. 张永领：《城市突发公共安全事件人员相对脆弱性研究》，《灾害学》2010 年第 3 期。

27. 周丽敏：《从自然脆弱性到社会脆弱性：灾害研究的范式转移》，《思想战线》2012 年第 2 期。

28. 张永领：《公共安全管理中的环境脆弱性研究概述》，《河南理工大学学报》2009 年第 3 期。

29. 祝江斌：《基于重大突发事件扩散机理的脆弱性管理问题研究》，《宏观管理》2008 年第 4 期。

30. 赵琰、胡锋、赵红、祁明亮：《社会脆弱性评估问题研究》，《新疆大学学报》2012 年第 2 期。

31. 商彦蕊：《自然灾害综合研究的新进展——脆弱性研究》，《地域研究与开发》2000 年第 2 期。

32. 刘铁民：《脆弱性——突发事件形成与发展主要原因》，《中国应急管理》2010 年第 5 期。

33. 童星、张海波：《基于中国问题的灾害管理分析框架》，《中国社会科学》2010 年第 1 期。

34. 王永明、刘铁民：《应急管理学理论的发展现状与展望》，《中国应急管理》2010 年第 6 期。

35. 刘铁民：《玉树地震灾害再次凸显应急准备重要性》，《中国安全生产科学技术》2010 年第 6 期。

36. 刘铁民：《重大事故动力学演化》，《中国安全生产科学技术》2006 年第 2 期。

37. 刘铁民：《脆弱性——突发事件形成与发展的本质原因》，《中国应急管理》2010 年第 10 期。

38. 何军：《网格化管理中的公共参与——基于北京市东城区的分析》，《北京行政学院学报》2009 年第 4 期。

39. 皮定均：《朝阳区利用网格化管理的实践与创新》，《中国行政管理》2008 年第 3 期

40. 文军：《从单一被动到多元联动》，《学习与探索》2012 年第 12 期。

（二）外文类

1. Burton I., Kates R. W. and White G. F., *The Environmentas Hazard. Second Edit ion*, New York：The GuilfordPress, 1993.

2. N. W. Adger, et al., "New Indicators of Vulnerability and Adaptative CapacityNO7", *Tyndall Centre Technical Report*, 2004.

3. N. W. Adger, "Resilience, Vulnerability, and Adaptation：A Cross－

Cutting Theme of the International Human Dimensions Programme on Global Environmental Change", *Global Environmental Change*, Vol. 16, NO. 3, 2006.

4. Cutter S. L., *Living with risk: The Geography of TechNOlogical Hazards*. London: Edward ArNOld, 1993.

5. Timmerman P. "Vulnerability Resilience and the Collapse of Society", *Environmental MoNOgrap*, Toronto: Institute for Environmental Studies, 1981.

6. Turner II B. L., Kasperson R. E., Matson P. A., ea al., *A frame work for vulnerability analysis in sustainability science*. PNAS, 2003, 100 (14): 8074—8079.

7. Dow K., *Exploring differences in our common futures: the meaning of vulnerability to global environmental change*. Geoforum, 1992, 23: 417—436.

8. Vogel C., "Vulner ability and global environmental change. World Commission of Environment and Development", *LUCC Newsletter* 3, 1998.

9. S. L. Cutter, "Vulnerability to Environmental Hazards", *Progress in Human Geography*, Vol. 20, NO. 4, 1996.

10. R. W. Sutherst, et al., "Estimating Vulnerability under Global Change: Modular Modelling of Pests", *Agriculture Ecosystems & Environment*, Vol. 82, 2000.

11. B. L. Turner and R. E. Kasperson (eds.), "A Framework for Vulnerability Analysis in Sustainability Science", *Proceedings of the NationalAcademy of Sciences of the United States of America*, Vol. 100, NO. 14, 2003, pp. 8074—8079.

12. J. J. McCarthy, et al. (eds.), *Climate Change 2001: Impacts, Adaptation and Vulnerability*. Cambridge: Cambridge University Press, 2001, pp. 581—615.

13. McEntire D. A., *Sustainability or Invulnerable Development: Justification for a Modified Disaster Reduction Concept and Policy Guide*, Denver, Colorado: University of Denver, 2000.

14. McEntire D. A. 2001. "Triggering agents, vulnerabilities and disaster reduction: towards a holistic paradigm", *Disaster Prevention and Management*, 2001, 10 (3).

15. Cutter S. L., "The Vulnerability of Science and the Science of Vulnerability", *Annals of the Association of American Geographers*, 2003, 93 (1).

16. Chambers R., *Vulnerability, Coping and Policy, IDS bulletin*. 2006, 37 (4).

17. McEntire D. A. , "The Status of Emergency Management Theory: Issues, Barriers, and Recommendations for Improved Scholarship", *7th Annual FEMA Higher Education Conference*, *Emmitsburg*, Maryland. 2004.

18. National Preparedness Guidelines. U. S. Department of Homeland Security. 2007.

19. Comprehensive Preparedness Guide—developingandmaintaining state terminate tribal and local government emergency plans, U. S. Department of Homeland Security, 2009.

20. The Federal Response to Hurricane Katrina: Lesson s learned. The White House, 2006. National Preparedness Guidel ines. U. S. Department of Home land Security. 2007.

21. Gabor T. and T. K. Griffith. , "The Assessment of Community Vulnerab ility to A cute Hazardous Materials Incidents ", *Journ al of Hazardous Materials*, 1980.

22. Petak W. J. and A. A. A tkisson, *Natural H azard Risk Assessment and Pub l ic Pol icy: An ticipat ing the Un expected*. New York: Springer, 1982.

23. Susman P. , P. O. Keefe, and B. Wisner, *Global Disasters: A Radical Interpretation*, Boston: A llen& Uns in, 1983.

24. Pijawka K. D. and A. E. Radw an. *The Transportation of Hazard Ous Materials: Risk A ssessment and Hazard Management. Danger—ous Properties of Industrial Materials Report*, 1985, 5 (5): 2—11.

25. Watts，M. J. and H. G. Boh le. "The Space of Vulnerab ility：The C ausal Structure ofHunger and Fam ine"，*Progress in Human Geography*. 1993，13（1）：43—67.

26. L. iverm an，D. 1990. Vu lnerab il ity to Global Environm ental Cha nge [A]. R. E. K asperson，K. Dow，D. Gold ing，and J. X. Kasperson. Understand ing G lobal Environmental Change：The Contributions of Risk Analysis and Management [C]. Worcester：C larke University. 1990. 27 24.

27. Dow，K. and T. E.，"Downing. Vulnerability Research：W here Things Stand"，*Hum an Dimensions Quarterly*. 1995，（1）.

28. Comfort，L. ，B. Wisner，S. Cutter，R. Pulwarty，K. Hewitt，A. Oliver Smith，J. W iener，M. Fordman，W. Peacock and R. Krim gold，"Reframing Disaster Policy：The Global EVolut ion of Vu lnerable Commun ities"，*Environm ental Hazard s*1. 1999，39—44.

29. Weich selgartner，J. and J. B ertens. 2000. Natura l Disasters：Acts of God，Nature or Society—On the SocialRelationto N aturalH azard s [A]. M. A. And retta. Risk Analys is II [C]，Sou tham pton：W IT Press. 2000. 3.

30. Cutter，S. L.，"Vulnerability to Environm entalHazards"，*Progress in Hum an Geography*. 1996，20（4）：529—539.

31. Chambers，R.，"Vulnerability，Coping and Policy"，*IDS bulletin*. 2006，37（4）：33—40.

32. White G. F.，Haas J E.，*Assessment of research on natural hazards*. Cambridge MA：The MIT Press，1975.

33. George E Clark，Susanne C. Moser，Samuel J. Ratick，*Assessing the vulnerability of coastal com munities to extreme storms：the case of Revere，MA，USA. Mitigation and Adaptation Strategies for Global Change* 1998，（3）59—82.

34. M cEnt ire，D. A. 2001. *Triggering agents，vulnerabilities and d isaster reduction：tow ards a holistic paradigm，Disaster Preven t ion and Man agem ent*. 2001，10（3）：189—196.

35. Downig T E., *Towards a Vulnerability Science*. IHDP Newsletter Update，Issue 3，2000.

后 记

　　党的十九大报告指出，中国特色社会主义进入新时代，我国社会主要矛盾已经转化为人民日益增长的美好生活需要和不平衡不充分的发展之间的矛盾。这就要求在经济社会发展的基础上，大力提升发展质量和效益，使人民的获得感、幸福感和安全感更加充实。报告进一步指出，坚持总体国家安全观，统筹发展和安全，增强忧患意识，做到居安思危，是我们党治国理政的一个重大原则。这就要求各级管理者增强驾驭风险本领，健全各方面风险防控机制，善于处理各种复杂矛盾，勇于战胜前进道路上的各种艰难险阻，牢牢把握工作主动权。由此可见，安全成为人们在物质文化生活需求基本满足的基础上更加需要的公共产品，这对公共安全管理者和研究者提出更高的要求。如何确保公共部门精准、精细地提供优质、可靠的公共安全产品，保障人民群众生命和财产安全成为公共管理者和研究者亟须关切的历史使命。如何从源头上治理风险，将关口前移，以预防为主，将事故风险控制在萌芽状态成为应急管理学者面临的重要课题。随着我国党政机构改革的深入，应急管理专业管理机构的成立也是对时代命题的最好回应，这也给我们应急管理理论工作者提供了更大的舞台。

　　《公共安全管理系统脆弱性与重大事故源头治理》一书是在本人 2012 年国家社科基金课题《公共安全管理系统脆弱性与重大事故治理研究》（12BGL103）的成果基础上修改而成的，本书基于系统脆弱性理论分析框架，探索了重大事故风险生成的机理，剖析了我国近年来发生的各类重大事故或事件背后的成因，梳理了发达国家重大事故风险治理的经验，提出了重大事故风险源头治理的思路和策略，力争为重大事故风险防控提供理论与实践的指导。该课题也是对本人近十年来研究应急管理理论与实践问题的一个小小的总结。该研究成果得到课题组成员容志教授、陶振副教授、鲁迎春博士的大力支持，尤其是容志教授为本课题顺利完成提供了大量资料和写作思路，在此特别感谢课题组成员的无私帮助和支持。

该书在撰写过程中，得到原上海市应急办、上海市消防局、上海市安监局、上海市住建委、上海市公安局等部门相关领导的支持和指导。同时，得到中共上海市委党校科研处、教务处、研究生部等部门的关心和支持，特别鸣谢中共上海市委党校原常务副校长沈炜教授、副校长郭庆松教授、曾峻教授；教务处、科研处、公共管理教研部等部门陈奇星教授、周敬青教授、罗峰教授、赵勇教授、陈保中教授等领导和同事一直来对本人教学和科研工作的支持！感谢人民出版社编辑老师为此书出版付出的辛勤劳动。感谢研究生黄程栋同学、林洁同学、代可可同学、刘宇同学等对课题开展提供的帮助。

最后，感恩父母、爱人和女儿一直来对我学业和工作的支持，没有他们的大力支持，诸多工作无法正常进行。

本人清楚地认识到由于自己能力有限、学识水平不高，实践经验不足，书中存在诸多不足，敬请学术前辈、同行与读者批评指正，不吝赐教！

董幼鸿